TRILOGI

TRILOGY

Alfio Bonanno

Cedarhurst 2001

TRILOGI

Kunst – Natur – Videnskab

TRILOGY

Art – Nature – Science

Kunsthallen Brandts Klædefabrik, Odense
Botanisk Have, København / Botanical Gardens, Copenhagen
TICKON, Langeland

Danmark 1996

Denne publikation udkommer i forbindelse med udstillingsprojektet **TRILOGI: Kunst – Natur – Videnskab**, tilrettelagt af Alfio Bonanno, Karsten Ohrt og Gertrud Købke Sutton.

Redaktion: Andreas Jürgensen, Gertrud Købke Sutton.

Projektet består af tre udstillinger:

1. Botanisk Have, København, 27.6.1996 til årets udgang.
   Kuratorer: Alfio Bonanno, Hanne Gjelstrup, Gertrud Købke Sutton.
2. "Mødet Med Skabelsen", Kunsthallen Brandts Klædefabrik, Odense, 28.6.- 8.9.1996.
   Kurator: Andreas Jürgensen.
   Udstillingsarkitekt: Lars Vilks.
3. TICKON, Langeland, 29.6.1996, tidsubegrænset.
   Kuratorer: Alfio Bonanno, Hanne Gjelstrup, Gertrud Købke Sutton.

I dagene 27.- 29.6.1996 blev der i forbindelse med udstillingsåbningerne arrangeret en konferencen Kunst – Natur – Videnskab på de tre udstillingssteder.

TRILOGI-projektets sekretariat: Hanne Gjelstrup, Inger Gregersen, Ruth Kjær, Ninna Volke.

Sats og tilrettelægning: Mette & Eric Mourier.
Tryk: Broløs Grafisk Form & Tryk, Gjellerup, Herning.

Forkortelser:
AJ: Andreas Jürgensen
GKS.: Gertrud Købke Sutton
JM: James Manley
MA: Marianne Ajana
MM: Margrethe Manley

Omslag:
Foto: Henning S. Heide-Sørensen.
Mild rensdyrlav, Cladonia mites, fra Qaanaaq i Grønland angrebet af parasit. Henning S. Heide- Jørgensen er botaniker og deltog i TRILOGI-konferencen med et foredrag om effekten af øget UV-B bestråling af lav i Grønland.

ISBN: 87-7766-054-4

This book is published in connection with the exhibition project entitled **TRILOGY: Art – Nature – Science**, organised by Alfio Bonanno, Karsten Ohrt and Gertrud Købke Sutton.

Editors: Andreas Jürgensen, Gertrud Købke Sutton.

TRILOGY consists of three exhibitions:

1. The Botanical Garden, Copenhagen, 27.6.1996 throughout the year.
   Curators: Alfio Bonanno, Hanne Gjelstrup, Gertrud Købke Sutton.
2. "Encounter with Creation", 28.6.-8.9.1996, Kunsthallen Brandts Klædefabrik, Odense.
   Curator: Andreas Jürgensen.
   Exhibition Architect: Lars Vilks.
3. TICKON, Langeland, 29.6.1996, indefinitely.
   Curators: Alfio Bonanno, Hanne Gjelstrup, Getrud Købke Sutton.

In connection with the openings 27.-29.6.1996 a conference related to the topics Art – Nature – Science was arranged.

The Secretariat of the TRILOGY-project: Hanne Gjelstrup, Inger Gregersen, Ruth Kjær, Ninna Volke.

Composition and layout: Mette & Eric Mourier.
Graphic production: Broløs Grafisk Form & Tryk, Gjellerup, Herning.

Abreviations:
AJ: Andreas Jürgensen
GKS: Gertrud Købke Sutton
JM: James Manley
MA: Marianne Ajana
MM: Margrethe Manley

Cover:
Foto: Henning S. Heide-Jørgensen.
Cladonia mites from Qaanaaq in Greenland suffering from attack of parasite. Henning S. Heide-Jørgensen is a botanist and contributed to the TRILOGY-conference with a lecture about research in the effect on lichen by increased UV-B irradiation.

ISBN: 87-7766-054-4

Vi takker for velvillig støtte fra følgende virksomheder og fonde / Acknowledgments:

København Kulturby 96

Fyns Amt
Gladsaxe Kommunes Parkafdeling
Odense Kommune
Parkafdelingen, 7. Parkdistrikt, Københavns Kommune
Rudkøbing Kommune
Sydlangelands Kommune
Skov- & Naturstyrelsen, Miljøministeriet
Tranekær Kommune
The Embassy of the United States of America, København
British Council, København
Goethe Institut, København
Den Kongelige Nederlandske Ambassade, København

Augustinus Fonden
Fonden Tranekær
Ny Carlsbergfondet

Bagenkop Kutterservice; Bedstemors Genbrug, Rudkøbing; Classica House, Hjortshøj; Cykel- & Bådudlejning, Lohals; Dan Pile, Slagelse; Det Grafiske Selskab, Lejbølle; DFDS Seaways Transport, København; EDB-firmaet, Rudkøbing; Fotografen Hatten 18, Rudkøbing; Illebølle Savværk I/S, Lindelse; Langeland-Kiel, Bagenkop; Langelands Turistbureau, Rudkøbing; MK Stilladser A/S, København; Solardome Industries Ltd., Southampton, England; Thermisol A/S, Hedensted; Tranekær Gods; Produktionsskolen; Sukkerfabriken, Tranekær; Øboen Ugeavisen, Rudkøbing

En særlig tak til:
Godsejer Ulrik Ahlefeldt-Laurvig, Nordenbrogård; Vito Bonanno; Gitte Buch; Deborah Ehrlich; kunstneren Thomas Elmstedt, Rudkøbing; Jacob Mads Jensen; Bjarne Kaae, Bagenkop; Lilli Liedecke, Odense; tagtækker Arne Ludvigsen; Mads, Torben og John, Magleby; biavler Flemming Madsen, Rudkøbing; Kristjan Møller; stenhugger Kurt Sandau, Svendborg; biavler Hans Skov, Tranekær; kunstneren Britt Smelvær; Kurt Tjustrup, Rudkøbing; landskabsarkitekt Katrine Thuesen; Ida og Mogens Priergaard Worsøe; beslagsmed Keld Zawada, Bagenkop.

Desuden tak til medarbejdere fra Tranekær Kommune, Rudkøbing Kommune, Sydlangelands Kommune og Botanisk Have i København, der har hjulpet til med projektet.

Indhold / Contents

Forord

Kunst, natur og videnskab danner i den vestlige kultur et vigtigt grundlag for erkendelse og indsigt. Alle tre områder står i dag, ikke mindst på grund af globale økologiske problemer, overfor at skulle revidere deres indbyrdes forhold. Projektet TRILOGI er et forsøg på at sætte forholdet mellem kunst, natur og videnskab under debat.

Udgangspunktet er kunst skabt i og af natur, og projektet er knyttet til tre steder med forskellige rammer. TICKON på Langeland er en frit voksende landskabspark, Botanisk Have et videnskabelig dyrket haveanlæg i storbyen, og Kunsthallen Brandts Klædefabrik tilbyder hvide vægge. På de to førstnævnte steder har ialt 14 kunstnere udført arbejder i naturen, og i Kunsthallen vises et historisk panorama over "Land Art" og "Art in Nature" fra 60'erne til idag.

Nærværende bog spejler projektets tredeling. Den rummer artikler af fagfolk indenfor kunst, natur og videnskab foruden et katalog over udstillingen på Kunsthallen Brandts Klædefabrik og en præsentation af kunstnere og værker udført på Langeland og i Botanisk Have. Dertil kommer digte skrevet af danske forfattere under et ophold i kunstnerboligen ved Tranekær Slot.

Alle tekster er gengivet på det sprog, som forfatterne har betjent sig af og ledsages – digtene undtaget – af oversættelser til engelsk, de udenlandske af oversættelser til dansk.

Projektet er støttet af Kulturby 96, Odense Kommune, Fyns Amt og de tre langelandske Kommuner. Vi takker desuden fonde, institutioner og personer, nævnt på side 5, for samarbejde og støtte.

Alfio Bonanno – Karsten Ohrt – Gertrud Købke Sutton

Preface

Art, nature and science form a crucial basis for the acquisition of knowledge and insight in western culture. Today all three fields are facing a need to reconsider their interacting relations – not least because of global problems with ecology. The project *TRILOGY: Art – Nature – Science* focuses on the relationship between art, nature and science in an attempt to start a debate.

The starting point is art made *of* and *in* nature, and the project is connected with three sites – each providing different settings. TICKON on the island of Langeland is a naturally growing landscape park, the Botanical Garden in Copenhagen is a scientifically cultivated and planned garden in a metropolis, and Kunsthallen Brandts Klædefabrik in Odense presents its white walls. Fourteen artists in all have produced art works in nature on the two first sites, and Kunsthallen Brandts Klædefabrik presents a historical panorama of *Land Art* and *Art in Nature* dating from the 60s till today.

This book reflects the tripartite structure of the project. It contains papers written by experts in art, nature and science, also a catalogue of the exhibition held at Kunsthallen Brandts Klædefabrik – and a presentation of the artists and their works of art made on Langeland and in the Botanical Garden. Poems written by Danish writers during their stay in the artist's residence at Tranekær Castle are also included. All these texts are presented in the authors' native languages and – except the poems – accompanied by English translations, the foreign texts by Danish translations.

The project is sponsored by Cultural Capital of the Year 96, Odense Municipality, the County of Funen and the three municipalities on Langeland. Also, we wish to thank those foundations, institutions and individuals mentioned on page 5 for their cooperation and support.

Alfio Bonanno – Karsten Ohrt – Gertrud Købke Sutton

(Translation: MA)

KUNSTHALLEN BRANDTS KLÆDEFABRIK

KUNSTHALLEN BRANDTS KLÆDEFABRIK
INTERIØR FRA UDSTILLINGEN / INSTALLATIONVIEWS FOTO BENT RYBERG

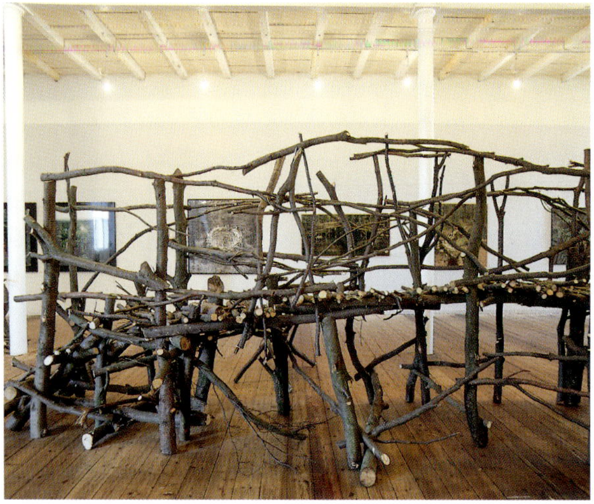

NILS-UDO, BARBARIT & BRUNI

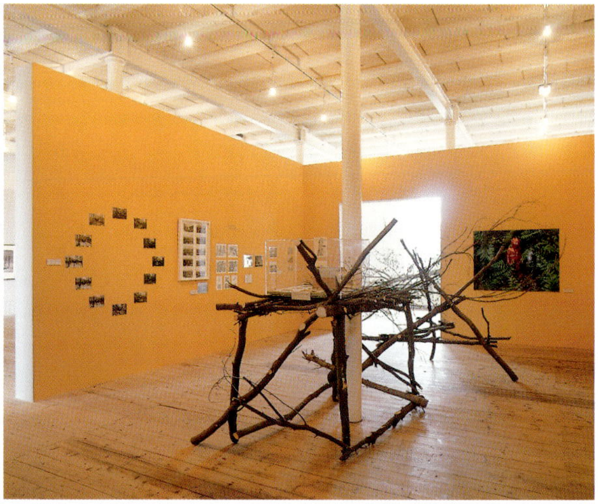

MIKAEL HANSEN, JOSEPH BEUYS, ALFIO BONANNO, NILS-UDO, HERMAN DE VRIES

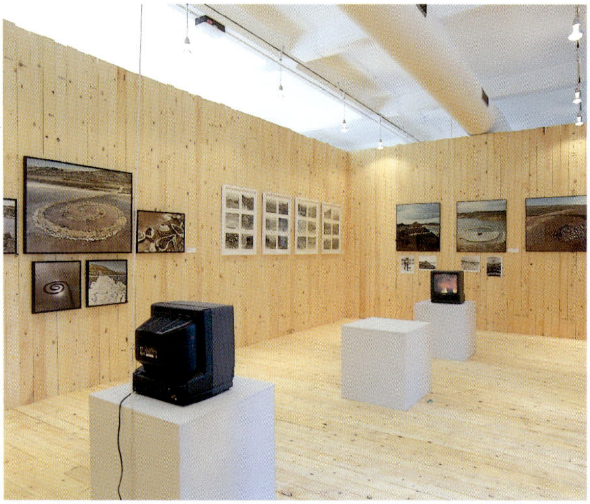

"ROBERT SMITHSON MUSEUM"

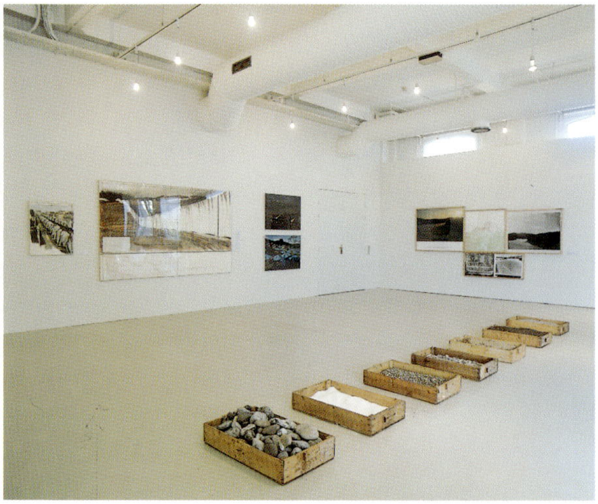

CHRISTO & JEANNE-CLAUDE, DENNIS OPPENHEIM

Mødet med skabelsen

ANDREAS JÜRGENSEN

Naturen skabtes på få dage: lyset deltes fra mørket på den første, himlen kom til på den anden, jorden deltes fra vandet og planterne skabtes på den tredje, stjernene skabtes på den fjerde, dyrene på den femte, mennesket på den sjette dag. Siden 60'erne i vores århundrede er kunstnere optaget af at bruge disse skabelsens grundelementer som selve deres kunstneriske udtryksmiddel. Der skabes værker af jord, vand, planter, det organiske liv, en hel række kunstnere relaterer deres værker til den åbne stjernehimmel, nogle inddrager dyr i deres arbejder, og Body Art udtrykker sig gennem den menneskelige krop. Skabelsens grundelementer som helhed anses for at være naturen.

Udstillingen "Mødet med Skabelsen" giver et indblik i kunst i og af naturen fra 60'erne til idag. Den fokuserer på værker, udført af jord, vand, det organiske liv samt værker, som tager udgangspunkt i jordens bevægelse i rummet. Kunst i og af natur er blevet betegnet med en lang række fagudtryk, og blandt disse har der vist sig at være to betydningsfulde: "Land Art", som betegner den amerikanske kunst i og af natur med dens tildels meget store værker og heftige indgreb i naturen, og "Art in Nature", som betegner den mere økologisk bevidste variant, der samtidig opstod i Europa og USA. Strengt taget hører der til Land Art kun en håndfuld amerikanske kunstnere med relativt få, men gigantisk store værker fra 60'erne og 70'erne. Betegnelsen "Land Art" blev allerede anvendt i de sene 60'ere, og i 1970 vistes i Turin udstillingen "Conceptual Art, Arte Povera, Land Art", som for første gang bragte Land Art sammen med de to kunstretninger, den tættest er knyttet til. Siden er betegnelsen "Land Art" blevet brugt til at titulere al mulig kunstnerisk aktivitet i naturen med. Betegnelsen "Art in Nature" blev derimod først formuleret i 1990 som titel på et manifest, der havde til hensigt at samle aktuelle kunstneriske tiltag, der baserer sig på en hensyntagen overfor naturen.

Andreas Jürgensen, dr., inspektør på Kunsthallen Brandts Klædefabrik.

Art in Nature viser sig imidlertid også at kunne dække over flere grupperinger og generationer af kunst i og af naturen fra 60'erne til idag. Udstillingen "Mødet med Skabelsen" sætter selve det kunstneriske arbejde i og af naturen i centrum, og giver derfor et indblik både i Land Art og i Art in Nature.

Eftersom det er en selvmodsigelse at udstille kunsten i og af natur indendøre i en kunsthal, viser udstillingen udelukkende fotos, dias, videoer, bøger, kort – hvad enten dette materiale er kunst eller dokumentation. Dette materiale bliver imidlertid ledsaget af en udstillingsarkitektur, som i sin form og med sine materialer refererer til kunsten i og af natur. Udstillingens største del er struktureret på en sådan måde, at hver kunstner og hver specifik holdning overfor naturen præsenteres for sig. Der er dog to undtagelser, hvor et motiv, og ikke kunstneren, står i centrum. Det ene motiv er huset, hytten eller hulen, og denne del af udstillingen står under overskriften Oikos. "Oikos", som danner stammen i det for udstillingen uomgængelige begreb "økologi", kommer fra det græske sprog og betyder bygning, husholdning, familie. Det andet motiv er "Træet på Hovedet". Også dette motiv dukker hyppigt op i denne kunst, men i modsætning til de forskellige bygninger har dette motiv ikke nogen forbilleder i kunsthistorien. Træet på hovedet synes at være et specifikt motiv for kunst i og af natur.

MICHAEL HEIZER: "DOUBLE NEGATIVE", NEVADA 1969-1970. FOTO ANDREAS JÜRGENSEN

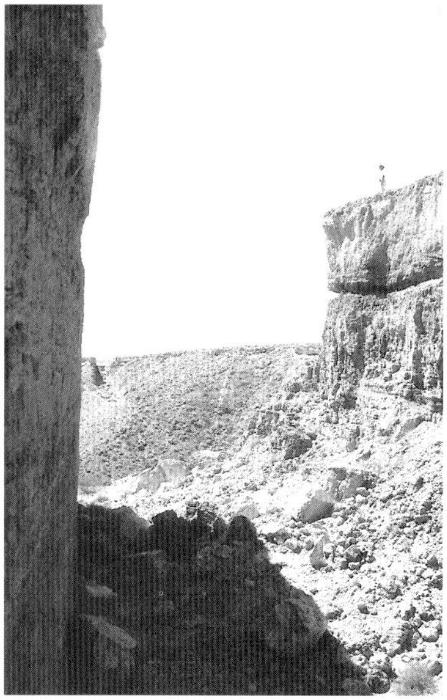

Som udstillingens værkfortegnelse på side 48 ff. viser, er udstillingen ingen fuldstændig oversigt over kunsten i og af naturen. Der er knyttet mange spørgsmål til denne kunstretning, til dens væsen og virkemåde, til dens historiske udvikling og betydning, til dens æstetiske, dens kritiske og dens sociale aspekter. Fremfor en historisk oversigt redegør udstillingen samt følgende artikel for nogle af kunstretningens måske mest centrale aspekter. Naturens tilstand taget i betragtning synes det som aldrig før at være oplagt at finde ud af, hvilken fælles grundholdning der ligger bag den åbenbart utrættelige aktivitet, kunstnerne siden 60'erne lægger for dagen i og med naturen. Artiklen refererer kun til kunstnere og værker, som er repræsenteret på udstillingen.

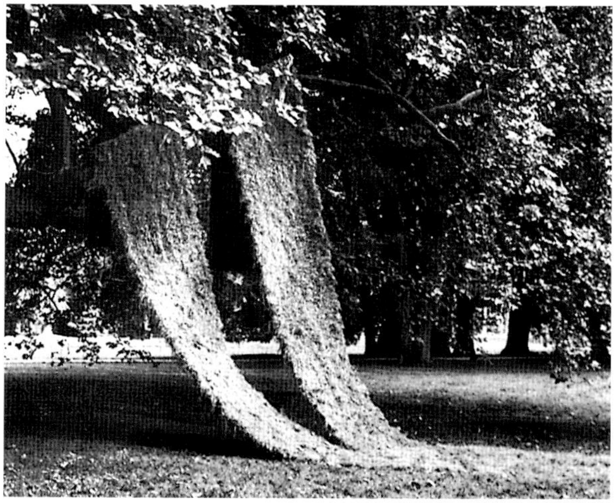
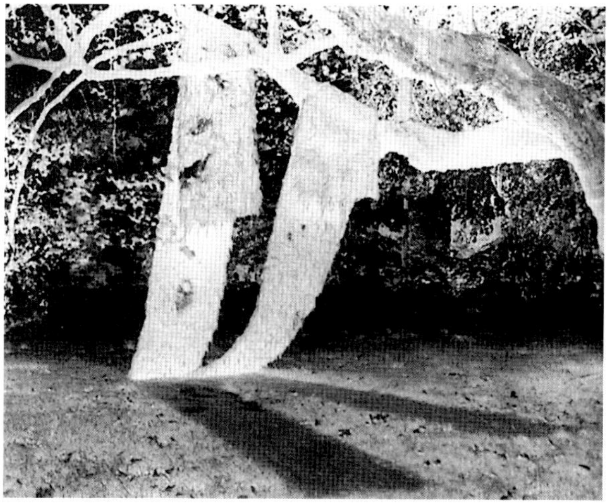

FRANÇOIS MÉCHAIN: "DOUBLE NÉGATIF", CHATEAUX DU BAILLEUL, NORMANDIE, FRANCE 1994

I Emblemer

Noget af det mest påfaldende ved kunsten i og af naturen er, at de enkelte værker er ledsaget af omfangsrigt informationsmateriale. Der findes næppe et værk uden store foto- og diasserier, uden video- og filmoptagelser, uden kommentarer i bøger, kataloger, anmeldelser osv. Selvom dette informative materiale som helhed synes at være uoverskueligt, kan der dog altid skelnes mellem tre forskellige kategorier: titel, dokumentation og beskrivelse. Hvem der interesserer sig for eller beskæftiger sig med kunst i og med natur, lægger hurtigt mærke til, at titel, dokumentation og beskrivelse danner en nødvendig forudsætning for at tale om og reflektere over denne kunst.

Værkernes titel er ofte nøgtern og beskrivende: "Natural / Cultural Landscape TM (en værkserie af Alan Sonfist), nogle er poetiske, "Das Tal der blauen Blume", (Nils-Udo 1993), atter andre dobbelttydige, som Michael Heizers "Double Negative" fra 1969/70 og – ikke mindst – François Méchains "Double Négatif" 25 år senere.

Eftersom værkerne hyppigt nedbrydes af naturens kræfter og forsvinder efter en mere eller mindre kort fysisk eksistensperiode, er deres nøjagtige dokumentation nødvendig for at kunne tale om dem og om de indtryk, de efterlader. Denne dokumentation

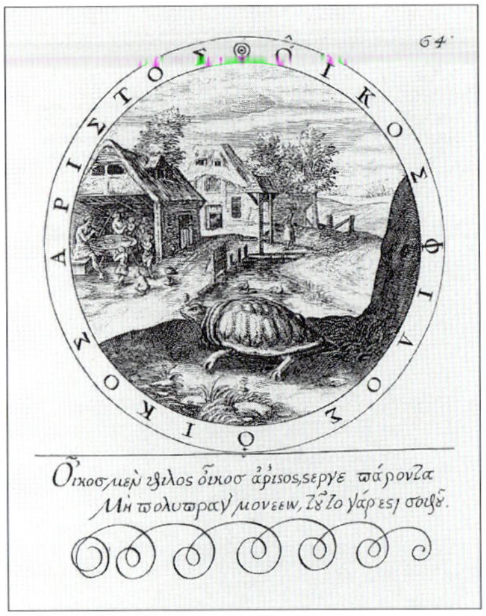

GABRIEL ROLLENHAGEN: "NUCLEUS EMBLEMATUM", ARNHEM/UTRECHT, 1611/1613

ALICE AYCOCK: "LOW BUILDING WITH DIRT ROOF", NEW KINGSTON, PENSYLVANIA, USA 1973

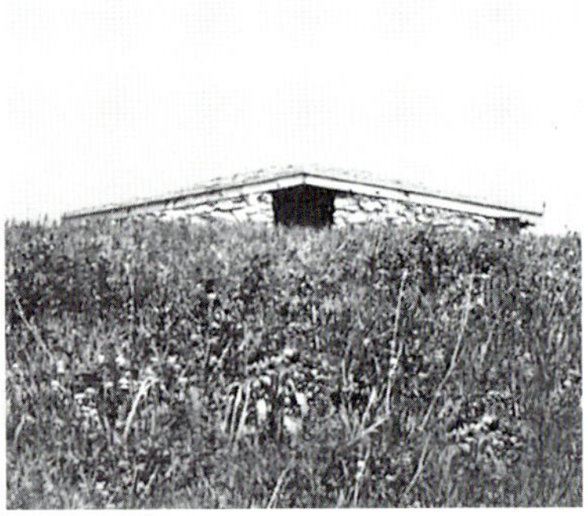

består for det meste af fotos, hyppigt også af videooptagelser. Slutteligt uddyber beskrivelser, hvad titel og dokumentation ikke alene kan formidle: værkernes integration i naturens processer, deres symbolik, hvad der skete under værkets eksistensperiode, hvilke aktioner der gik forud, hvilke der fulgte efter. Disse beskrivelser kan bestå af enkelte stikord, nogle er imidlertid lange afhandlinger. Titel, dokumentation og beskrivelse danner en fast grundstruktur for tolkningen af kunsten. Hvis værket er blevet nedbrudt og forsvundet, er de eneste udgangspunkt for indsigt i dets betydning.

Den betydningsskabende struktur mellem titel, dokumentation og beskrivelse er imidlertid en direkte overtagelse af 1500-, 1600- og 1700-tallets emblematik. Emblemer blev i sin tid lejlighedvis sammenfattet til emblembøger. Illustrationen til venstre viser et tilfældigt valgt emblem af Gabriel Rollenhagens emblembog "Nucleus emblematum", som udkom 1611/1613 i Arnheim og Utrecht. Billedet viser eksemplarisk emblemets obligatoriske tre dele: et motto, som i dette tilfælde løber rundt omkring billedet ("Kært hjem (er det) bedste hjem"), et billede (skildpadden i forgrunden, som kravler hen imod en hytte, hvor en familie får frokost) samt en tekst, den såkaldte subscriptio (som her lyder: "Et kært hjem er det bedste hjem. Vær tilfreds med det du har; ikke drive meget omkring, det er et tegn på visdom"). Mens billedet viser sammenhængen mellem hjemmets symboldyr og familieidyl, uddyber teksten meningen med denne sammenhæng, nemlig den visdom der ligger i at nøjes med det forhåndenværende.

Kunst i og af natur synes at have et tæt forhold til denne emblematiske tænke- og fremstillingsmåde. Selvom titel, dokumentation og beskrivelse ikke er identiske med motto, billede og subscriptio, så ligner deres funktion for os som betragtere dog meget hinanden. I 1973 skabte Alice Aycock på Gibney Farm ved New Kingston i USA en lav bygning i og af naturen med titlen "Low Building with Dirt Roof (for Mary)". Der eksisterer en omfangsrig fotodokumentation af værket, og titel samt fotografierne bliver ledsaget af en præcis beskrivelse. Den fortæller, at jorden på husets tag vejer ca. 7 tons, at denne vægt bliver båret af en skjult

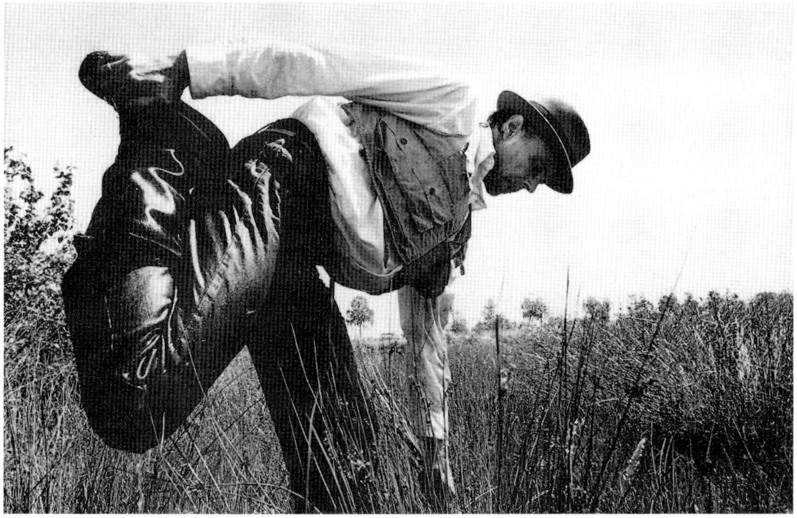

JOSEPH BEUYS: "AKTION IM MOOR", 16. AUGUST 1971, EINDHOVEN, HOLLAND. FOTO GIANFRANCO GORGONI

metalkontruktion, at huset er placeret på en bakke, således at græsset på taget danner en kunstig horisontlinie for den, der nærmer sig. Men beskrivelsen går også ind på det, man ikke umiddelbart kan aflæse af titlen eller se i dokumentationen, nemlig husets klaustrofobiske, gravagtige indre.

Joseph Beuys gennemførte den 16. august 1971 en spontan aktion i en sump udenfor Eindhoven i Holland. Aktionen har titlen "Aktion im Moor". Ute Klophaus og fotografen Gianfranco Gorgoni var de eneste vidner og sidstnævnte har taget en serie dokumentationsfotos. Derudover har han beskrevet, at Beuys lod sig synke ned i vandet, at han indsmurte sig i mudder, at han efterlignede fuglenes vingebevægelser, at han stillede sig op imod en bunker i nærheden som en korsfæstet osv. Fra Beuys's egne udtalelser og fra andre af hans aktioner er det kendt, at fuglebevægelserne og indsmøringen i mudder henviser til vores oprindelige overenstemmelse med naturen. Bunkeren, et vidne om menneskets forvildelser, var for Beuys et kulturhistorisk sår, og den korsfæstedes holdning skulle henvise til sårets påtænkte helbredelse. Ligesom i Rollenhagens emblem giver Beuys's aktion først mening i og med dens titel, dokumentation og beskrivelse bliver sat i relation til hinanden.

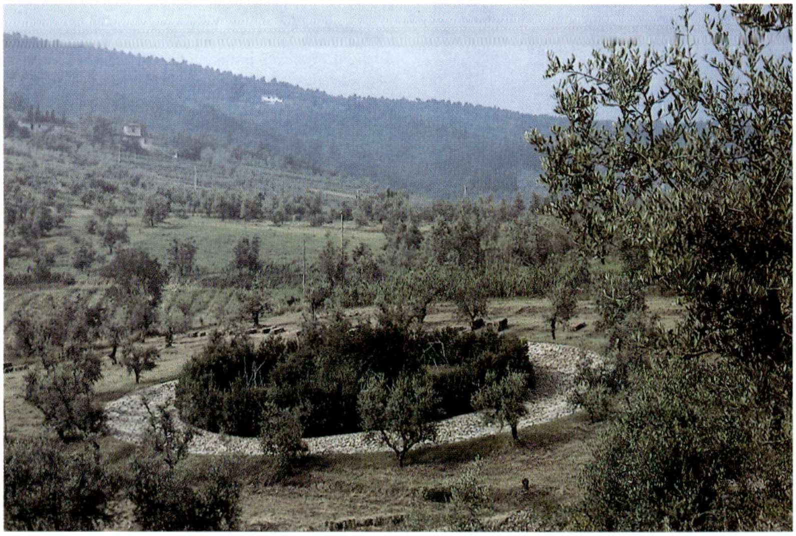

ALAN SONFIST: "CIRCLES OF TIME", FIRENZE, ITALIEN 1986-1989

Mellem 1986 og 1989 plantede Alan Sonfist i nærheden af Firenze forskellige planter i koncentriske ringe. Værkets titel er "Circles of Time", og både værkets opbygning og planternes vækst er blevet dokumenteret grundigt. En ledsagende beskrivelse informerer om værkets betydning. Skulpturen repræsenterer Toscanas historie: I midten er der plantet de træer, som groede i området, inden de første mennesker kom til. Den næste ring består af en urtebeplantning, og den repræsenterer egnens første beboere, etruskerne. Derefter kom grækerne til, bronceafstøbninger af grene henviser til dem, og der følger en ring af laurbær, grækernes sejrssymbol. Den næste ring er en romersk vej, og værkets yderste ring relaterer sig til nutidens Italien. De lokale bønder kan nu høste dens oliven, og de kan lade deres får græsse på stedet.

Uden beskrivelse forbliver mange værker utilnærmelige på samme måde som Rollenhagens billede uden subscriptio. Hvis der foreligger en beskrivelse, så bliver den ligesom Rollenhagens subscriptio først betydnings- og meningsfuld i sammenhæng med dens billedlige fremstilling.

II Dokumentation

Eftersom værkerne kun eksisterer i begrænset, tildels endda meget kort tid eller under permanent forandring, ville de uden dokumentation af nogen art forblive ukendt, eller gå i glemme. De ville hverken kunne handles med eller reflekteres over, og de vil ikke kunne indtage nogen plads hverken på den aktuelle kunstscene eller i kunsthistorien. Kunst i og af natur har derfor indgået en pagt med de teknisk reproducerende medier, med fotografiet og videoen.

I 1936 udkom for første gang Walter Benjamins epokegørende artikel "Das Kunstwerk im Zeitalter seiner technischen Reproduzierbarkeit«, hvor forfatteren analyserer de slutteligt negative følger, som kunstværker bliver udsat for gennem deres tekniske reproduktion. Således redegør han f.eks. for, at maleriers massevise reproduktion i form af fotos undergraver og ødelægger deres oprindelige aura af ægthed og originalitet. Original og reproduktion bliver principielt udskiftelige. Værkernes film- og fotoreproduktioner river dem ud af deres oprindelige forbindelse med ritualet, som i slutningen af det forrige århundrede stadig var virksomt. Kunstens særegne "kultværdi" degenereres således til en overfladisk "udstillingsværdi". Det har også konsekvenser for betragteren. Den enkeltes meditative fordybelse i det enkelte værk erstattes af en "simultan kollektivreception", en massevis "reception i adspredelsen".

Hvis Benjamin havde overlevet fascismen, og hvis han med samme skarpsindighed havde undersøgt forholdet mellem den aktuelle kunst og de reproduktive medier, så havde han sikkert opdaget, at det her ligefrem forholder sig modsat af det, han havde forventet. I forbindelse med kunst i og af natur bidrager foto- og filmoptagelser til at opretholde og formidle værkernes kunstneriske værdi. Denne kunstretning er i modsætning til traditionelle skulpturer og malerier immun overfor den skæbnesvangre sammenblanding af original og reproduktion. Selvfølgelig kan værker i naturen rekonstrueres og geninstalleres men vel næppe på en sådan måde, at original og reproduktion bliver udskiftelige. Den tekniske reproduktion er endda med til at tildele dem kunstnerisk værdi. Kunsten i og af naturen formidler ved hjælp af teknisk reproducerende medier, ikke på trods af dem, autentisk kunstnerisk mening.

Fotografiet af værkerne har imidlertid haft meget skiftende karakter fra kunstner til kunstner, fra 60'erne til i dag. I kunstretningens første år signalerede fotografierne, at de skulle ses som dokumentationsfotos i ordets bogstaveligste forstand, som secondhand-oplevelser. Deres anti-klassiske komposition bidrog sammen med deres rå og upretentiøse fremtoning til at modvirke den traditionelle status af kunstværket. Den amerikanske kunstner Robert Smithson understregede, at man ikke skulle se på hans

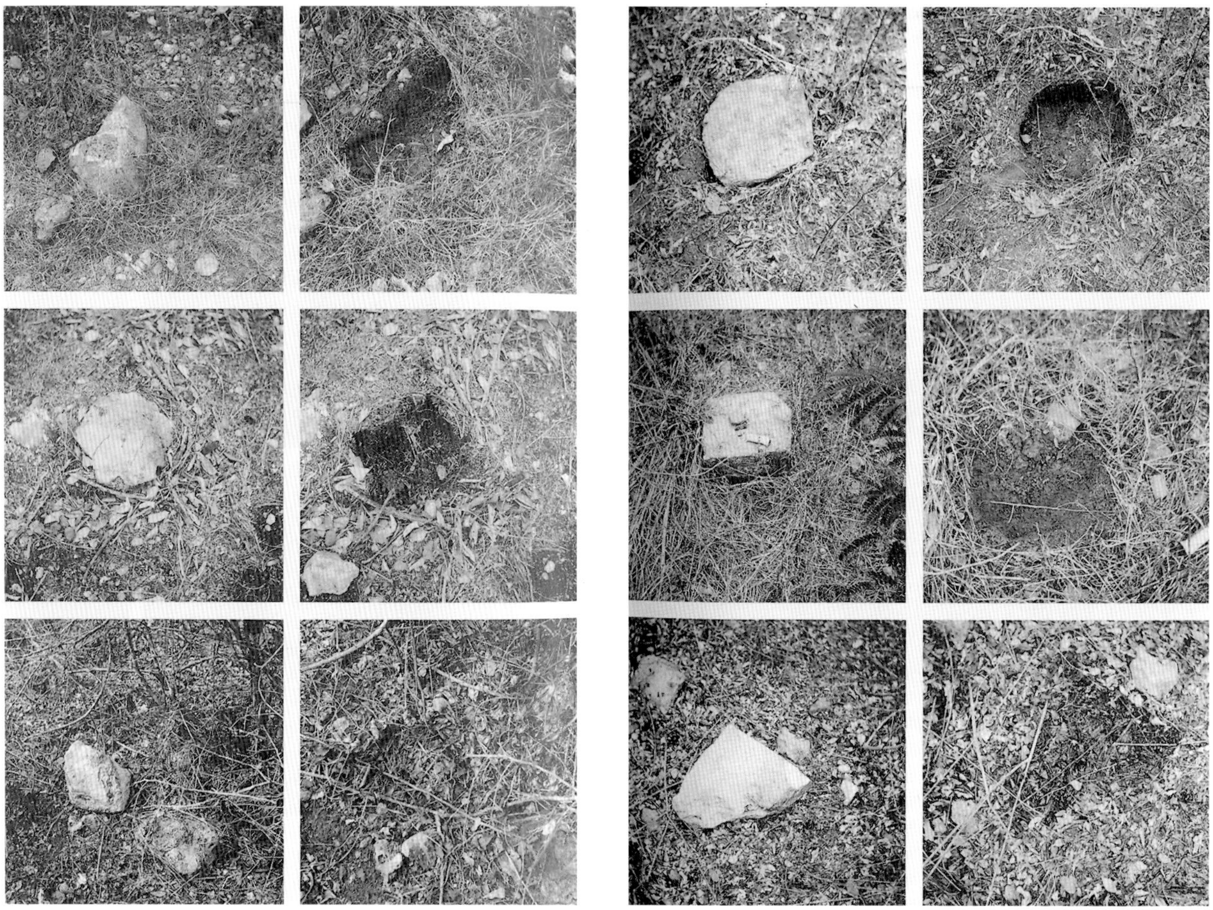

ROBERT SMITHSON: "OVERTURNED ROCKS (1-6)", 1969. ESTATE OF ROBERT SMITHSON, COURTESY JOHN WEBER GALLERY, NEW YORK

dokumentationsfotos, som om de var kunstværket, men at man skulle se på hans kunstværker, som om de var dokumentationsfotos. Selvfølgelig blev publikum usikker på, hvad der nu virkelig var kunstværket, og det gjorde ikke mindst de økonomiske forhold mellem kunstner, gallerier og samlere mere komplicerede, end ved hidtidig kunst.

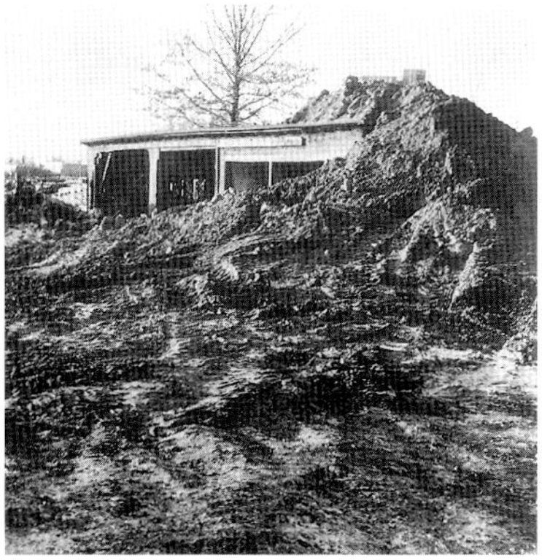

ROBERT SMITHSON: "PARTIALLY BURIED WOODSHED", KENT STATE UNIVERSITY, OHIO, USA 1970

I takt med, at interessen for fotografiet som kunstmedium voksede i 70'erne, voksede også behovet for kvalitativt at differentiere mellem dokumentationsfotografierne. Efterhånden som disse fotografier blev udstillet, reflekteret og handlet, blev dokumentationens reproduktion kunstscenens original. Værkfortegnelser, bøger og udstillingskataloger noterer i 70'erne stadigvæk selve værkets materiale og dimensioner, ikke fotografiets. Kun enkelte kunstnere såsom Hamish Fulton og Richard Long arbejdede allerede på det tidspunkt med spændingen mellem dokumentationsfotografi og fotoarbejde. Ligeledes i 70'erne begyndte kunstnere som Dennis Oppenheim at skabe collager af documentationsfotos, kort, tegninger og andet materiale, som havde med et værk i og af naturen at gøre.

Først i løbet af 80'erne bliver der klart og tydeligt skelnet mellem dokumentationsfotografi og kunstfotografi. Formatet eksploderer, hvad der førhen var små sort/hvid-fotos, er nu store farvecibachromer eller fotostater. Nils-Udo dyrker fotografiet som kunstværk allerede omkring 1980, Andy Goldsworthy professionaliserer sit fotografi i 1987. Her drejer det sig ikke om naturliggørelse af kunsten men om bevidst og målrettet kunstiggørelse af naturen ved hjælp af geometriske, overraskende artificelt virkende arrangementer af naturens materialer.

At fotografiet bliver til selve kunstværket kan på den ene side have den tvilvsomme effekt, at værket nedvurderes overfor et fotografis egen æstetik. På den anden side åbner det dog muligheden for fotografer at skabe kunst i og af naturen. Således skaber François Méchain efter lange forberedelser objekter i og af naturen med det ene formål at blive fotograferet. Tildels omfatter hans forberedelser endda skitser og tegninger, ikke af "værket", men af fotografiet, som tages af værket. Også i dette tilfælde er selve fotografiet kunstværket.

ROBERT SMITHSON: "SPIRAL JETTY", UTAH, USA 1970. FOTO: GIANFRANCO GORGONI

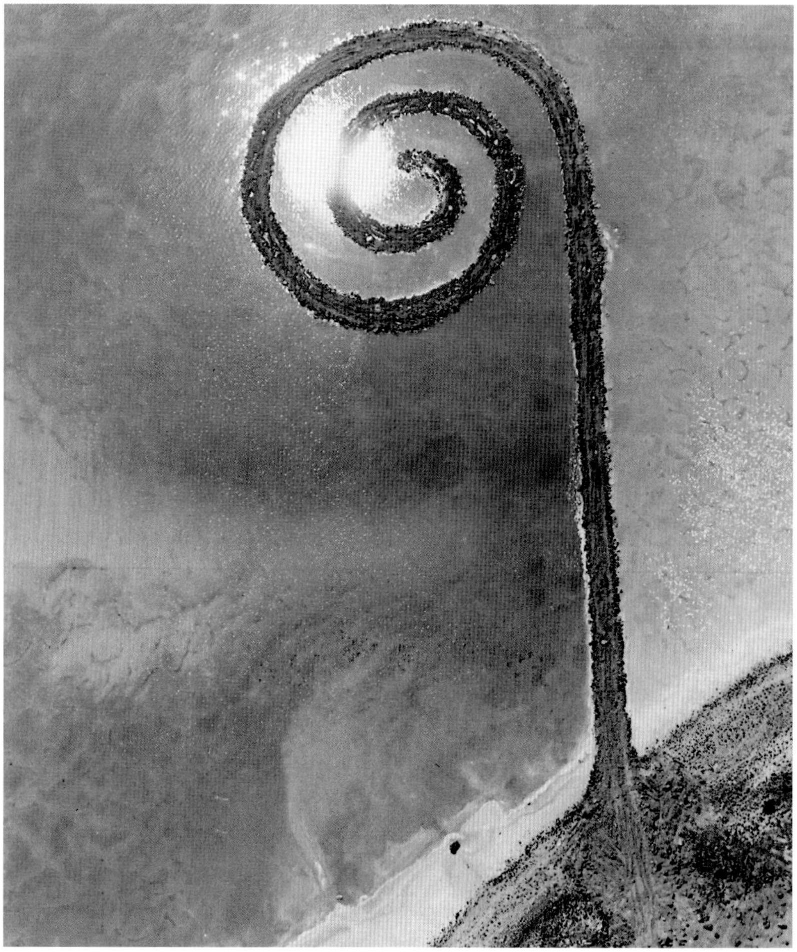

På grund af den store betydning, som reproduktionen af dokumentationsfotos efterhånden har fået, er nogle af 60'ernes og 70'ernes dokumentationsfotografier først nu, med tilbagevirkende kraft, blevet forfremmet til kunstværker. Det er åbenlyst, at kunstretningen har et komplekst forhold til de teknisk reproducerende medier. Det oprindelige dokumentationsfotografi er blevet et selvstændigt, fotografisk kunstværk med quasi-klassisk billedopbygning, og hvad der førhen var et værk i og af natur, har nu tendens til at blive en æstetisk iscenesættelse på fotografiets præmisser.

III Illusion og kulturlandskab

Mennesket har til enhver tid identificeret naturen med "det andet", med det, som anses for at være det virkeligt mægtige i universet: det vilde, det uhæmmede, det underbevidste, det seksuelle, det kvindelige. Idag synes forholdet mellem natur og menneske at være væltet. Mennesket fornemmes mægtigere end naturen og denne fornemmelse – grund til arrogant stolthed for enkelte få – er chokerende for menneskeheden som sådan. Fornemmelsen udspringer for en stor dels vedkommende af den traumatiske oplevelse, at have ført krig for godt 50 år siden på hele jorden og derved at have udviklet muligheden for at kunne ødelægge alt liv på den. Fra da af eksisterer naturen som "det andet" ikke mere. Naturen kultiveres, registreres, kartograferes; gener i flora og fauna manipuleres, og alt gennemstråles gennemgående og permanent af elektroniske informationsbølger. Naturen rundt omkring os, landskabet i hele verden, har ingen fred for mennesket, den bliver enten ødelagt eller "sat i stand". Naturlandskabet er helt igennem kulturlandskab. Kunst i og af naturen forholder sig uvægerligt til dette kulturlandskab og ikke, som navnet måske kunne få én til at tro, til et forlængst fiktivt naturlandskab.

Ser man uforberedt på et værk i og af natur, synes det hyppigt blot at være et almindeligt objekt af dette kulturlandskab, en hytte, en have, en blomst, en sten. Uanset hvor usædvanligt værket måtte være, adskiller det sig ikke fra kulturlandskabet på en sådan måde, at dets kunstkarakter med det samme falder betragteren i øjnene. Som billederne i foreliggende katalog giver udtryk for, ser værkerne hyppigt så almindelige ud, at de kun ved hjælp af omfangsrigt informationsmateriale kan skelnes fra kulturlandskabet.

Selvfølgelig er denne almindelighed en illusion. Kunst i og af naturen råder over talrige strategier for at opløse grænsen mellem sig selv og kulturlandskabet. Hertil hører værkets materialer og placering, dets upretentiøse ydre og begrænsede eksistensperiode osv. Der bliver brugt megen energi på permanent at forny og forfine disse strategier. Intet synes at være mere bandlyst, end at et værk ved første øjekast skulle kunne erkendes som "Kunst". Det kunstneriske skjules derfor bag en facade af almindelighed, og kunsteren foregiver gerne, at hans værk faktisk er en almindelig del af det omliggende kulturlandskab.

På grund af en irrationel oplevelse tror betragteren også foreløbig på værkernes almindelighed. Selv meget rutinerede kunstkendere fatter sommetider ikke, hvor kulturlandskabet holder op, og kunsten begynder. Først i og med at betragteren bliver klar over, at den harmløse banalitet, som kunsten lejlighedsvis lægger for dagen, er en camouflage, går det som en stor overraskelse op for ham, at han står overfor et kunstværk. Denne virkning, som overgangsvis gør betragteren ude af stand til at kunne skelne mellem kunst og kulturlandskab, baserer sig på en klassisk struktur af kunstnerisk illusion.

Et paradigme for kunstnerisk illusion siges at være anekdoten om den græske maler Zeuxis som Plinius den Ældre overleverede. I forbindelse med en malerkonkurrence besøgte Zeuxis sin konkurrent Parrhasios for at se på hans værk. Da han prøvede at løfte tæppet, som hang foran et af Parrhasios's malerier, havde han allerede tabt konkurrencen, for Parrhasios havde malet tæppet. Hvordan dette tæppe end var malet, så må dets illusionistiske virkning have baseret sig på, at maleriet netop ikke fremstod som et kunstværk, og at det ved første øjekast netop ikke kunne identificeres som kunst. Parrhaisios havde gemt sin kunst bag et slør af almindelighed, og den tåbelige Zeuxis blev offer for denne illusion.

Overenstemmelserne mellem denne struktur og virkningen, som kunst i og af natur kan have, er åbenlyse. Ligesom Parrhasios skabte sit maleri på en måde, så det ikke var synligt som kunstværk, bliver værkerne i og af naturen hyppigt skabt på en måde, som gør deres kunstværdi usynlige. Både Parrhaisos's efterhånden prominente tæppe og meget af den aktuelle kunst kan ved første øjekast ikke skelnes fra kulturlandskabets hverdagsobjekter. Dengang som idag bliver kunsten gemt bag et forhæng af almindelighed. Zeuxis så et almindeligt tæppe, hvor vi idag ser et almindeligt kulturlandskab. Og ligesom Zeuxis så fatter også vi først i og med erkendelsen af, at denne almindelighed er et bedrag, værkets sande kunstneriske væsen.

Nancy Holts betonrør i "Suntunnels" synes således ved første øjekast at være tilfældigt lagte eller tabte rør i den amerikanske ørken. Deres placering retter sig imidlertid præcist efter solens op- og nedgang på årets længste og korteste dag, mens hullerne refererer til bestemte stjernekonstellationer. Først i oplevelsen af rørenes sammenhæng med klodens rytmiske bevægelse i rummet og det raffinerede svar, som rørenes mørke indre om dagen giver nattens åbne stjernehimmel, erkendes det, at rørenes almindelighed har været en kunstnerisk illusion. På lignende måde kan Hamish Fultons fotografier ved første øjekast virke som almindelige dokumentationsfotos. Idet indskriften læses, og det bagvedstående koncept forstås, skabes forståelse for fotografiernes kunstværdi. Og på samme måde, som Zeuxis med ét erkender, at forhængets almindelighed var en illusion, bliver det med ét klart, at fotografiernes dokumentationskarakter blot var en camouflage. herman de vries' værk "die wiese" ligner til forveksling en almindelig eng. Men også dette værks åbenlyse almindelighed er en kunstnerisk illusion. herman de vries, som mottoagtigt erklærer "ich hasse kunst in der natur", arbejder på at omdanne kulturlandskab til naturlandskab, og "die wiese" er foreløbig det største område, hvor dette kunstneriske koncept er blevet realiseret.

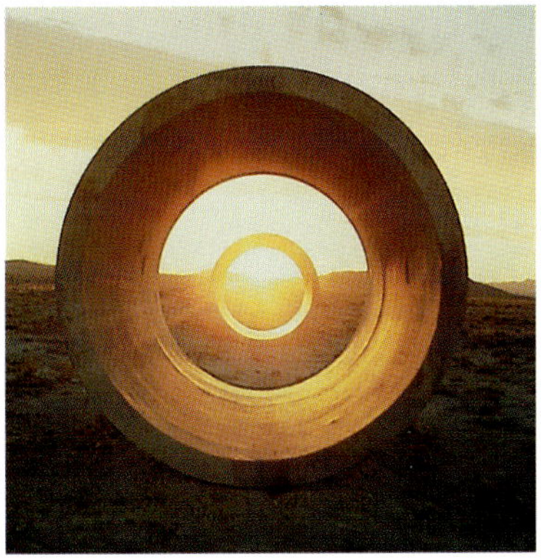

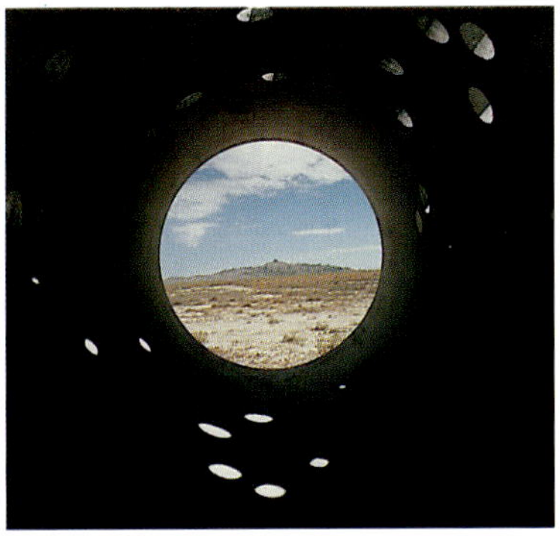

NANCY HOLT: "SUNTUNNELS", GREAT BASSIN DESERT, UTAH, USA 1973-1976

IV Tid

Meget påfaldende ved kunsten i og af naturen er dens forhold til tid. Så snart et værk er skabt, indgår det alene ved sin placering og sine materialer i et uoverskueligt, omfangsrigt og uendeligt differentieret system af kulturlandskabets processer: sol, vind, regn, stedets flora og fauna, turister, årstidernes skiften, alt omfattet af jordens, månens, solens og endnu fjernere himmellegemers bevægelsesrytme. Værkerne placeres meget bevidst på bestemte trin af disse processer. Den indflydelse, naturen derved får på værkets udseende og tilstand, opfattes og opleves som en central del af det kunstneriske udsagn. Viljen til at integrere sig i naturens permanente instabilitet og derved skabe en umiddelbar forståelse for naturens processer ligger den traditionelle billedkunst med dens statiske repræsentationer fjernt.

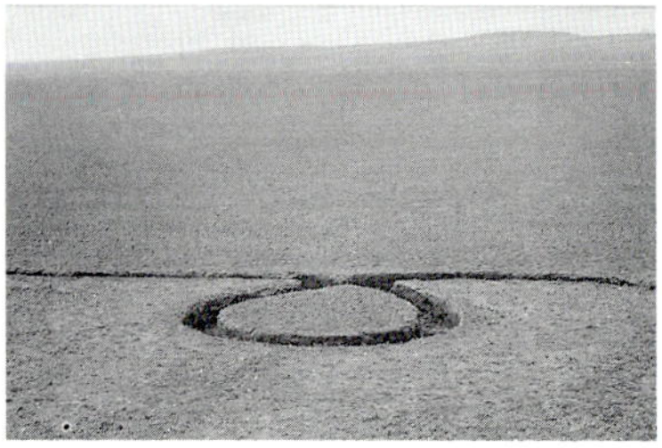

MICHAEL HEIZER: "NEVADA DEPRESSION 9", NEVADA, USA 1968

Kunsten forholder sig på tre forskellige måder til naturens processer. For det første kan kunstneren gennem valg af materiale, sted og omgivelser skabe forudsætning for, at hans værk nedbrydes i løbet af en bestemt tidshorisont. I 1968 skabte den amerikanske kunstner Michael Heizer værkserien "Nevada Depressions", som bestod af ni forskellige slags udgravninger i ørkenen i Nevada. Kunstneren fulgte interesseret, hvordan vind, sandflugt og regn for evigt jævnede værkerne med jorden. (Senere genskabte han imidlertid "Nevada Depression 9" i græsplænen foran De Menil-samlingens nye museumsbygning i Houston, og her bliver værket holdt ved lige, forsøgsvis for evigt.)

Mellem den 7. og 8. januar 1987 lod Andy Goldsworthy istapper fryse mod istapper, hvorved der voksede to større istapper vandret ud af et fjeld, indtil de næsten mødtes i midten. Ligesom de fleste andre af kunstnerens værker skulle denne forbløffende istapkonstellation hurtigt fotograferes, da den med rette forventedes at falde sammen umiddelbart efter dens fuldendelse. På denne måde skaber kunstnerne kunst uden at efterlade værker for eftertiden. Kunsten forstås først ved oplevelsen af objekternes fravær.

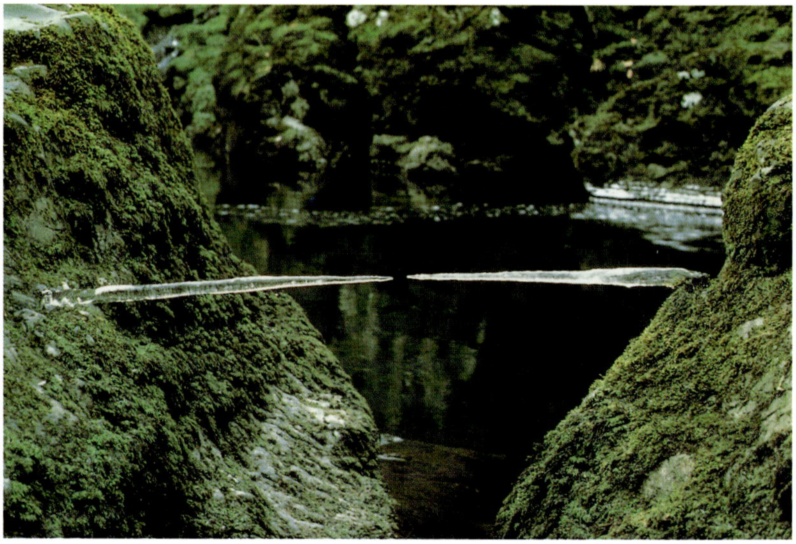

ANDY GOLDSWORTHY: "ICE AND ICICLES..., SCAUR WATER, PENPONT, DUMFRIESSHIRE, 7-8 JANUARY 1987"

Hyppigt opfatter kunstnere denne måde at forholde sig til naturen på som en reflektion over et af naturens grundvilkår. Den indstiller sig uvægerligt ved beskæftigelsen i og af naturen. Andre ser den imidlertid som en metafor for økologisk adfærd, idet værkerne i modsætning til traditionelle have- og parkskulpturer hverken belaster naturen under opbygningen eller efter fuldendelsen. Sluttelig kan værkernes korte eksistensperiode i forlængelse af den amerikanske kunstner Robert Smithson opfattes som et lineært, irreversibelt og entropisk forløb, som en allegori for det uomgængelige forfald, for livets permanente katastrofe. For at synliggøre sine tanker tog Robert Smithson i 1968 en serie fotografier i et industriområde ved Oberhausen i Tyskland. Fotografierne er en hyldest til denne katastrofens æstetik. Kun de færreste kunstnere ser i deres værkers korte eksistensperiode en fortsættelse af det meget traditionsbehæftede "memento mori"-tema, en almen metafor for verdens forgængelighed eller en melankolsk påmindelse om menneskets ødelæggelse af naturen. Men uanset hvordan den enkelte kunstner vurderer værkets korte fysiske eksistensperiode, så er det afgørende, at det er naturen, der definitivt afslutter den, og at denne form for afslutning er en del af værkets kunstneriske konception.

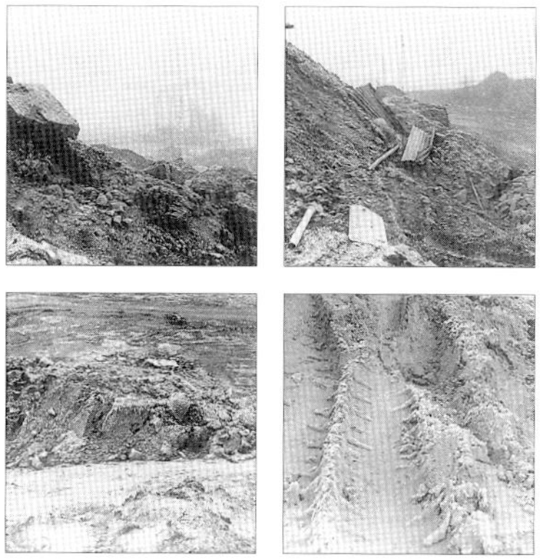

ROBERT SMITHSON: "NON-SITE", (SLAG) OBERHAUSEN, GERMANY 1968

Den anden måde at forholde sig til naturens processer på består i at integrere værket ikke kun i naturens forfalds-, men også i dens vækstprocesser. I dette tilfælde forgår eller nedbrydes værket ikke, men åbner sig for kulturlandskabets formende kraft og forandrer sit udseende i samme takt, som kulturlandskabet gør det.

Sluttelig skal nævnes den sjældne men dog vigtige mulighed, at kunstnerne selv begrænser værkets fysiske eksistens. F.eks. vælger Christo og Jeanne-Claude materiale, placering og eksistensperiode for deres storprojekter i naturen på en sådan måde, at hverken naturen forandres af værket, eller værket forandres af naturen. Ved helt at undgå et processuelt samspil mellem natur og værk, realiseres kunstens gamle drøm om at være hævet over den øvrige verdens underkastelse under forgængelighedens magt.

Den første måde at forholde sig til naturens processer på munder ud i flygtige værker, som er inspireret af stedet, og som bliver skabt af kunstneren alene. De værker derimod, som skabes ved

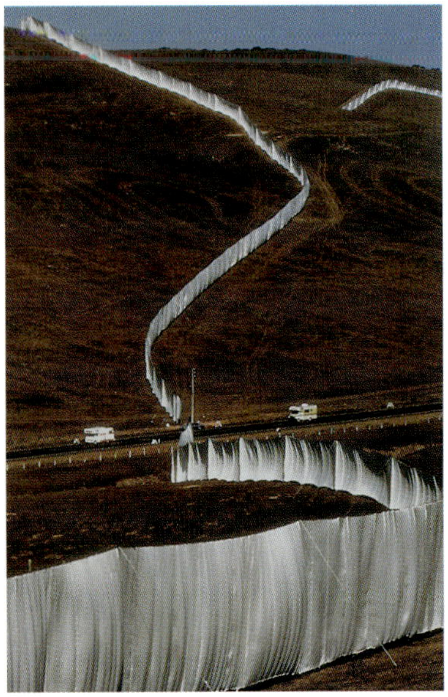

CHRISTO & JEANNE-CLAUDE; "RUNNING FENCE", SONOMA AND MARIN COUNTIES, CALIFORNIA, USA 1976

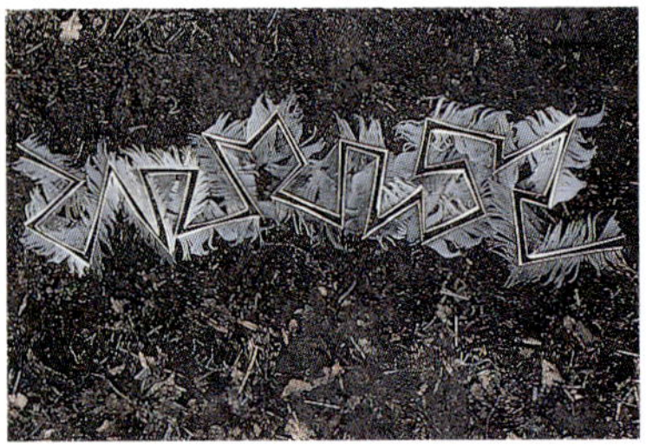

ANDY GOLDSWORTHY: "FEATHERS PLUCKED FROM DEAD HERON ..., SWINDALE BECK WOOD, CUMBRIA, 24-26 FEBRUARY 1982"

integration i naturens vækst- og forfaldsprocesser, er hyppigst installationer, som bliver planlagt med tegninger og modeller. Ligesom Christos og Jeanne-Claudes storprojekter bliver mange af dem realiseret af et meget stort mandskab med tilsvarende maskinpark. I modsætning til de flygtige værker er disse installationer for en stor del bestillingsarbejder.

I forhold til modernismens hyldest til den tekniske fart og den maskinelle bevægelse, er den udprægede opmærksomhed for naturens processer også et udtryk for en ny hastighedserfaring. På baggrund af tekniske dimensioner for hastighed og progression søges her en menneskelig eller organisk målestok. Hamish Fultons og Richard Longs vandren eller Louis Weinbergers pasning af ukrudtsmiljøer er kun to eksempler på dette.

V Felix aesteticus – den succesrige æstetiker

I naturvidenskaberne ophobes der en encyclopædisk viden, som i stigende grad bliver nemmere tilgængelig og lettere forståelig, men samtidig sværere at opleve og vanskeligere at begribe. Kunst i og af natur er til en vis grad udtryk for et behov for en oplevelse af naturen og dens processer, som ligger hinsides denne form for viden. I kunsten findes der forsøg på erkendelser, som integrerer videnskabelige, almene erkendelser med den individuelle, æstetiske naturoplevelse og med et handlingsvilligt, socialt ansvar for naturen.

Den tyske filosof Alexander Gottlieb Baumgarten udviklede i 1700-tallet sin forestilling om det ideale menneske, hvilket han kaldte "felix aesteticus", den succesrige æstetiker. Den mest fremtrædende egenskab ved felix aestiticus er, at han er i stand til at finde netop denne rette ligevægt mellem abstrakte, logiske sammenhænge og konkrete, sanselige erkendelser. I modsætning til sine tidsfæller, men i overenstemmelse med nogle af nutidens mest fremadrettede tendenser indenfor kunst og filosofi indså Baumgarten, at den viden, som er rimelig, menneskelig og fyldestgørende, hverken frembringes af lidenskabernes forvildelser eller af videnskabernes lige så omfangsrige og smålige erkendelser alene. Lidenskaberne på den ene side er frodige og rige, men mørke og forvirrede, videnskabernes erkendelser på den anden side er klare og tydelige, men fattige og tørre. Midt imellem disse to yderpoler ligger "den æstetiske horisont", en type erkendelser og fremstillinger, som samtidig med at de er dunkle og poetiske, fremstår klare og korrekte. "Den æstetiske horisont" beskriver den succesrige æstetikers livsholdning, som baserer sig på sans for proportioner og på sans for rimelighedens grænser.

En anselig del af kunsten i og af naturen baserer sig på samme holdning og søger derfor efter et forlig mellem sanselig oplevelse og logisk viden. Ægteparret Helen Meyer og Newton Harrison og herman de vries redegør med deres artikler på siderne 168 ff. og 137 i foreliggende bog for denne holdning. Også den amerikanske kunstner Charles Ross abejder med det, som alle kan vide og forstå, men som er svært at opleve. I 1975 begyndte han byggeriet på "Star Axis", en monumental skulpturel konstruktion, som med brøkdele af millimeters nøjagtighed er blevet placeret parallelt med jordens rotationsakse. Kunstneren er uddannet matematiker, og projektet muliggør oplevelsen af forskellige astronomiske rytmer. En lang tunnel fører op imod den astronomiske nordpol, som for tiden omkredses meget tæt af nordstjernen. Står man på trappens første trin, ser man ved tunnellens ende ikke mere af himlen end akkurat det lille himmeludsnit, som dækkes af nordstjernens bevægelse omkring nordpolen. Nordstjernen vil indtil år 2067 komme tættere på nordpolen, derefter vil afstanden vokse. Bevægelsen har en rytme på 26.000 år og alt efter, på hvilket trappetrin man står, ses det himmeludsnit, som nordstjernens bevægelse omkring nordpolen på et givet tidspunkt vil dække. Også værkets øvrige dele relaterer sig til astronomiske fænomener. Siddende i den såkaldte "one hour chamber" kan der ud gennem den høje, trekantede åbning ses så meget af himmelhvælvningen, som denne tilbagelægger i løbet af præcis en time. Selve pyramidens skråninger er relateret til middagssolstanden på årets korteste og længste dag.

De nævnte kunstnere er nogle få af dem, hvis holdning minder om det forlig mellem videnskab og kunst, som Alexander Gotlieb Baumgarten må have haft for øje, da han beskrev den "succesrige æstetiker".

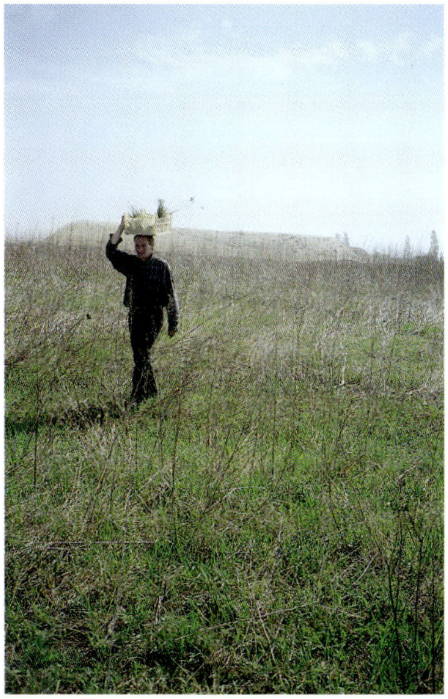

LOIS WEINBERGER: "UKRUDTSMILJØ", RUDERAL, WIEN, ÖSTERREICH 1996

ROBERT SMITHSON: UPSIDE-DOWN TREES, 1969

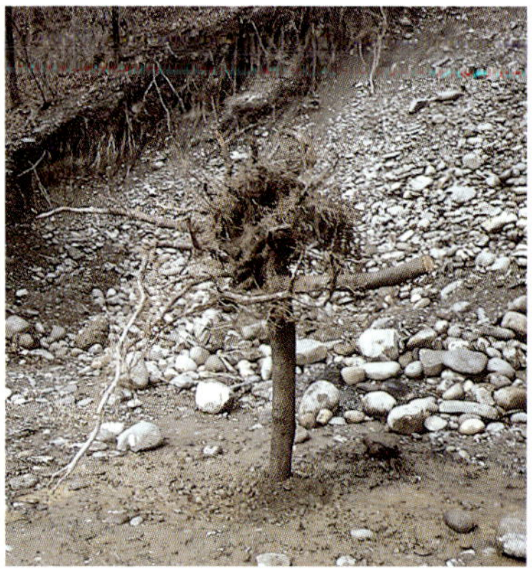

"FIRST UPSIDE-DOWN TREE", ALFRED, NY, USA

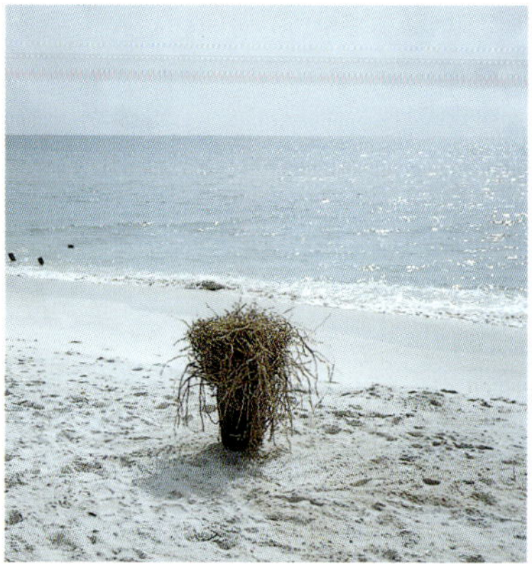

"SECOND UPSIDE-DOWN TREE", FLORIDA, USA

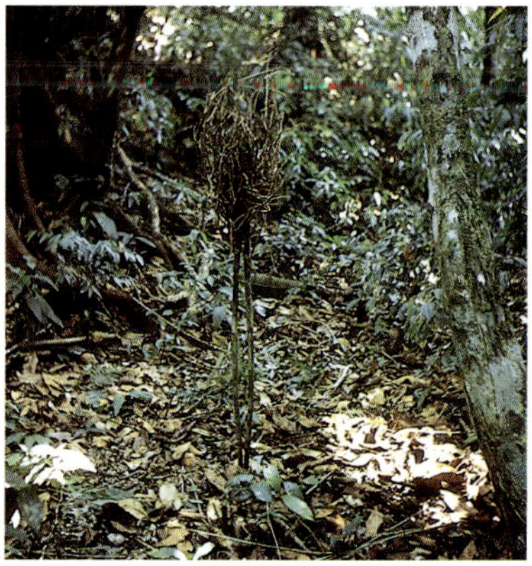

"THIRD UPSIDE-DOWN TREE"

VI "Oikos" og "Træet på Hovedet"

Kunst i og af natur har forskellige berøringsflader med økologien. Kunstretningens økologiske og sociale aspekter ytrer sig f.eks. i form af dens udprægede sans for at gå i dialog med naturen og dens vilje til at tage hensyn til f.eks. oversete eller nedvurderede naturområder og deres planter. Men selvom kunsten har talrige andre økologiske og sociale aspekter, er den imidlertid ikke et barn af den økologiske bevægelse. Udstillingen "Mødet med Skabelsen" omhandler de økologiske og sociale aspekter gennem præsentationen af to motivkredse, huset, hulen, hytten og "Træet på Hovedet". Begge motiver viser sig at være karakteristiske for kunsten i og af natur.

Robert Smithson skabte i 1969 en serie på tre "Upsidedown-Trees". Disse omvendte træer er startskuddet på en lille motivhistorie, som langt fra er afsluttet endnu. Som udvalget af eksempler på udstillingen viser, findes der forskellige måder at fremstille motivet på, træet kan være gravet ned i jorden på hovedet, det kan stå på sin trækrone eller hænge, det kan stadigvæk være i live eller være dødt, stammerne kan have forskellige længder, og rødderne forskellige størrelser, både stamme og rod kan fremstå rå, med bark og jord eller renset osv.

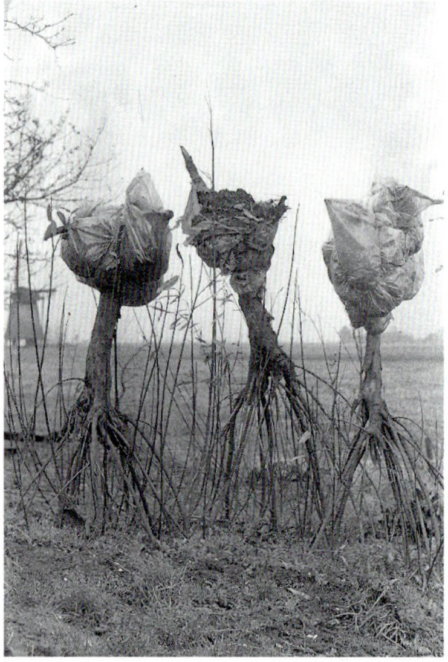

SJOERD BUISMAN: "OMGEKEERDE WILGEN", ALMKERK, HOLLAND 1971/1972

Alle disse forskelle differentierer de enkelte værkers udsagn og indhold fra at være udadvendt kritik over patetisk symbol til for-male overvejelser. Hyppigst er dette markante motiv dog kritisk: Træet symboliserer naturen som sådan, og naturen anses for at være rykket op med rod. Træet på hovedet synes at være uden kunsthistorisk fortilfælde, og motivet kan anses for at være karakteristisk for kunsten i og af naturen.

Den anden hyppigt anvendte motivkreds er huset, hytten og hulen. Det er sikkert ikke noget tilfælde, at det græske ord "oikos" danner stammen for ordet "økologi". "Oikos" betyder bygning, husholdning, familie. Kunst i og af naturen er til en hvis grad et usminket udtryk for længslen efter at føle sig hjemme, behovet for et sted, der beskytter og åbner sig mod omgivelserne, og hvor husholdningen fungerer, håbet om et trygt sted at være.

Fælles for disse para-arkitektoniske værker er, at de minder om fortidige bebyggelsespladser. Chris Drury, som selv kommer til orde på side 203 i foreliggende bog, skaber skrøbelige huler og telte af ler, træ og levende planter. Nils-Udos "Bamboo-House" indgår i en øjensynlig symbiose med den omkringliggende skov, og hans svømmende rede med sovende barn formidler tydeligt et væresteds ambivalens af tryghed og ensomhed. Alice Aycock arbejder til gengæld med husets farlighed, bebyggelsen som risiko eller fælde. Udefra er hendes værker indbydende, indenfor svimlende klaustrofobiske.

Michael Heizer har siden 1972 arbejdet på sit gigantiske projekt "Complex City" i ørkenen nord for Las Vegas. "Complex City" består af tre forskellige, bygningslignende skulpturer, hvis form, volumen og placering relaterer til hinanden. Som helhed minder anlægget på slående vis om tempelanlægget i Teotihuacán (skabt mellem 200 og 800 e.Chr.), som ligger i nærheden af Mexico City, og som kunstneren er meget fascineret af. Lars Vilks Nimis-projekt er vokset fra at være en mindre drivtømmerhytte til et stort spontanarkitektonisk bygningsværk, som i nærmeste fremtid sammen med det omkringliggende land skal udråbes til selvstændig stat. Projektet beskrives på side 129.

Modernismen har i høj grad bevidst abstraheret fra "naturen" for at søge ind til og frem mod det kunstige. Futuristerne, surreali-

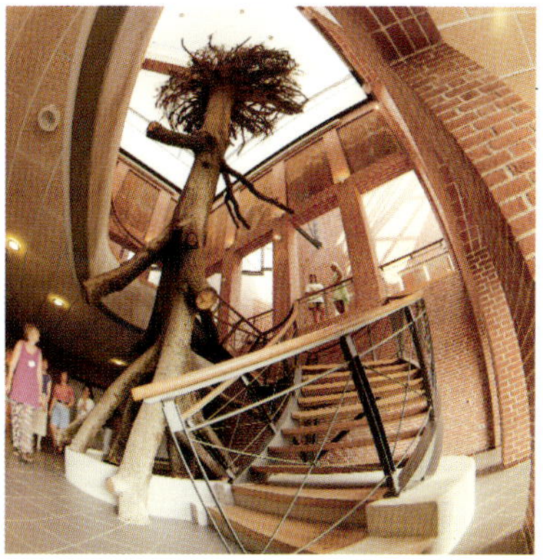

ALFIO BONANNO: AMU-CENTER PROJECT, SVENDBORG, DANMARK 1974, FOTO ULRIK BORGERMANN

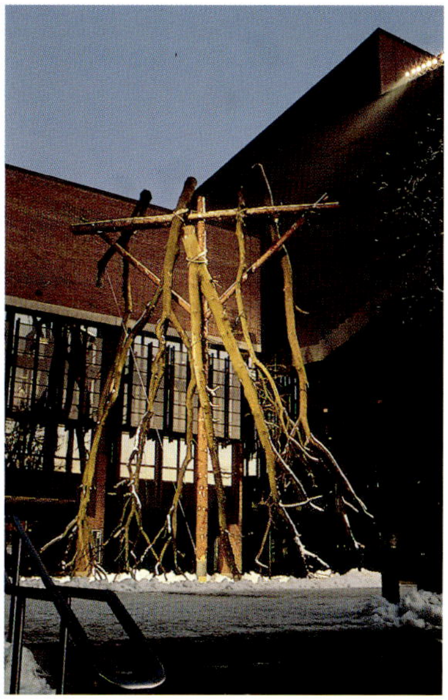

NILS-UDO: "BÄUME, MAHNMAL MIT TOTEN BÄUMEN", MÜNCHEN, GERMANY 1990

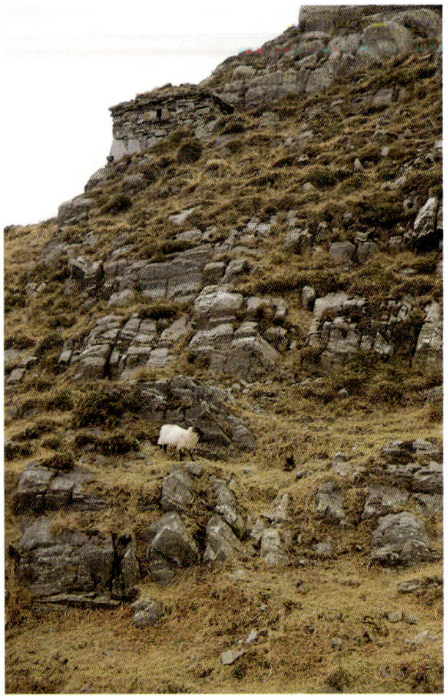

ALFIO BONANNO & CHRIS DRURY:
"SHELTER PROJECT", IRELAND 1996

sterne, dadaisterne, kubisterne havde en udsøgt sans for at frigøre kunstnerisk kraft og intellektuel skarpsindighed under fornægtelsen af "det naturlige". I modernismens fremtidsvisioner indgik mennesket ikke i pagt med naturen men med teknikken, velstand og lykke baserede sig på teknikkens velsignelser.

I dag, i postmodernismen, har denne afstandtagen overskredet en kritisk grænse og fremstår pludseligt som det modsatte, som overlapning og sammensmeltning af det naturlige med det kunstige. Skønhedoperationer, organtransplantationer, kunstig befrugtning, cyber-space, kunstig intelligens er kun nogle få af de områder, der viser, hvor lille afstanden og hvor sammenslynget grænsen mellem det kunstige og det naturlige i dag faktisk er.

Man må håbe, at det kommende århundrede indgår i historien som det økologiske, det med naturen solidariske århundrede. Vi er alle informeret om, hvad der står på spil. Heldigvis er overgangen til det økologiske og solidariske århundrede allerede begyndt. Kunst i og af natur er umiddelbart involveret i denne overgangsproces og i de problemstillinger, den indebærer. Modernismens kunstneriske succes, dens kritiske energi og formelle styrke, udfoldede sig uden hensyn til økologiske problemer. Nu har vi en kunst, som kan udfolde sig med "ecological correctness", men tiden vil vise, om det sker på bekostning af kunstværkets integritet.

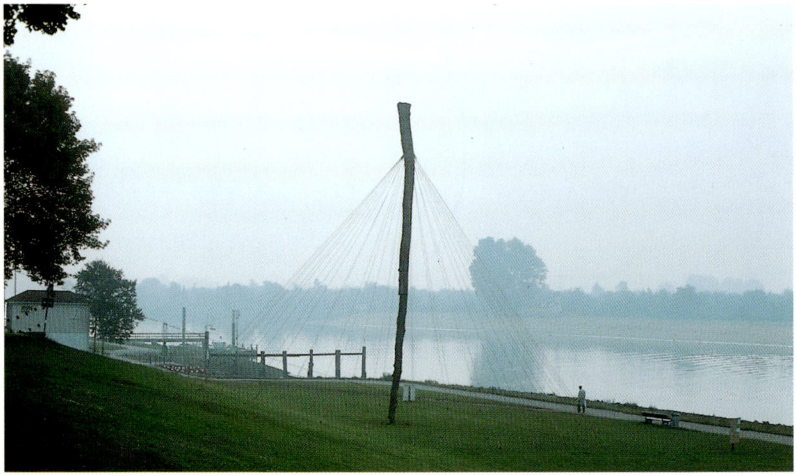

JAN MEYER-ROGGE: "MASTBAUM", BREMEN, GERMANY 1978

Encounter with creation

Nature was created in a few days: the light was divided from the darkness on the first, the heavens were created on the second, the earth was divided from the waters and the plants were created on the third, the stars were created on the fourth, the animals on the fifth, man on the sixth day. Since the sixties of our century, artists have been preoccupied with using these basic elements of creation as own artistic medium of expression. Works have been created with earth, with water, with plants and with organic life; a large number of artists relate their works to the open skies, some involve animals in their work, and Body Art expresses itself through the human body. These basic elements of creation as a whole are what we call nature.

The exhibition "Encounter with Creation" gives the visitor insight into art created in and of nature since the sixties until the present day. It focuses on works created with earth, water and organic life, as well as works which take their point of departure in the movement of the Earth in space. Art in and of nature has been given many different designations, among which the most significant are "Land Art", describing American art in and of nature with its sometimes very large-scale works and strong interventions in nature; and "Art in Nature", which describes the more ecologically aware variant that arose at the same time in Europe and the USA. Strictly speaking, Land Art only comprises a handful of American artists with relatively few, but gigantic works from the sixties and seventies. The name "Land Art" was used as early as the late sixties, and in Turin in 1970 "Conceptual Art, Arte Povera, Land Art" was the first exhibition to bring Land Art together with the two most closely related artistic schools. Since then "Land Art" has been erroneously used to designate all sorts of artistic activities in nature. The name "Art in Nature", on the other hand, was first formulated in 1990 as the title of a manifesto which aimed to gather together current artistic enterprises based on consideration for nature. It emerged, however, that "Art in Nature" could be used to cover many groups and generations of art in and of nature from the sixties until today.

The exhibition "Encounter with Creation" centres on the actual artistic work in and of nature, and thus gives us the opportunity to see both Land Art and Art in Nature.

Andreas Jürgensen, dr., curator at Kunsthallen Brandts Klædefabrik.

Since it would be a self-contradiction to exhibit art in and of nature indoors in an art centre, the exhibition exclusively shows photos, transparencies, videos, books, maps, whether this material is art or documentation. However, the material is accompanied by an exhibition architecture whose form and materials refer to art in and of nature. The largest part of the exhibition is structured so that each artist and each specific attitude to nature is presented separately. There are however two exceptions where a motif, not the artist, is the centre of attention. One of these is the house, hut or den, and this part of the exhibition has the title "Oikos". The word *oikos,* which forms the root of the concept of *ecology* which is so essential to the exhibition, is Greek and means a building, household or family. The other motif is "The Upside-Down Tree". This motif too appears frequently in this kind of art, but unlike the various buildings the motif has no models in the history of art. "The Upside-Down Tree" seems to be a motif specific to art in and of nature.

As the list of works on page 48 pp. shows, the exhibition is not an exhaustive overview of art in and of nature. There are many questions related to this movement, its nature, its mode of functioning, its historical development and significance, its aesthetic, critical and social aspects. Rather than a historical overview, the exhibition and the following article give an account of some aspects – perhaps the most crucial ones – of the movement. Given the present condition of nature, it seems to be more pressing than ever before to find out what basic attitude lies behind the apparently untiring activity of the artists since the sixties in and with nature. The article only refers to artists and works represented at the exhibition.

I Emblems

One of the most striking things about art in and of nature is that the individual works are accompanied by extensive informative material. There is hardly a work in the landscape without a long series of photo and transparencies, without video and film recordings, without commentaries in books, catalogues, reviews etc. Although this informative material as a whole seems unmanageable, one can still always distinguish three different categories: title, documentation and description. Anyone who takes an interest in or deals with art in and with nature, quickly notices that titles, documentation and description form a necessary prerequisite for talking about and reflecting on this art.

The titles of the works are often objective and descriptive, like *Natural/Cultural Landscape*™ (a series of works by Alan Sonfist); some are poetic, like *Das Tal der blauen Blume* (Nils-Udo 1993); others again are ambiguous, like Michael Heizer's *Double Negative* of 1969/70 and – not least – François Méchain's *Double Négatif* 25 years later.

Since the works are frequently broken down by the forces of nature and disappear after a relatively short period of physical existence, their precise documentation is necessary if we are to be able to talk about them and the impressions they leave with us. This documentation mostly consists of photos, often also of video recordings. Finally, the descriptions clarify what the titles and documentation cannot achieve alone: the integration of the works in the processes of nature, their symbolism, what happened during the period of the works' existence, what actions preceded them, and what followed. These descriptions may consist of a few key words, but some are long treatises. Title, documentation and description form a fixed basic structure for the interpretation of the art. Especially if the work has decomposed and disappeared, they form the only starting-point for insight into the meaning of the work.

However, the meaning-generating structure of title, documentation and description has been directly adopted from the emblem genre of the sixteenth, seventeenth and eighteenth centuries. In their day, emblems were sometimes collected in emblem books. The illustration p. 16 top shows an emblem chosen at random from Gabriel Rollenhagen's emblem book *Nucleus emblematum,* which appeared in 1611/1613 in Arnhem and Utrecht. The picture typically shows the obligatory three parts of the emblem: a motto, which in this case runs around the picture (Dear Home, Best Home); a picture (the tortoise in the foreground, which crawls towards a cottage where a family is eating a meal); and an exposition, the so-called *subscriptio* (here "A dear home is the best home. Be satisfied with what you have; not to stray too much is a sign of wisdom"). While the picture shows the relationship between the animal that is symbolic of domesticity and the family idyll, the exposition clarifies the meaning of this relationship – the wisdom of being content with what one has.

Art in and of nature seems to be closely related to this emblematic mode of thinking and representation. Although title, documentation and description are not identical to motto, emblem and *subscriptio,* their function for us as observers is still very similar. In 1973, at Gibney farm near New Kingston in the USA, Alice Aycock created a low building in and from nature with the title *Low Building with Dirt Roof for Mary*. Extensive photo documentation of the work exists, and the title and the photographs are accompanied by an accurate description, which says that the earth on the roof of the building weighed about seven tons, that this weight was borne by a hidden metal structure, that the house was situated on a hill, so that the grass on the roof created an artificial horizon for anyone approaching. But the description also deals with what cannot directly be read off from the title or seen in the documentation – the house's claustrophobic, tomb-like interior.

On 16th August 1971 Joseph Beuys carried out a spontaneous action in a swamp outside Eindhoven in Holland. The action was entitled *Aktion im Moor*. Ute Klophaus and the photographer Gianfranco Gorgoni were the only witnesses and the latter took a series of documentation photos. In addition he has described how Beuys had himself immersed in the water and smeared himself in bog mud, and imitated the wing movements of birds; how he posed against a bunker nearby as if crucified etc. From Beuys's own statements and other actions of his, it is well known that the bird movements and smearing in mud refer to our original harmony with nature. The bunker, testimony to human aberration, was for Beuys a historical wound, and the crucified attitude was meant to refer to the intended healing of the wound. As in Rollenhagen's emblem, Beuys's action only generates meaning when its title, documentation and exposition are related to one another.

Between 1986 and 1989, near Florence, Alan Sonfist planted various plants in concentric circles. The title of the work is *Circles of Time*, and both the structure of the work and the growth of the plants have been thoroughly documented. An accompanying description informs us of the meaning of the work. The sculpture represents the history of Tuscany. In the middle the trees that grew in the area before the first human beings arrived have been planted. The next ring consists of herbs and these represent the first inhabitants of the region, the Etruscans. Then the Greeks arrived; the bronze casts of branches refer to them, and they are followed by a ring of laurels, the victory symbol of the Greeks. The next ring is a Roman road and the outermost ring of the work relates to present-day Italy. The local farmers can now harvest their olives and let their sheep graze there.

Without a description many works remain unapproachable in the same way as Rollenhagen's emblem would be without a *subscriptio*. If there is a description, like Rollenhagen's *subscriptio*, it only becomes meaningful in association with the pictorial representation.

II Documentation

Since the works only exist for a limited, sometimes even very short period or are permanently changing, they would remain unknown or be forgotten without documentation of any kind. They could not be sold or reflected on and they would not be able to assume a place either on the current art scene or in art history. Art in and of nature has therefore entered into a pact with the mechanical media of reproduction, with the photograph and the video.

1936 saw the first appearance of Walter Benjamin's epoch-making article "Das Kunstwerk im Zeitalter seiner technischen Reproduzierbarkeit" (The Work of Art in the Age of Mechanical Reproduction), where the author analyses the negative consequences for works of art of mechanical reproduction. He describes how the mass reproduction of paintings in the form of photographs undermines and destroys their original aura of authenticity and originality. Original and reproduction in principle become interchangeable. The film and photo reproductions of the works detach them from the original connection with ritual which was still effective at the end of the last century. The unique "cult value" of art thus degenerates into a superficial "display value". This also has consequences for the observer. The meditative immersion of the individual in the individual work is replaced by a "simultaneous collective reception", a mass "reception in distraction".

If Benjamin had survived Fascism, and if he had analysed the relationship between current art and the reproductive media with the same shrewdness, he would undoubtedly have discovered that in the present case the opposite of what he expected is true. In the case of art in and of nature, photographic and film reproduction helps to maintain and mediate the artistic value of the work. This artistic movement, unlike traditional sculpture and painting, is immune to the fateful confusion of original and reproduction. Of course the works in nature could be reconstructed and reinstalled, but hardly such that original and reproduction became interchangeable. Mechanical reproduction even helps to give the works artistic value. Art in and of nature communicates authentic artistic meaning by means of mechanical media of reproduction, not despite them.

RICHARD LONG: "THE SIERRA MADRE", MEXICO 1979

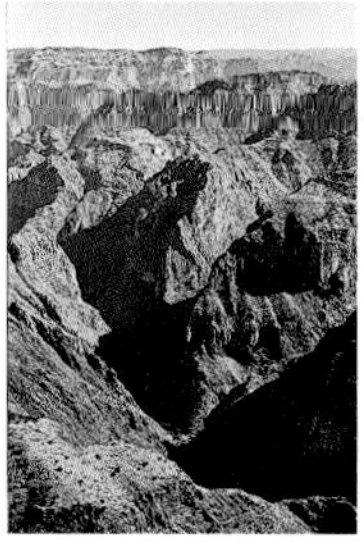

LOOKING DOWN TO THE RIO URIQUE

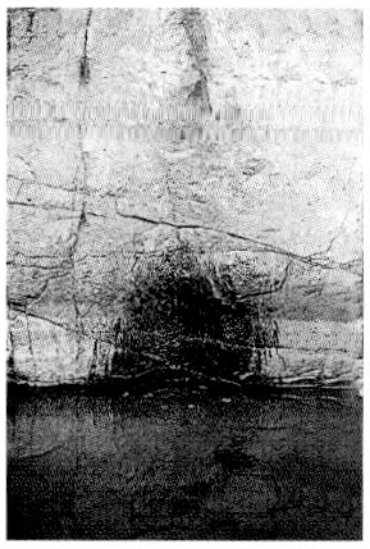

THROWING STONES ACROSS THR RIO URIQUE

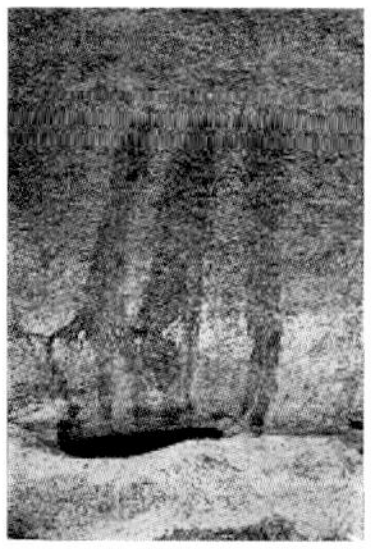

POURING WATER ON A RIVERBED

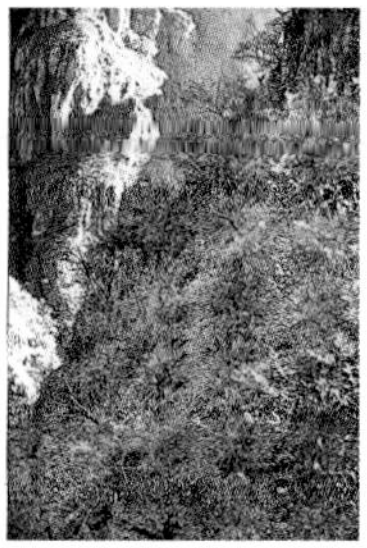

THE PATH DOWN AND UP

The photographing of the works has however taken very different forms from artist to artist, from the sixties until today. In the early years of the movement the photographs signalled that they were to be seen as documentation photos in the most literal sense – as second-hand experiences. Their anti-classical composition, along with their crude, unpretentious appearance, worked as an antidote to the traditional status of the work of art. The American artist Robert Smithson emphasized that we were not to regard his documentation photos as if they were the work of art, but that we were to look at his works of art as if they were documentation photos. Of course the public became uncertain about which actually was the work of art, and this certainly made the economic relationships of artist, galleries and collectors more complicated than they had been with previous art.

As interest in the photograph as a medium of art grew in the seventies, the need for qualitative differentiation among the documentation photographs also grew. In time, as these photographs were exhibited, reflected on, and sold, the reproduction of the documentation became the original for the art scene. Lists of works, books and exhibition catalogues in the seventies still noted the materials and dimensions of the actual work, not those of the photograph. Only a few artists like Hamish Fulton and Richard Long were already working then with the tension between the documentation photograph and the photographic work. In the seventies, too, artists like Dennis Oppenheim began to create collages of documentation photos, maps, drawings and other material related to a work in and of nature.

Only in the course of the eighties did a clear distinction arise between documentation photography and art photography. The format exploded; what had formerly been small black-and-white photos were now large colour cibachromes or photostats. Nils-Udo cultivated photography as art as early as about 1980. In 1987 Andy Goldsworthy professionalized his photography. This was not a matter of "naturalizing" art but of consciously and deliberately "artificializing" nature by means of geometric, surprisingly artificial-looking arrangements of the materials of nature.

When the photograph becomes the actual work of art, this can on the one hand have the dubious effect that the work is devaluated in relation to the aesthetics of photography itself. On the other hand, though, it gives photographers the opportunity to create art in and of nature. Thus François Méchain, after long preparations, creates objects in and of nature with the one purpose of being photographed. His preparations even include sketches and drawings, not of the "work" but of the photograph which is taken of the work. In this case too the photograph itself is the work of art.

Because of the great importance that the reproduction of documentation photos has gradually assumed, some of the documentation photos of the sixties and seventies are only now being "promoted retrospectively" to the status of works of art. It is obvious that the artistic movement has a complex relationship with the mechanically reproduced media. The original documentation photograph has become an independent photographic work of art with a quasi-classical pictorial structure, and what was once a work in and of nature now has a tendency to become an aesthetic *mise-en-scène* on the premises of photography.

III Illusion and the cultural landscape

Mankind has always identified nature with "the Other" which is considered the real power of the universe: the wild, the uninhibited, the subconscious, the sexual, the female. Today the relationship between nature and mankind seems to have been skewed. Mankind is felt to be mightier than nature and this feeling – grounds for arrogance for the few – is shocking to mankind as a whole. The feeling arises to a great extent from the traumatic experience of having waged war all over the world a good fifty years ago, and thus of having developed the potential to destroy all life on earth. Since then nature as "the Other" no longer exists. Nature is cultivated, registered, mapped; genes in flora and fauna are engineered; and everything is thoroughly and permanently irradiated by waves of electronic information. Nature around us, the landscape of the whole world, is not left in peace by mankind; it is either destroyed or "restored". The natural landscape has all become cultural landscape. Art in and of nature inevitably relates to this cultural landscape – not, as the name might suggest, to a natural landscape, that has long since become a fiction.

If one comes unprepared to a work in and of nature, it frequently appears just to be an ordinary object from this cultural landscape: a hut, a garden, a flower, a stone. However unusual the work may be, it does not differ from the cultural landscape such that its character as art is immediately evident to the observer. As the pictures in this catalogue indicate, the works often look so ordinary that they can only be distinguished from the cultural landscape with the aid of extensive informative material.

Of course this ordinariness is an illusion. Art in and of nature has numerous strategies for dissolving the boundaries between itself and the cultural landscape. These include the material and placing of the work, its unpretentious exterior and limited existence, etc. Much energy is devoted to renewing and refining these strategies. Nothing seems to be more forbidden than a work that can at first glance be identified as "art". The artistic is therefore hidden behind a facade of ordinariness, and the artist likes to pretend that his work is in fact an ordinary part of the surrounding cultural landscape.

Because of the irrational experience, the observer also believes provisionally in the ordinariness of the work. Even very experienced connoisseurs sometimes do not realize where the cultural landscape ends and the art begins. Only when the observer becomes aware that the harmless banality that the art sometimes evinces is camouflage, does he realize with great surprise that he is looking at a work of art. This effect, which temporarily makes the observer unable to distinguish between art and cultural landscape, is based on a classic structure of artistic illusion.

An anecdote preserved by Pliny the Elder about the Greek painter Zeuxis is said to be a paradigm of artistic illusion. In connection with a painting competition, Zeuxis visited his rival Parrhasius to look at his work. When he tried to lift the curtain which hung over one of Parrhasius's paintings, he had already lost the competition, for Parrhasius had painted the curtain. However this curtain was painted, its illusionistic effect must have been based on the fact that the painting did not in fact appear to be a work of art, and that at first glance it could not be identified as art. Parrhasius had hidden his art behind a veil of ordinariness, and Zeuxis had foolishly fallen victim to the illusion.

The resemblances between this structure and the effect that art in and of nature can have are obvious. Just as Parrhasius created his painting so that it was not visible as a work of art, the works in and of nature are often created in a way that makes their artistic value invisible. Both Parrhasius's now famous curtain and much of today's art cannot at first glance be distinguished from the everyday objects of the cultural landscape. Then as today, the art was hidden behind a veil of ordinariness. Zeuxis saw an ordinary curtain, where we today see an ordinary cultural landscape. And like Zeuxis, we only understand when we realize that this ordinariness is an illusion, the true artistic nature of the work.

Nancy Holt's concrete pipes in *Suntunnels* thus seem at first glance just to be pipes randomly laid or dropped in the American desert. However, their positions are precisely oriented according to sunrise and sunset on the longest and shortest day of the year, while the holes refer to particular constellations. Only in the experience of the relationship of the pipes with the rhythmic movement of the planet in space, and the sophisticated answer that the dark interior of the pipes during the day gives to the starry heavens of the night, do we realize that the ordinariness of the pipes has been an artistic illusion. Similarly, Hamish Fulton's photographs may at first glance appear to be ordinary documentation photos. When we read the inscription and understand the underlying concept, we become aware of the artistic value of the photographs. And in the same way as Zeuxis all at once became aware that the ordinariness of the curtain was an illusion, we become aware all at once that the documentary character of the photographs was only camouflage. The work *wiese* by herman de vries seems identical to an ordinary meadow. But the evident ordinariness of this work, too, is an artistic illusion. The artist, who declares motto-like "ich hasse kunst in der natur", works to transform the cultural landscape into natural landscape, and "die wiese" is so far the largest area where he realized this artistic concept.

HERMAN DE VRIES: "THE MEADOW", GERMANY 1994

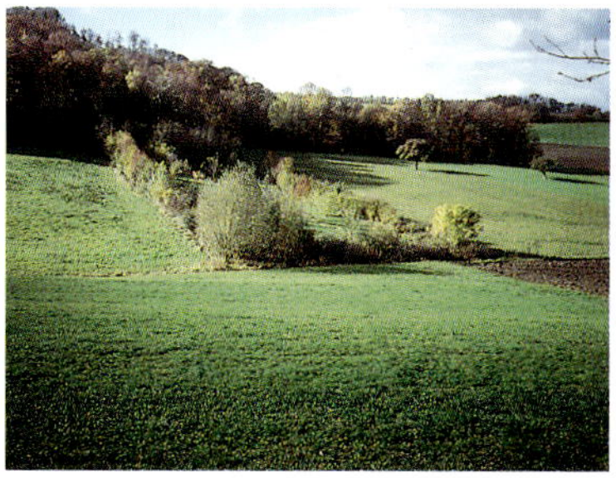

IV Time

A striking thing about art in and of nature is its relationship with time. As soon as a work has been created, it enters, if only by virtue of its location and materials, into an unimaginably vast and infinitely differentiated system of processes in the cultural landscape: sun, wind, rain, the local flora and fauna, tourists through the changing seasons, all encompassed by the moving rhythm of the earth, moon, sun and even more remote heavenly bodies. The works are placed very deliberately at particular phases of these processes. The influence that nature thus has on the appearance and condition of the work is understood and experienced as a crucial part of the artistic statement. The will to integrate with the permanent mutability of nature and thus to create a direct understanding of the processes of nature is far from the intentions of traditional visual art with its static representations.

This art relates in three different ways to the processes of nature. In the first place, the artist, through the choice of material, place and surroundings, can create conditions where his work will break down or decompose within a given timescale. In 1968 the American artist Michael Heizer created the work series *Nevada Depressions,* which consisted of nine different kinds of excavations in the Nevada Desert. The artist observed with interest how wind, sand drift and rain again levelled the works with the ground for ever. (However, he later re-created *Nevada Depression 9* on the lawn in front of the new museum building of the Menil Collection in Houston, and there the work is now maintained, putatively forever.)

Between the 7th and 8th January 1987 Andy Goldsworthy had icicles frozen to icicles, with the result that two large icicles grew vertically out of a rock until they almost met in the middle. Like most of the artist's other works, this amazing configuration of icicles quickly had to be photographed, as it was correctly expected to collapse immediately after completion. In this way the artists create art without leaving works for posterity. The art is first understood through the experience of the absence of the work.

Often the artists perceive this way of relating to nature as a reflection on one of the basic conditions of nature. It inevitably concentrates on the activity in and of nature. Others, however, see it as a metaphor of ecological behaviour, since the works, unlike traditional garden and park sculptures, put no strain on nature either during their creation or after their completion. Finally, the brief existence of the works, following on from the ideas of the American artist Robert Smithson, can be seen as a linear, irreversible, entropic process, as an allegory of inexorable decay, of the permanent catastrophe of life. In 1968, to make these ideas visible, Robert Smithson took a series of photographs of an industrial area at Oberhausen in Germany. The photographs are a tribute to this aesthetic of catastrophe. Only a small number of the artists see the brief existence of their works as a further development of the very traditional *memento mori* theme, as a universal metaphor of the transitoriness of the world, or as a melancholy reminder of the human destruction of nature. But however the individual artist evaluates the brief physical life of the work, it is crucially nature which definitively concludes it, and this kind of conclusion is part of the artistic conception of the work.

The second way of relating to the process of nature is to integrate the work, not only into nature's decay, but also into its growth processes. In this case the work does not perish or decompose, but remains open to the formative power of the cultural landscape and changes its appearance as the cultural landscape does.

Finally, I should mention the rare but important possibility that the artists themselves limit the physical existence of the work. For example, Christo and Jeanne-Claude choose the material, location and duration of their large projects in nature such that nature is not changed by the work, nor is the work changed by nature. By completely avoiding a processual interplay between nature and work, they realize the ancient dream of art of transcending the subjection of the rest of the world to the power of mutability.

The first way of relating to the processes of nature often results in ephemeral works which are inspired by the place, and which are created by the artist alone. However, those works which are created by integration in the growth and decay of nature are usually installations which are planned with drawings and models. Like Christo's and Jeanne-Claude's major projects, they are sometimes realized by a very large crew of people and equally large machinery. Unlike the ephemeral works, these installations are often commissioned works.

Compared with Modernism's homage to technological speed and mechanical movement, this striking attention to the processes of nature also expresses a new experience of speed. As opposed to technological dimensions expressing speed and progression, they seek a human or organic criterion. Hamish Fulton's and Richard Long's walks, or Louis Weinberger's care of weed environments are examples of this.

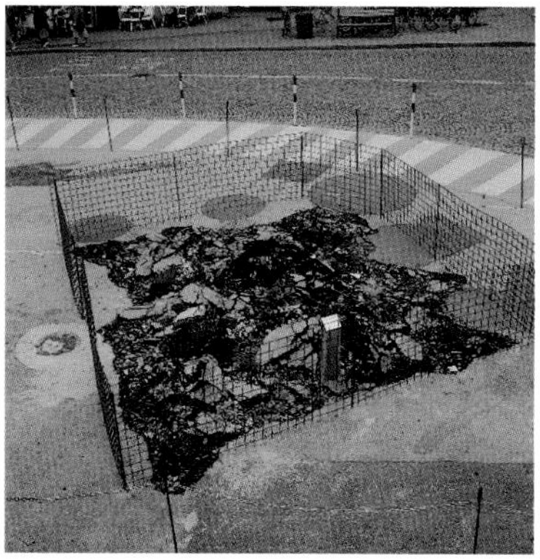

LOIS WEINBERGER: "BRENNEN UND GEHEN", SZENE SALZBURG, ÖSTERREICH 1993.

V Felix aesteticus – the successful aesthete

The natural sciences accumulate encyclopaedic knowledge which becomes increasingly easy to access and register, but at the same time harder to experience and grasp. Art in and of nature is to a certain extent an expression of a need for an experience of nature and its processes which lies beyond this type of knowledge. In art one sees attempts to find kinds of knowledge that integrate scientific and general knowledge with the individual, aesthetic experience of nature and with active social responsibility for nature.

In the eighteenth century the German philosopher Alexander Gottlieb Baumgarten developed his notion of the ideal human being, whom he called *felix aesteticus,* the happy or successful aesthete. The most prominent characteristic of *felix aesteticus* is that he is able to find the exact balance or "happy medium" between abstract, logical relationships and concrete, sensory awareness. Unlike his contemporaries, but like some of the most progressive tendencies today in art and philosophy, Baumgarten realized that the knowledge which is sensible, human and adequate is produced neither by the aberrations of the passions nor by the wide-ranging but petty realizations of the sciences alone. The passions on the one hand are fertile and rich, but dark and confused; the knowledge of science on the other hand is clear and concise, but meagre and arid. Between these two poles lies "the aesthetic horizon", a range of knowledge and representations which at the same time are obscure and poetic and appear clear and correct. "The aesthetic horizon" describes the attitude to life of the successful aesthete, which is based on a sense of proportion and of the reasonable.

A substantial part of art in and of nature is based on the same attitude, and therefore seeks a reconciliation between sensory experience and logical knowledge. The husband-and-wife team Helen Mayer Harrison and Newton Harrison, and herman de vries, in their articles on pp. 159 and 135 in this book, give an account of this attitude. The American artist Charles Ross, too, works with what everyone can know and understand, but what is hard to experience. In 1975 he began building *Star Axis,* a monumental sculptural structure which has been aligned, with an accuracy of fractions of millimetres, with the axis of the Earth's rotation. The artist is a trained mathematician, and the project makes it possible to experience various astronomical rhythms. A long tunnel leads up in the direction of the astronomical North Pole, around which the North Star is at present circling very closely. If one stands on the first step of the staircase, one sees no more at the end of the tunnel than the small section of sky covered by the path of the North Star

FRANÇOIS MÉCHAIN: "CHATEAUX BAILLEUL"
NORMANDIE, FRANCE 1994

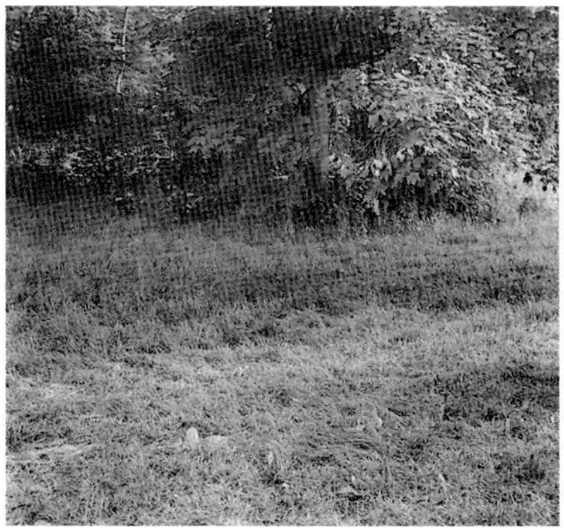

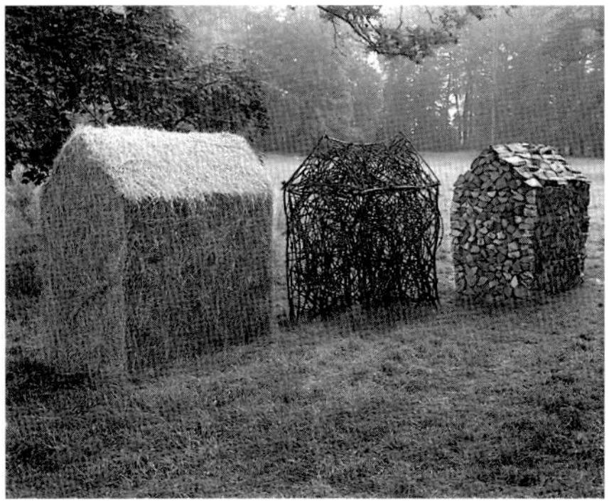

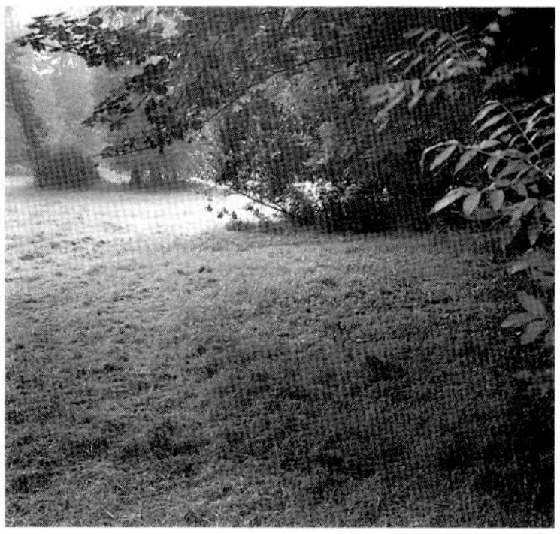

around the North Pole. Until the year 2067 the North Star will move closer to the North Pole, and then the distance will grow again. The movement has a cyclical period of 26,000 years, and depending on which step you stand on, you see the section of the sky which the motion of the North Star around the Pole will cover at a given period. The other parts of the work also relate to astronomical phenomena. Seated in the so-called One-Hour Chamber you can see as much of the space of the heavens through the high, triangular opening as crosses it in the course of exactly one hour. The slopes of the pyramid itself are related to the position of the noonday sun on the shortest and longest day of the year.

These artists are just of few of those whose attitude resembles the reconciliation of science and art that Alexander Gottlieb Baumgarten must have had in mind when he described the "successful aesthete".

VI Oikos and The Upside-Down Tree

Art in and of nature has various points of contact with ecology. The ecological and social aspects of the movement are expressed for example in its marked tendency to enter into a dialogue with nature, and its willingness to give consideration, for example, to neglected or unappreciated natural areas and their plant life. But although the art has many other ecological aspects, it is not a child of the ecological movement. The exhibition "Encounter with Creation" deals with the ecological and social aspects through the presentation of two motif groups: the house, den and hut; and the "Upside-Down Tree". Both motifs appear to be characteristic of art in and of nature.

In 1969 Robert Smithson created a series of "Upside-Down Trees" (see page 30). These launched the evolution of a motif with its own still unconcluded history. As the selection of examples at the exhibition shows, there are various ways of representing the motif. The tree may be buried in the ground upside down; it may be stood on its crown or may be suspended; it may still be alive or it may be dead; the trunks may have different lengths and the roots different sizes; both trunk and root may be in their raw form with bark and soil, or cleaned, etc.

All these features differentiate the statements and content of the individual works – ranging from outgoing criticism through emotive symbol to formal reflection. But usually this striking motif is critical: the tree symbolizes nature as such, and nature is considered to have been uprooted. The upside-down tree seems to have no precedent in art history, and the motif can be considered characteristic of art in and of nature.

The other frequent motif is the house, hut and den. It is surely no coincidence that the Greek word *oikos* is the root of the word ecology. *Oikos* means a building, household or family. Art in and of nature is to a certain extent an unvarnished expression of the longing to feel at home, the need for a place that protects and opens itself to its surroundings, where the household economy works; an expression of the hope for a safe place to be.

What these para-architectural works share is that they recall dwellings of the past. Chris Drury, who speaks for himself on p. 201 of this book, creates fragile caves and tents from clay, wood and living plants. Nils-Udo's *Bamboo-House* seems to relate harmoniously to the surrounding woods, and his floating nest with the sleeping child clearly communicates the ambivalence – the safety and loneliness – of a place to be. Alice Aycock, on the other hand, works with the danger of the house, the building as risk or trap. From the outside her works are inviting, inside they are dizzyingly claustrophobic.

Since 1973 Michael Heizer has been working on his gigantic project *Complex City* in the desert north of Las Vegas. *Complex City* consists of three different building-like sculptures whose shape, volume and location are interrelated. As a whole the complex strikingly recalls the temple complex at Teotihuacán (built between 200 and 800 AD), near Mexico City, with which the artist is very fascinated. Lars Vilks' *Nimis* project has grown from an ordinary driftwood hut to a huge, spontaneously architectonic building which, in the near future, along with the surrounding land, is to be proclaimed an independent state. The project will be described on page 130.

Modernism very consciously abstracted from "nature" to look inward and forward towards the artificial. The Futurists, Surrealists, Dadaists and Cubists all had an exquisite feeling for the release of artistic power and intellectual acumen while denying "the natural". In the Modernist visions of the future mankind did not enter into a pact with nature, but with technology, prosperity and happiness based on the blessings of technology.

Today, in a post-Modernist period, this dissociation has crossed a critical boundary and suddenly appears as its opposite, as an overlapping and merging of the natural and the artificial. Cosmetic operations, organ transplants, artificial insemination, cyberspace, artificial intelligence are just a few of the areas which show how small the gap and how convoluted the borderlines between the artificial and the natural are in fact today.

We must hope that the coming century will feature in history as the ecological century, the century of solidarity with nature. We have all been informed of what is at stake. Fortunately the transition to the century of ecology and solidarity has already begun. Art in and of nature is directly involved in this transitional process and in the issues it presents. The artistic success of Modernism, its critical energy and formal strength, were expressed without consideration for ecological problems. Now we have an art which can express itself with "ecological correctness", but time will show whether this will be at the expense of the integrity of the work of art. *(Translated by JM)*

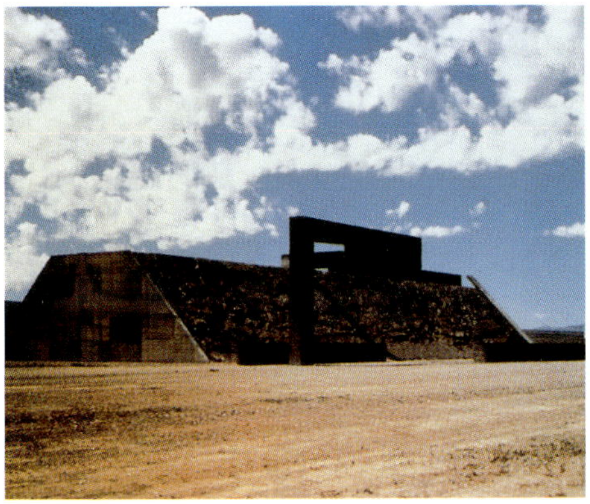

MICHAEL HEIZER: "COMPLEX I, NEVADA 1972, USA

Katalog / Catalogue

Årstal relaterer til faktiske værker i og af naturen.
Mål (højde før bredde) relaterer til værker hhv. fotodokumentationen på udstillingen.

Year refers to the actual art works made in and of nature.
Measures (first height then width) refer to art works cf. photodokumentation on the exhibition.
s/h foto = b/w photo
farvefoto = colour photo
dia = slide

Alice Aycock
Low Building with Dirt Roof (for Mary), Kibney Farm, New Kingston, PA, USA 1973
2 s/h fotos a 48,2 × 63,5 cm

Simple Network of Underground Wells and Tunnels, Merriewold West, Far Hills, New York, USA 1975
5 s/h fotos a 48,2 × 63,5 cm

Circular Building with Narrow Ledges for Walking, Fry Farm, Silver Springs, PA, USA 1976
4 s/h fotos
2 a 43,5 × 53,5 cm
2 a 58,5 × 73,5 cm

Art & Environment
Liss Ard Foundation Gardens, Ireland
5 s/h fotos a 78 × 68 cm
s/h foto 70 × 78 cm
text 78 × 68 cm

Marc Barbarit / Gilles Bruni
Le Pont, Parc Henri IV, Clisson, France 1989
farvefoto 70 × 166 cm

La Nasse, Arte Sella, Borgo/ Valsugna, Italia 1992
farvefoto 112 × 166 cm
fotostribe 23 × 144 cm

Le Jardin Bocager, Clisson, France 1990-1993
Video, 1994

L'île du Barrage, France 1993
farvefoto 112 × 106 cm

Gunilla Bandolin
Sky Park, Torvalla, Sverige 1990
3 s/h fotos a 19 × 30 cm

X-X (med / with Monika Gora), Sverige-Danmark 1992
2 farvefotos a 19 × 25 cm

The Hole in the Bottom of the Sky, Reykjavik, Island 1995
2 farvefotos a 19 × 25 cm

Joseph Beuys
The Scottish Symphony, Edingburgh, Rannoch Moor, Scotland 1970
Det første skridt i aktionen / the first step in the Action
11 s/h fotos a 15 × 20 cm
foto: Richard Demarco

Aktion im Moor, Holland 1971
2 s/h fotos a 20 × 25 cm
foto: Gianfranco Gorgoni

7000 Eichen
1. Documenta 7, Kassel, Germany
1982
- 3 s/h fotos a 20 × 25 cm
  foto: Günter Beer
- s/h foto 20 × 25 cm
  foto: Dieter Schwerdtle
- 6 originale postkort udgivet i forbindelse med 7000 Eichen projektet / 6 original postcards edited to accompany the 7000 Eichen project

Courtesy Dia Center for the Arts, N.Y.

2. Dia Center for the Arts, New York 1996
- Plantningsceremoni ved / tree planting ceremony at Dia Center for the Arts, 8. maj 1996
- 4 farvefotos a 20 × 25 cm
  foto: Oren Slor

Courtesy Dia Center for the Arts, N.Y.

Alfio Bonanno
Situazione A, B, Danmark 1978
2 s/h fotos a 39,5 × 29,5 cm

Aktion jord, Rudkøbing, Danmark 1982
3 s/h fotos a 30 × 40 cm
6 s/h fotos a 18 × 13 cm

Amu-Center projekt, Svendborg, Danmark 1994
9 farvefotos a 13 × 18 cm

Fredsskulptur, Danmark 1995
3 farvefotos a 13 × 18 cm

The Cut, 1983
2 farvefotos a 10 × 14 cm
fra filmen Skulptur på 10 måder

Shelter Project, med / with Chris Drury, Wilderness Sanctuary, West Cork, Ireland 1996
farvefoto 18 × 25 cm

Sjoerd Buisman
Omgekeerde Wilgen
Almkerk, Holland 1971-1974
s/h foto/tekst 65 × 47,8 cm
s/h foto 65 × 47,8 cm

Christo & Jeanne-Claude
Wrapped Trees, Project for Avenue des Champs Elysées, Paris 1969-86
Blyant, kul, polyethylene, garn, fotostat, kridt, pastel / pencil, charcoal, polyrthylene, twine, photostat, crayon, pastel
71 × 57 cm
Lilja Collection

Running Fence, Sonoma and Marin counties, California, USA 1976
2 farvefotos a 60 × 80 cm
foto: Wolfgang Volz
Lilja Collection

Wrapped Walk Ways, Jacob L. Loose Memorial Park, Kansas City Missouri, USA 1978
farvefoto 60 × 80 cm
foto: Wolfgang Volz
Lilja Collection

Surrounded Islands, Biscayne Bay, Greater Miami, Florida, USA 1983
2 farvefotos a 60 × 80 cm
foto: Wolfgang Volz
Lilja Collection

The Umbrellas, Japan og USA 1991
3 farvefotos a 60 × 80 cm
foto: Wolfgang Volz
Lilja Collection

Walter De Maria
Cross, El Mirage Dry Lake, Nevada, USA 1968
2 s/h fotos a 20 × 25 cm
foto: Gianfranco Gorgoni

Two Lines Three Circles, Mohjave Desert, USA 1969
4 s/h arbejdsfotos a 14,7 × 20,8 cm
af kataloget til Fernsehgalerie Gerry Schum, 2. oplag 1970 / from the catalogue of Fernsehgalerie Gerry Schum, 2nd edition 1970

herman de vries
catalogue incomplète d'exposition complète de luang-prabang: a random sample of my visual chances, 18.01.1975
35 s/h fotos a 10,5 × 14,5 cm

ich bin was ich bin, flora incorporata, ottenhausen verlag 1988

natural relations, verlag für moderne kunst, nürnberg 1989
udgivet af karl ernst osthaus-museum, hagen

sanctuarium, stuttgart, germany 1993
farvefoto 50 × 50 cm

meadow, eschenau, germany 1986
3 farvefotos (autumn, winter, detail 1995-1996) a 30 × 45,5 cm

Chris Drury
Stone Land, Mageroya Island, Norge 1987
cibachrome 80 × 103 cm

Turf Land, Lapland, Norge, 1987
s/h foto, birch bark basket, antler fragment 111 × 80 cm

Wave Chamber, Kielder Reservoir Project, Northumberland, England 1996
tegning / drawing, laser print
80 × 118 cm

Hamish Fulton
Pine trees down to orange trees and warm springs down to cold green water, 1979
foto, tekst 77,5 × 117,5 cm

Shape of a rock beside the road, 1992
foto, tekst 113,3 × 114 cm

Touching boulders by hand, 1992
foto, tekst 136,3 × 113,8 cm

Couting 1604 dots for no thoughts (A), 1995
2 værker, gouache på pap og blyant på papir / 2 works, gouache on board, pencil on paper a 43,8 × 35,7 cm

Andy Goldsworthy
Feathers plucked from dead heron
cut with sharp stone
stripped down one side
about three and a half feet overall length
Made over three calm days
cold frosty mornings
smell from heron pungen as each day warmed up
Swindale beck wood, Cumbria
24-26 February 1982
cibachrome 64 × 174 cm
Courtesy Michael-Hue Williams Fine Art, London

Lay down as it started snowing or raining waited until
the ground became wet or covered before getting up
Kiinagashimo-cho, Japan 27 November 1987
Haarlem, Holland 29 August 1984
St. Abbs, The Borders June 1984
cibachrome
Hess Collection, Napa, Californien

Beech leaves
collected only the deepest orange
from within the undergrowth
protected from sunlight
each leaf unfaded threaded to next by its own stalk
Hampstead Heath London 26 December 1985
cibachrome 60 × 120 cm
Courtesy Michael-Hue Williams Fine Art, London

Ice and icicles
dipped in water
held against rock and ice until frozen
Scaur Water, Penpont, Dumfriesshire
7-8 January 1987
foto 96 × 125 cm
Courtesy Citybank Private Bank, Genf

Blocks of snow
carved and stacked occasional collapse
feeling the cold
Grise Fjord, Ellesmere Island, 23 March 1989
cibachrome 125 × 125 cm
Courtesy Michael-Hue Williams Fine Art, London
Drumcroon, Middleton Woods, 6 November 1990
cibachrome 120 × 90 cm
Courtesy Michael-Hue Williams Fine Art, London

Bracken stalks black rooted
Scaur Glen, Dumfriesshire 1990
cibachrome 91 × 91 cm
Courtesy Michael-Hue Williams Fine Art, London

Mikael Hansen
Projekt Vadehav, Vester Vedsted, Danmark 1983
2 s/h fotos a 17 × 25 cm

3 × Wende, Albertslund, Danmark 1995
farvefoto 24 × 30 cm

Vestskovprojekt, Albertslund, Danmark 1995-1996
12 farvefotos a 13 × 18 cm

Helen Mayer Harrison / Newton Harrison
Green Heart Vision, 1995
a) 2 tavler / 2 panels a 380 × 380 × 10 cm
oliefarve, blæk, grafit på landkort / oil, ink, graphite on map
b) 7 tavler / 7 panels each 180 × 180 × 10 cm
pastel, blæk, blyant på pergament / pastel, ink, pencil on vellum
c) flisegulv / tile floor 700 × 700 cm
d) teksttavler / text boards
e) video
f) diashow

Michael Heizer
Munich Depression, München, Germany 1969
a) s/h foto 16,4 × 22,5 cm
b) s/h foto 12,5 × 17,6 cm
c) s/h foto 23,9 × 30,2 cm
d) s/h foto (Vague Depression) 20,1 × 30,2 cm
Städtische Galerie im Lenbachhaus, München

Double Negative, Nevada, USA 1969
2 s/h fotos a 20 × 25
foto: Gianfranco Gorgoni

Complex I, Nevada, USA 1972-
2 s/h fotos a 20 × 25 cm
foto: Gianfranco Gorgoni

Nancy Holt
Sun Tunnels, Utah, USA 1973-1976
Video, juli 1994

Diashow:
Missoula Ranch Locators, Missoula, Missouri, USA 1972
View Through a Sand Dune, Rhode Island, USA 1972
Hydra's Head, Art Park Lewiston, New York, USA 1974
Rock Rings, Washington University, Bellingham, USA 1977- 78
Dark Star Park, Arlington, Virginia, USA 1979-1984
Star Crossed, Miami University, Oxford, Ohio, USA 1979-1981
Annual Ring, Saginaw, Michigan, USA 1980-1981
Catch Basin, St. James Park, Toronto, Canada 1982
Sky Mound, Meadowlands, New Jersey, USA 1985-1991
Up and Under, Nokia, Finland (project)

Richard Long
The Sierra Madre, 1979
6 s/h fotos, tekst a 88 × 124 cm
The National Gallery of Canada, Ottawa

Muir Pass Stones, 1995
foto, tekst 81,3 × 111,8 cm
Courtesy Anthony d'Offay Gallery, London

François Méchain
Chateau du Bailleul, Normandy, France 1994
3 s/h fotos a 115 × 130 cm
Courtesy Gallerie Michèle Chomette, Paris

Double Négatif, Chateau du Bailleul, Normandy, France 1995
2 s/h fotos a 122 × 151 cm
Courtesy Gallerie Michèle Chomette, Paris

Jan Meyer-Rogge
Mastbaum, Bremen, Germany 1978
4 s/h fotos a 16,5 × 11 cm
4 s/h fotos a 8,5 × 12,5 cm
s/h foto a 30 × 40 cm

David Nash
Wooden Boulder, Wales, England 1978-1995
– tegning / drawing 102 × 154 cm
– farvefoto 61 × 74 cm
– video 1995

Nils-Udo
Hommage à Gustav Mahler, Oberbayern, Germany 1973
s/h foto, 1/4
130 × 130 cm

Das Nest, Neuenkirchen, Germany 1978
s/h foto, 2/15
127 × 127 cm

Das Tor, Oberbayern, Germany 1980
scanachrome
270 × 400 cm

Bamboo-House, Coimbra, Portugal 1987
scanachrome
260 × 260 cm

Bäume, München, Germany 1989
s/h foto
100 × 100 cm

Sonnenskulptur, Schwarzwald, Germany 1979
s/h foto 126 × 126 cm, 1/15

Umgestürzte Buche, Traubenholunderbeeren, Vassivière en Limousin, France 1986
farvefoto 100 × 100 cm, 4/8

Esskastanienblatt, Glockenblumen, Vassivière en Limousin, France 1986
farvefoto 100 × 100 cm, 4/8

Baumfarn und Feuer, La Réunion, Indian Ocean 1990
farvefoto 100 × 100 cm, 2/8

Farn, Wasser, Robinienblätter,
Forêt de Raimes, France 1994
farvefoto 100 × 133 cm, 2/4

Ocean Earth Development Corporation
Real Russian earthworks in Persian Gulf war zone, similar to American Earth Art one generation before, discovered with satellite data, built in 1980-1987, 1996
stål, farve / steel, paint
182 × 115 cm

Dennis Oppenheim
Time Pocket, 1968
s/h foto, landkort / map, tekst
6 tavler / 6 panels,
5 a 100 × 150 cm, 25 × 150 cm

Gallery Transplant, 1969
s/h foto, landkort, grundplan, tekst
4 tavler: 2 a 100 × 150 cm,
150 × 100 cm, 40 × 150 cm

Herman Prigann
Hanging Tree, Wien, Österreich 1985
farvefoto 18 × 24 cm

Ring of Rememberance,
Germany 1992-1993
9 farvefotos a 24 × 30 cm

Yellow Ramp, Cottbus, Germany 1993-1995
12 s/h fotos a 24 × 18 cm

Towers of Changing, Belgien 1995
17 s/h fotos a 24 × 30,5 cm

Charles Ross
Star Axis, New Mexico, USA
1975-
5 farvefotos a 20 × 29,4 cm

Search for the Hour Chamber, I, 1990
blyant på papir / pencil on paper
55,6 × 75,0 cm

Search for the Hour Chamber, III, 1990
blyant på papir / pencil on paper
55,6 × 75,0 cm

Star Axis Day and Night with Star Trails, 1996
composite farvefoto,
42,8 × 60 cm

Star Axis, 1975-
Video 1996

Michael Singer
First Gate Ritual Series, Nassau County Museum of Fine Art, Roslyn, New York, USA 1976
laserprint 47,5 × 35 cm
laserprint 45 × 35 cm

Contemplativ Garden, La Jolla, California, USA 1990
4 laserprints a 43 × 28 cm

Ritual Series/Retellings, Stuttgart, Germany 1993
2 laserprints a 28 × 43

Robert Smithson
Nonsite (Slag), Oberhausen, Germany 1968
28 gelatinsilver prints
a 8 × 10 cm
Archives of American Art, Smithsonien Institution, Smithson Papers

Asphalt Rundown, Rome, Italia 1969
Video

Overturned Rocks (1-6), 1969
12 s/h fotos a 27,5 × 27,5 cm
Estate of Robert Smithson, Courtesy John Weber Gallery, New York, USA

First Upside-Down Tree, Alfred, New York, USA 1969
farvedia
Estate of Robert Smithson, Courtesy John Weber Gallery, New York

Second Upside-Down Tree, Captiva Island, Florida, USA 1969
farvedia
Estate of Robert Smithson, Courtesy John Weber Gallery, New York

Third Upside-Down Tree, 1969
farvedia
Estate of Robert Smithson, Courtesy John Weber Gallery, New York

Spiral Jetty, Utah, USA 1970
a) video
b) 5 farvefotos: 2 a 55 × 45 cm, 2 à 65 × 100 cm, 75 × 100 cm
Estate of Robert Smithson, Courtesy John Weber Gallery, New York

Partially Buried Woodshed, Kent State University, Ohio, USA 1970
7 dias
Estate of Robert Smithson, Courtesy John Weber Gallery, New York

Brocken Circle/Spiral Hill, Emmen, Holland 1971
a) 2 farvefotos a 100 × 75 cm
Estate of Robert Smithson, Courtesy John Weber Gallery, New York
b) Robert Smithson, Nancy Holt ved / at Brocken Circle/Spiral Hill, 1971
5 s/h fotos a 24 × 30 cm
foto: Jan Niks

Amarillo Ramp, Amarillo, Texas, USA 1973
farvefoto 100 × 75 cm
Estate of Robert Smithson, Courtesy John Weber Gallery, New York

Fossil Quarry Mirror with four Mirror displacements, New York State, USA 1969
4 s/h fotos a 14,7 × 20,8 cm
af kataloget til Fernsehgalerie Gerry Schum, 2. oplag 1970 / from the catalogue for Fernsehgalerie Gerry Schum, 2nd edition 1970

Alan Sonfist
Natural/Cultural Landscape TM of Tampa, Florida, USA 1995, 1996
mixed media 80 × 100 cm

Natural/Cultural Landscape TM of Indianapolis, Indianapolis 1989, 1996
mixed media 80 × 100 cm

Time Landscape of New York City, New York 1965, 1996
mixed media 80 × 100 cm

Circles of Life, Kansas City 1989, 1996
mixed media 80 × 100 cm

Circles of Time, Firenze, Italia 1996
mixed media 80 × 100 cm

James Turrell
The Irish Sky Garden, Liss Art Foundation Gardens, Ireland 1991
fotoemulsion, voks, acrylfarve, tusch, blyant, kridt på mylar / photoemulsion, wax, acryllic paint, ink, graphite, wax pastels on mylar 99 × 166 cm

Lars Vilks
Ladonien, Kullen, Sverige 1996
Ladonisk pas / passport
Ladonisk valuta / currency
Ladonisk adelsbrev / patent of nobility
Brev til den svenske konge / Letter to the Swedish King
Brev til den svenske statsminister / Letter to the Swedish prime minister
Brochure over Ladonien / Ladonian brochure
Luftfoto af Ladonien / aerial view of Ladonien, 40 × 50 cm

Lois Weinberger
(Intern-) Gebiet, Anglerweg, Wien, Österreich 1988-1994
s/h foto 153 × 127 cm
s/h foto 104 × 72 cm

Brennen und Gehen, Szene Salzburg, Österreich 1992/1993
farvefoto 50 × 50 cm

Ruderal, 1993-1996
6 tavler, tekst, tegning, fotos / 6 panels text, drawing photos a 52 × 42 cm

Brandenburger Tor (Extern-) Ruderal, Berlin, Germany 1994
s/h foto 180 × 127 cm

Vi takker / we thank:
kunstnerne / the artists
Anthony d'Offey Gallery, London, England
Archives of American Art, Smithsonian Institution, Washington, USA
Christine König Galerie, Wien, Österreich
Culturele Raad Zuid-Holland
Dia Center for the Arts, New York, USA
galeri michèle chomette, Paris
John Weber Gallery, New York
Lilja Collection, Sverige
Michael Hue-Williams Fine Art, London, England
National Gallery of Canada, Ottawa
Städtische Gallery im Lenbachhaus, München, Germany
Sprengel Museum, Hannover, Germany

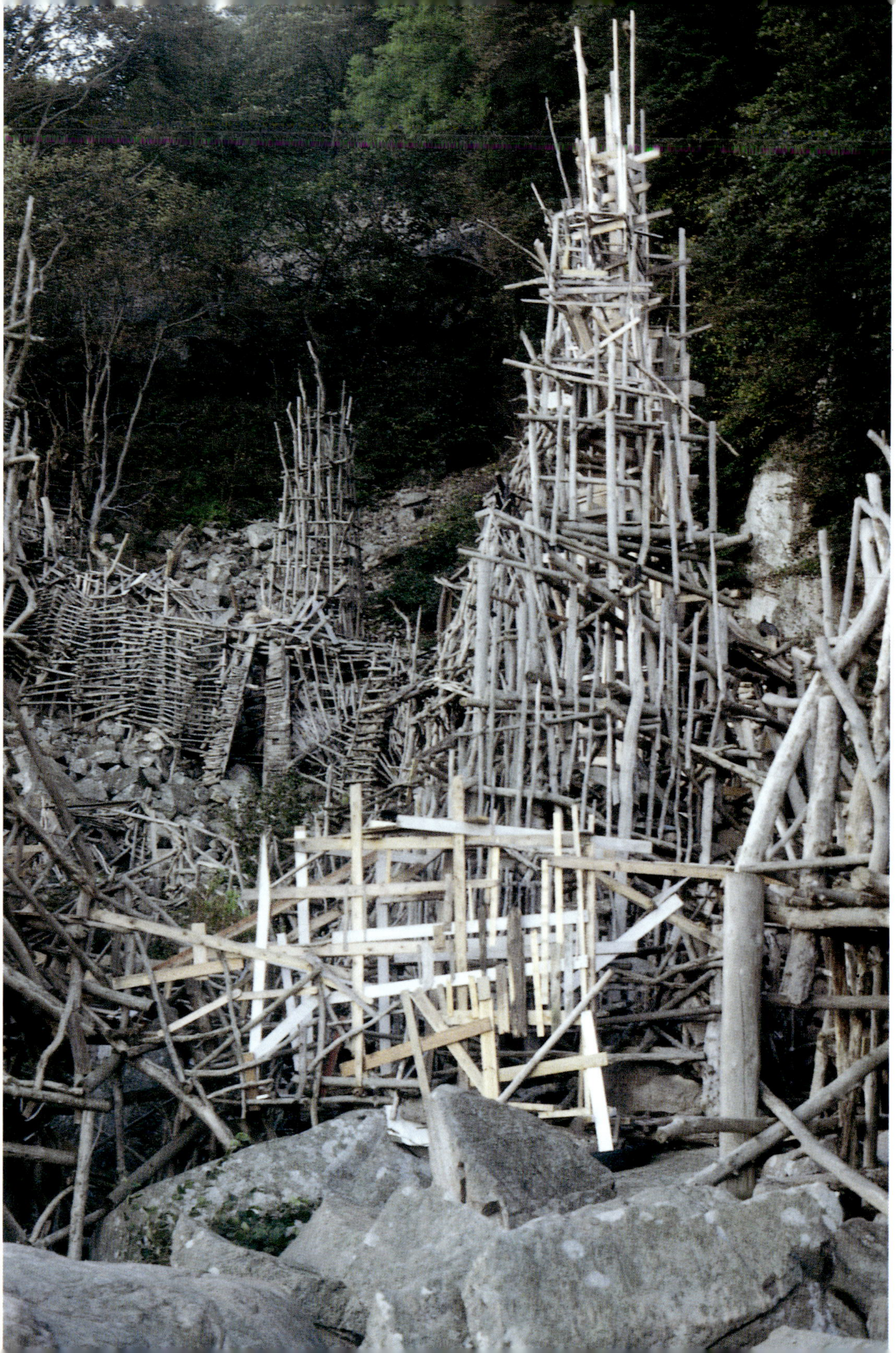

LARS VILKS: "NIMIS", BEGYNDT 1980. KULLEN, SVERIGE. FOTO: GKS

I den frie luft
Skandinaviske initiativer

GERTRUD KØBKE SUTTON

Det fortælles at Lars Vilks som ung mand, forklædt som landevejsrøver og bevæbnet med to legetøjspistoler kørte rundt i Sverige i en gammel, kulørt folkevogn. Han opsøgte kunstlivets pinger på universiteter og museer, rettede sit skyts mod dem og spurgte: "Hvad er kunst?"

Svaret udeblev, og så bestemte han sig for, at han selv var svaret. Han indleverede sig selv som værk til en censureret kunstudstilling, men blev forkastet. Siden byggede han "Nimis".

På Kullen, i en vanskeligt tilgængelig slugt, der fører ned til havet, begyndte Lars Vilks i 1980 at bygge stilladser af grene og drivtømmer – og det er han blevet ved med lige siden. Hvad han gør, og at han gør det, har skabt begejstring, raseri, retsforfølgelse, vold, brand og diskussioner uden ende.

Teorier er, som Vilks selv udtrykker det, blevet pumpet ind i "Nimis". Er det arkitektur eller skulptur, et kunstværk eller forurening?

I al fald har debatten og sagsanlæggene gjort det til en happening. I 1984 strammedes det juridiske net foruroligende, men så var "Nimis" pludselig værdifuld fremmed ejendom, købt af Joseph Beuys, og da han døde blev det købt af Christo. Og Vilks bygger videre.

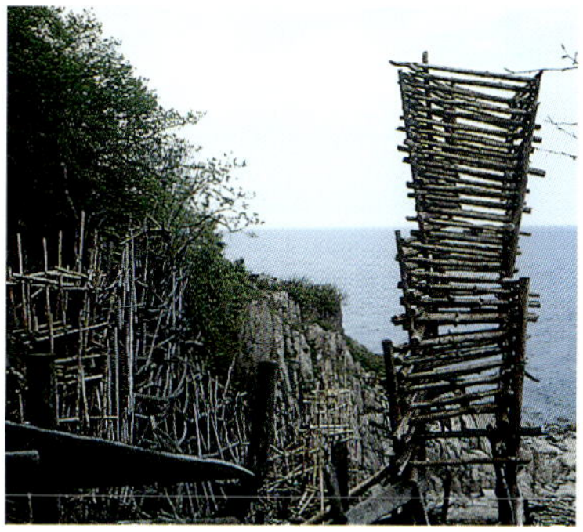

LARS VILKS: "NIMIS", STARTET 1980. KULLEN, SVERIGE. FOTO: GKS

NORDEN OG NORGE

Konceptkunsten kom til Norden sidst i 1960'erne, og i det følgende ti-år foregik mange eksperimenter med lyd, lys, jord, vand, ild, rusgifte og naturmaterialer både inde og udendørs. Når Stig Brøgger fotograferede i Nevadas ørken og Per Kirkeby spredte blade og sten på gulvet drejede det sig ikke umiddelbart om ørken og skov, men om ideer. Men gradvis ændredes fokuseringen og kunstnere

Gertrud Købke Sutton er kunsthistoriker og kritiker, medstifter af TICKON begyndte en dialog med miljøet, med byen og med naturen.

Et fællestræk for de første spredte nordiske eksempler på kunst i naturen er, at de er fællesprojekter iværksat af kunstnere, og de er kortvarige. De handler om et samvær mellem ligesindede og om individuelle arbejder udført i den omgivende natur, begivenheder uden kontinuitet.

Første større projekt, hvor naturen var tema, "Experimental Environment 2" fandt sted i Island. Ved Korpúlfsstadir mødtes 43 kunstnere i 12 dage. Landskabets tidløse varder var et af de motiver som indgik i værkerne. 1982 mødtes man i Finland og 1983 valgtes det følsomme marsklandskab, Vadehavet, i Danmark af en reduceret kreds med bl.a. Helge Røed og Mikael Hansen. Deres sigte var både æstetisk og miljøpolitisk. Næste år fulgtes gruppen til et sne-seminar i Geilo, Norge, og 1985 valgtes en ø, tilhørende den finske kunstner Hannu Sirén, til arbejdsplads for forskellige kunstnere.

I alle de ovennævnte tilfælde var kunstnerne initiativtagere og enkeltpersoners kærlighed til deres hjemegn var ofte afgørende for deres valg af samlingssted og temporær, kunstnerisk bearbejdning.

Sne kunne være materialet som f.eks. i Sandvik og Tanum 1982, i Geilo 1984 og Lesja i 90'erne.

I 1987 skabtes på officiel basis ved samarbejde mellem to norske akademier og Vestberlin et tværkunstnerisk internationalt arbejdsmøde "Art-lantis" på en lille ø, Håholm ved Kristianssund. I programmet indgik, at de ikke skulle efterlade sig det mindste spor.

Centralt i naturkunsten står sammenslutningen af nordiske grafikere kaldet "Ultima Thule", som i den sidste halvdel af 80'erne mødtes rundt om i Norden. Et møde i Skien 1987 handlede om at inddrage miljø, bevaring og resurse-analyse, og året efter i Kirkenes blev det lokale bjergbrug tema i kunsten.

I 1985 var Høvikodden Kunstmuseum vært for "Borealis 2-Posisjon: Nord", hvor arbejder af bl.a. Bård Breivik, Olavi Lanu, Jan Håfström, Bjørn Nørgaard og Per Kirkeby blev udført i naturen omkring museet.

Norge er det nordiske land, som har de fleste eksempler på

kunst i natur, hvilket er umiddelbart forståeligt i betragtning af den utroligt varierede og grænseløse natur, en natur som fik sit stempel, da Hamish Fulton i 1990 vandrede en linie ind i fjeldet. Men for norske kunstnere var kunst i naturen en hidtil ukendt mulighed for at fri sig for afhængigheden af det etablerede kunstliv i Oslo. Ikke blot kunne de flytte kunsten til deres hjemegn, men de kunne også give initiativet internationalitet ved at invitere andre. Spredt over hele landet er gennem en lille snes år begivenhederne sprunget op. Sommetider kun af en weekends varighed, sommetider af mere permanent karakter.

Men også myndighederne har fået øjnene op for den mulighed for opmærksomhed som kunstnere kan skabe. Enkeltvis og i samarbejde inviterer sogne og byer kunstnere til at markere sig i f.eks. Sogn, Førde, Olden, Østfold eller i Brusand på Jæren ved Stavanger. Resultatet er et broget, som oftest internationalt udbud af site specific installations-, koncept- og popkunst og happenings.

Et eksempel er byjubilæet 1991 i Kristiansand, hvor Lars Vilks var indkaldt for at lede et sommerprojekt, som døbtes "Natur som rum – rummets natur" hvor reaktionerne var en blanding af kvalificeret kritik og almindelig forargelse. En anden og tilbagevendende begivenhed er, siden 1992, kunstneraktiviteterne omkring Lista fyr på sydspidsen af Norge.

Men projektet der slår alle projekter er dog "Skulpturprojekt Nordland" i Nordnorge.

Skulpturprojekt Nordland

Inspireret af ønsket om at gøre en isoleret region synlig i verdens øjne påkaldtes kunsten. Med hovedsædet i Bodø er det et område som strækker sig til Lofoten og berører Tromsø og Narvik. Stat og regionerne samt sponsorer finansierer projektet og i 1992 var de første skulpturer på plads. Mellem 30 og 40 kendte kunstnere fra nær og fjern er blevet inviteret til at besøge Nordland og opfordret til at vælge deres "sted". I år skulle de sidste arbejder være på plads i den øde, barske egn. Den finske kunsthistoriker Maaretta Jaukkuri har været kurator støttet af en komité af kunsthistorikere og museumsfolk. Men det er ikke gået stille for sig.

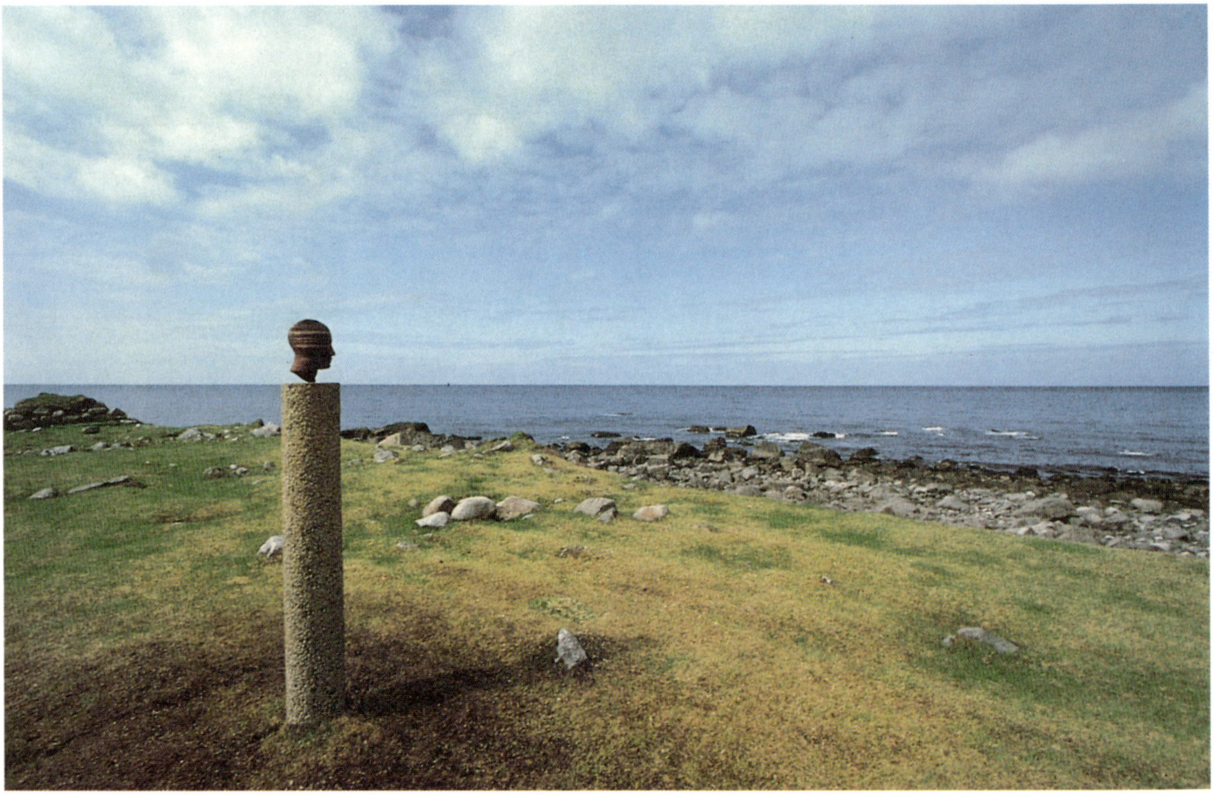

MARKUS RAETZ: "HOVED", 1992. VESTERVÅGØY, SKULPTURLANDSKAP NORDLAND, NORGE.

Først gjaldt protesten de meget store udgifter: Hvorfor finansiere fremmede kunstnere med penge, som kunne bruges til hospitaler m.m. Dernæst blev det et spørgsmål om identitet. Hvordan kunne en japaner, in casu Toshikatsu Endo, formodes virkeligt at forstå norsk natur og hvad ville han egentlig her?

Moderne kunsts nomadiske karakter var uacceptabel for de fastboende. "Måske de ville stjæle midnatssolen". Men trods alt var der større tolerance overfor udlændinge end overfor norske kunstnere, når de tillod sig at arbejde ud fra en pluralistisk, ikke regional tradition.

Projektet omfatter et antal autonome skulpturer, som dog på mærkelig vis synes at adopteres af landskabet. Det gælder Markus Raetz Janus-hoved i ødemarken og Per Kirkebys teglstens "Varde", som med selvfølgelighed placerer sig på en klippe med udsigt til en gletcher. Kirkeby nægter at arbejde med Land Art, men vedkender sig, at hans bygning er "site specific", skabt til netop dette sted, en ting med et formål.

Titlen "Skulpturlandskab" er ganske præcis og minder om et lille bemærkelsesværdigt dansk eksempel på et landskab brugt som klangbund og ramme, nemlig Tørskind grusgrav ved Egtved. Her har billedhuggerne Robert Jacobsen og Jean Clareboudt mellem 1987 og 1991 bygget skulpturer af træ, jern og sten i markant samspil med det industrielle sår i landskabet.

SVERIGE

I Sverige har forfædrene med helleristninger tegnet sig ind i landskabet. Men sammenlignet med de andre nordiske lande har svenskerne været tilbageholdende når det gjaldt samarbejde med og i naturen. Autoriteterne har siddet tungt på kunsten og Tunnelbaneprojektet i Stockholm har tæret på resurserne.

1974 afholdtes for første gang et uofficielt, internationalt kunstnersymposium i Ubbeboda i Skåne. Arrangørerne fik støtte fra det dansk-svenske kunstnerkollektiv Drakabygget og fra Valands Konstskola, men modviljen fra myndighederne mod den eksperimenterende kunst var så stor, at de trods rasende protester lod en jordskulptur "Frihed" fjerne. Den bestod af et hul i jorden og en lille høj og var udført af den polske kunstner, Teresa Murak.

I intet andet nordisk land har de ikke autoriserede kunstretninger haft så vanskelige betingelser. Derfor historien om "Nimis".

Men sidst i 80'erne tog aktiviteterne til. I 1987 åbnedes den første Wanåsudstilling på privat initiativ, i 1988 afholdtes et seminar om kunstteori og tværfaglig praksis i Vardø på Åland og i 1992 i Visby på Gotland. Her deltog kunstnere fra Østersølandene, og året efter vendte de tilbage for at udføre værker på Gotland.

Wanås

Wanås Slot ligger på grænsen mellem Skåne og Småland. Det er et middelalderslot, oprindelig en vandborg, nu centrum i et

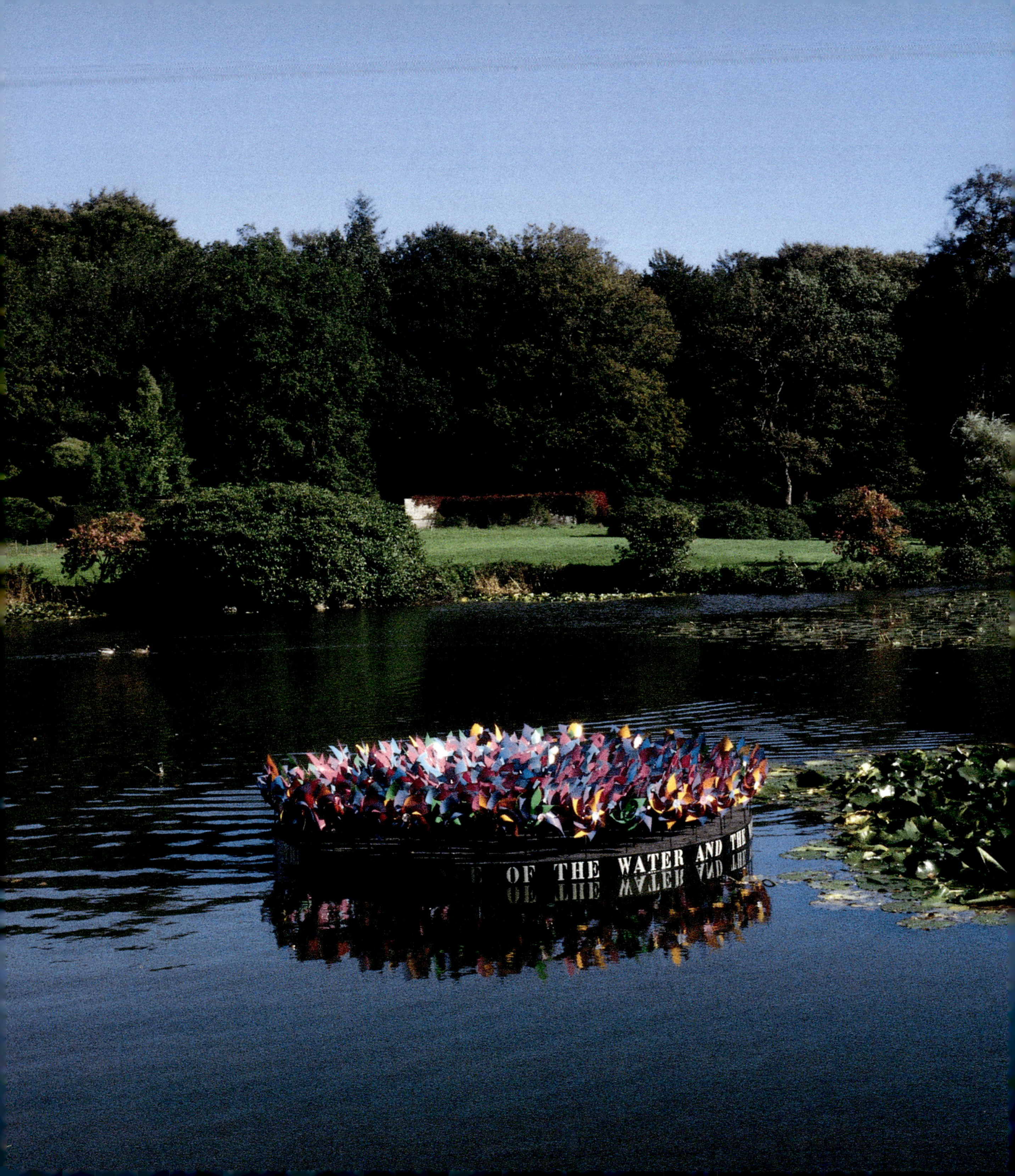
OF THE WATER AND THE

romantisk haveanlæg med sø og park og dertil store gamle magasinbygninger. Godset ejes af familien Wachtmeister, som af ren og skær interesse for kunsten gennem en årrække har inviteret udvalgte kunstnere fra hele verden til at arbejde ude og inde. Den gamle park er, som Marika og C.-G. Wachtmeister skriver: "en teaterscene som søger sin rolle i 1980-tallet".

Udstillingerne repræsenterer en kunstnerisk pluralisme og deraf følgende organisatorisk og konserveringsmæssig problematik. Som i Nordland er her værker af conten stål, diabas, marmor og cement foruden neon, wires, plastik og glas, ja, faktisk er arbejder i naturmaterialer i mindretal. En af årsagerne kan være det dramatiske landskab med kæmpefyrre, hundredårige ege og maleriske klippeblokke, hvor det stilfærdige indgreb risikerer at forblive usynligt – hvilket for Bente Stokke er blevet et tema i den forstand, at hendes værk fra 1992 er en installation af "usynlige" glaspaneler i skoven. Richard Nonas har forstået at bruge stenene, og Gunilla Bandolin, som er en at de få i Norden, der har arbejdet monumentalt med Land Art, har bygget en gennemskåret pyramide af jord og sten. Mere midlertidigt har Mikael Lundberg svøbt træstammer i emaljeret kobbertråd og Marie-Jo Lafontaines "The Hip-Hop Dance of the Water and the Winds" af vindmøller i søen er kun en sommerspøg.

Nogle arbejder er slet og ret skulpturer, dvs. arbejder, som refererer til sig selv og som ville kunne flyttes ud af naturen og ind i et byrum uden at miste deres karakter. De skal beskyttes mod naturen.

Og endelig er der sted-specifike grænsetilfælde som f. eks. Jean Highsmith's østers af cement. Den ligger som en kæmpeklat i skovbunden, lettere mosgroet og fugtplettet. Dermed er brutaliteten, der er en del af dens udtryk, opblødt, den er ifærd med at akklimatisere sig. Til gengæld er der ingen tvivl om, at Gloria Friedmanns røde betonvæg bag et lynsvedet træ må holdes vedlige eller fjernes.

Forfald kan gøre naturen til en losseplads.

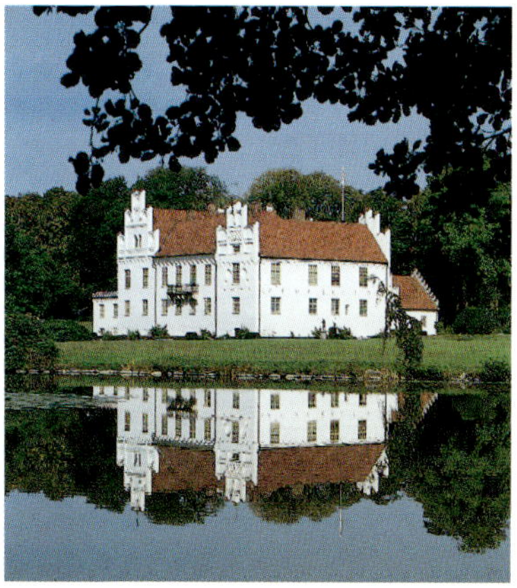

WANÅS SLOT

DANMARK

Der er måske en sammenhæng mellem nationens kærlighed til det danske landskab og det tøvende forhold til Land Art, som i mange år prægede dansk kunstliv. Forklaringen er muligvis, at det kun er vejret og havet som er vilde, resten er tæmmet, og gjort til et kulturlandskab, som har fået sin åndelige dimension gennem århundreders bearbejdning. Vikingetidens militæranlæg, som er blevet så flittigt studeret og publiceret gennem et halvt århundrede, var større end Robert Morris' "Observatory" og kæmpehøje og jættestuer ligger stadig som muldvarpeskud på de højeste punkter med de videste udsigter. I det flade land har bakkerne magt, de er "steder".

Fra først i 80'erne blev naturen gradvis invaderet af skulpturudstillinger, og enkelte kunstnere viste at naturen kunne bruges som andet end baggrund. Siden er meget sket.

Krakamarken

Krakamarken, syd for Randers var det første store danske projekt med kunst i naturen, som blev til virkelighed. I 1988 fik billedhuggeren Jørn Rønnau tilladelse til at bruge en del af produktionsanstalten Brusgårds marker til naturkunst. Et godt jydsk bakkedrag ned til en lille bæk blev tilsået med vilde græsser og punktvis beplantet. Karakteren af landbrugsjord er bevaret og hele arealet kan overskues fra næsten alle vinkler.

Rønnau inviterede 16 kunstnere fra forskellige lande til at besøge gården og vælge arbejdssted og materialer og i 1992 fejredes åbningen af Krakamarken med et "eXnatura 92" seminar på Brusgård. Nye seminarer og flere kunstnere er fulgt efter. Værker har vokset sig harmonisk ind i stedets natur, og kun ganske enkelte har måttet udskiftes, og det er et led i Rønnaus idealistisk-romantiske holdning til naturen, at intet andet end naturmaterialer tolereres. Blandt de nordiske deltagere er Alfio Bonanno og Mogens Otto Nielsen samt Annette Holdensen og Britt Smelvær, der begge begyndte som vævere, men som den sidste halve snes år har skabt væsentlige arbejder i naturen. Flere nordatlantiske

KRAKAMARKEN, BRUSGÅRD, DANMARK.
SKULPTUR AF OLE VIDEBÆK. 1992 FOTO: GKS

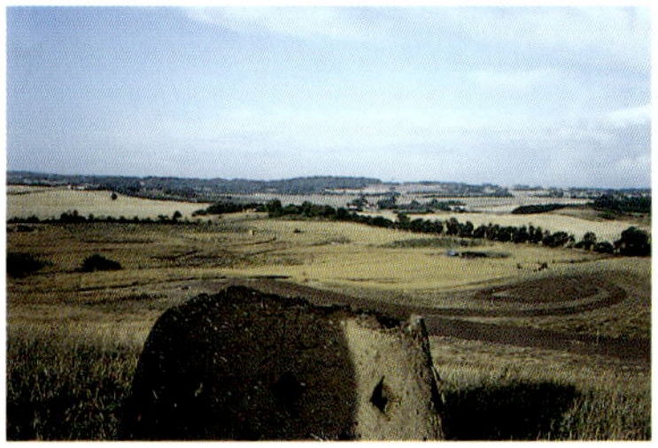

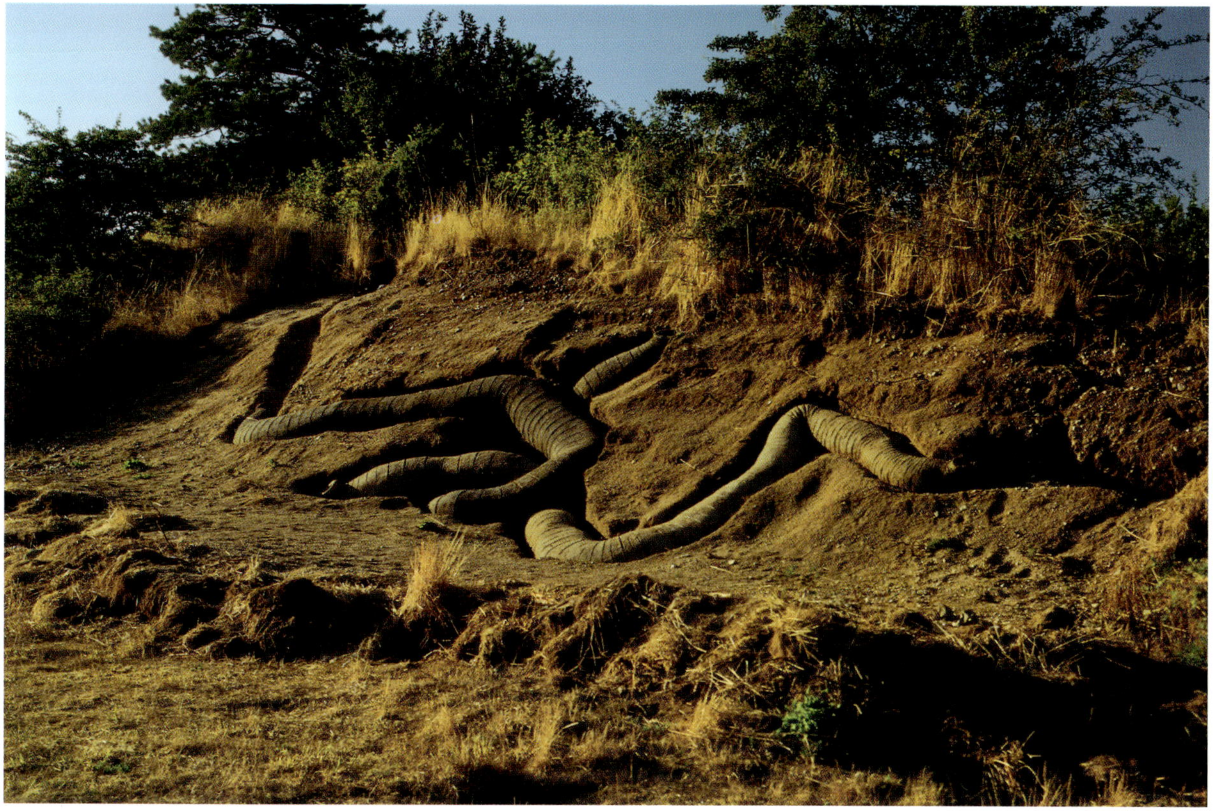

KARL CIESLUK: "EXPOSED TO THE ELEMENTS". JORD, SAND, HESTEPÆRER, STRÅ OG LER, 1995.
KRAKAMARKEN, BRUSGÅRD, DANMARK. FOTO: JØRN RONNAU

kunstnere har deltaget, men der er også værker af f.eks. Herman Prigann og Patrick Dougherty.

Tickon

Initiativet til Tranekær Internationale Center for Kunst og Natur, TICKON, som er parthaver i TRILOGI, skyldes Alfio Bonanno. Takket være lensgreve Preben Ahlefeldt-Laurvig blev slotsparken stillet til rådighed. Parken består af en usædvanlig blanding af danske og eksotiske træer og med til området hører den gamle galgebakke. Græsset får lov at gro, gamle kaprifolier støtter de aldrende ege, og får og råvildt sørger for træernes beskæring. Langs den bugtede søbred er rør og ellekrat et eldorado for fugle.

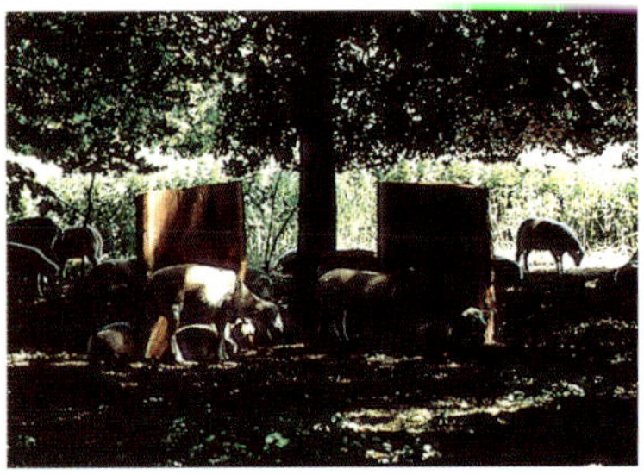

DAVID NASH: "SHEEP SPACES", 1993. TICKON, DANMARK FOTO: ALFIO BONANNO

Centret åbnede i 1993 med 14 arbejder af danske og udenlandske kunstnere og et symposium med titlen "Which Nature, Whose Art". Alle arbejder er udført på stedet og til stedet, og selvom kunstnerne repræsenterer meget forskellige holdninger, ser de fleste deres rolle i et økologisk og socialt perspektiv, og forvandling og flygtighed er væsentlige faktorer. De fleste har hentet deres materialer i den langelandske natur, men det udelukker ikke fremtidige eksperimenter med andre materialer og medier i korte forløb, ligesom en videnskabelig bearbejdning af stedets fauna og flora vil kunne indgå i det kunstneriske samarbejde. Kunstneren kan finde sit sted, skjult for alle andre, i lysninger eller ved søen. Mulighederne er legio.

Visse arbejder har ingen definitiv form. Det gælder f. eks. Lars Vilks struktur, "Textus", en grenskulptur, som man kan klatre i, ligesom hans "Nimis" i Sverige og som "Nimis" bliver den aldrig færdig. Han kappes med Tranekær slot.

Smukt forfald er et vanskeligt begreb. Det eksisterer ikke, når det gælder folk eller fæ, men med træer forholder det sig anderledes. Ud af et træ på rod har Jørn Rønnau skåret et enhjørningehorn. Det bliver endnu smukkere som tiden går, og det samme gælder David Nash's "Sheep Spaces", som fårene bruger efter bestemmelsen, dvs. de ligger op ad kævlerne og polerer træet med deres uld.

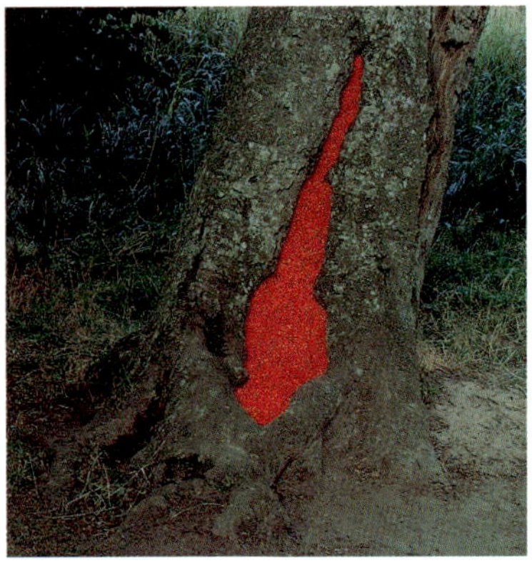

NILS-UDO: "ROTE BUCHE – VOGELBEEREN", 1993. TICKON, DANMARK. FOTO: NILS-UDO

Andre kunstnere satser på det flygtige (ephemeral art) og gør forgængelighed til en del af værkets ide. Andy Goldsworthy har arbejdet med valmueblade, græs og grene og Nils-Udo med rønnebær. De arrangerer naturen så den overrasker og fortryller, men deres kompositioner overlever kun i fotografi.

Helge Røed spillede til gengæld op til naturen ved at introducere et fremmedlegeme – gule plastrør – som et punktnedslag mellem elletræerne af et års varighed. Røed var en af de første i Norden til at søge symbiose mellem kunst og natur og en aktiv deltager i mange projekter. Han erklærer, at "landskabsprojekter per definition må være kortvarige. De må forholde sig til den levende natur, som indebærer regn og blæst, sne og kulde, lys og mørke, vår, sommer, høst og vinter. Uden en begrundet stillingtagen til kunstværkets varighed (eksistens) vil et område straks blive fyldt op af "bygningsværker på nedtur". Bliver pladsen for lille vil nye arbejder blive generet af/eller må forholde sig til allerede eksisterende værker. Dette var ikke meningen, hvor naturen selv skulle være den udløsende kraft ... Men ved denne type kunst må man tage store chancer for at lykkes stort med noget ...".

Kunstneren Elle-Mie Ejdrup Hansen satsede stort, da hun i 1995 imod voldsom opposition gennemførte sit projekt "Fredsskulptur. Linien. Lyset". Natten til den 5. maj, den dag for 50 år siden, da der blev fred i Norden, blev en laserstråle tændt langs den jyske Vestkyst fra Skagen til den tyske grænse. Lyset fulgte strandens krigsminder, de tyske bunkers, og langs ruten havde 22 kendte kunstnere fra mange lande arbejdet i måneder for at skabe relevante oplevelser af forskellig art.

Men hvad handler det hele om? Skal vi efterligne naturen, samarbejde med den, tvinge den eller føje den? Hvornår bliver dette sam- eller modspil kunst? Er pileflet kunst? Er præsentationen og kendskabet til herman de vries' rusplanter i Botanisk Have kunst? Eller er amerikaneren Alan Sonfist's beplantning med egetræer i form af et egeblad indenfor en skibsætning af sten ved TICKON? Og hvad med røde balloner i fjeldet?

Noget et smukt, noget er også nyttigt, noget bevæger og noget går os klogere.

Svaret på spørgsmålet om det er kunst må være måske Ja, måske Nej – eller – "Forget it!".

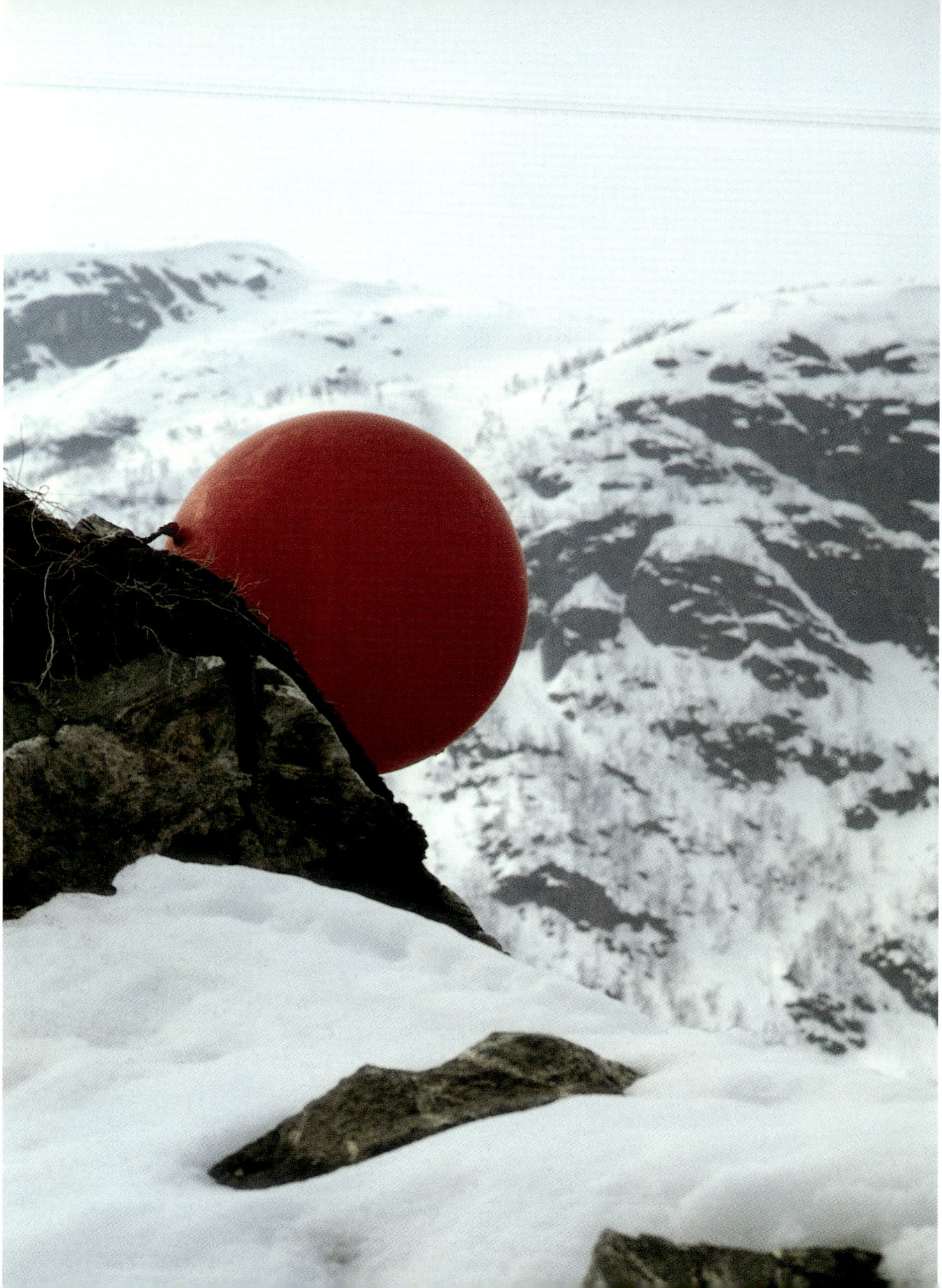

LANDSKAB FRA EIDSFJORD I NORGE MED RØDE BALLONER, 1 METER I DIAMETER. "SKALAUNDERSØGELSE", ET SEMINAR FOR ELEVERNE FRA GRAFISK SKOLE, KUNSTAKADEMIET, KØBENHAVN, LEDET AF PROFESSOR VIBEKE MENCKE. FOTO: CLAUS HANDGAARD JØRGENSEN

In the open air – Scandinavian initiatives

Gertrud Købke Sutton, art historian and critic, joint founder of TICKON

It is said that as a young man Lars Vilks, dressed as a highwayman and armed with two toy pistols, drove around Sweden in an old garishly coloured Volkswagen. He visited the mandarins of the art world at universities and museums, aimed his weapons at them and asked "What is art?"

The answer was not forthcoming, so he decided that he himself *was* the answer. He submitted himself as a work to an adjudicated art exhibition, but was rejected. Later, he built "Nimis".

In 1980, at Kullen, in a hardly accessible ravine that leads down to the sea, Lars Vilks began erecting scaffoldings of branches and driftwood – and he has continued to do so ever since. What he does, and the fact that he does it, have provoked enthusiasm, rage, prosecution, violence, fires and endless discussions.

Theories, as Vilks himself puts it, have been pumped into "Nimis". Is it architecture or sculpture, a work of art or pollution?

At all events the debate and the legal cases have made it a happening. In 1984 the legal net was disturbingly tightened, and "Nimis" was suddenly valuable foreign property, bought by Joseph Beuys; and when he died it was bought by Christo. And Vilks builds on.

THE NORDIC COUNTRIES

Conceptual art arrived in the Nordic countries at the end of the sixties, and the next decade saw many experiments with sound, light, soil, water, fire, drugs and natural materials both indoors and outdoors. When Stig Brøgger took photographs in the Nevada desert and Per Kirkeby spread leaves and stones on the floor, it was not directly about desert and forest; it was about ideas. But gradually the focus shifted and the artists began a dialogue with the environment, with the city and with nature.

A feature common to the first scattered Nordic examples of art in nature is that they were joint projects initiated by artists, and that they were short-term. They were about the coming together of like-minded artists and about individual works created in the surrounding landscape – events without continuity.

The first major project, "Experimental Environment 2", where nature was the theme, took place on Iceland. At Korpúlfsstadir 43 artists met for twelve days. The timeless cairns in the landscape were one of the motifs used in the works. In 1982 they met in Finland and in 1983 a reduced group including Helge Røed and Mikael Hansen chose the sensitive marsh landscape of Vadehavet (the tidal flats of the Jutland Wadden Sea) in Denmark. Their objectives were both aesthetic and environmentalist. The next year the group gathered for a snow seminar at Geilo in Norway, and in 1985 they chose an island belonging to the Finnish artist Hannu Sirén as a working site for various artists.

In all these cases the artists were the initiators and the love of individuals for their native regions was often crucial to their choice of a meeting-place and its temporary artistic manipulation.

The material might be snow, as at Sandvik and Tanum in 1982, at Geilo 1984 and at Lesja in the 90s.

In 1987, on an official basis and in a collaboration of two Norwegian academies and West Berlin, an international working meeting across genre boundaries, "Art-lantis", was held on the small island of Håholm at Kristianssund in Norway. The programme required that they left not the least trace of their work afterwards.

Central to nature art is the association of Nordic graphic artists known as "Ultima Thule", which met in various Nordic countries in the latter half of the 80s. A meeting at Skien in 1987 was about involving the environment, conservation and resource analysis, and the next year at Kirkenes the local mining activities became the theme of the art.

In 1985 the Høvikodden Museum of Art hosted "Borealis 2 – Position: North", where works by artists including Bård Breivik, Olavi Lanu, Jan Håfström, Bjørn Nørgaard and Per Kirkeby were created in the landscape around the museum.

Norway is the Nordic country that has most examples of art in nature, which is quite understandable considering the incredibly varied and wide open landscape, a landscape that was stamped in 1990 when Hamish Fulton "walked a line" into the mountains. But for Norwegian artists this also meant a hitherto unheard-of opportunity to emancipate themselves from the established art of Oslo. Not only could they move art to their home regions, they could also make the initiative international by inviting others. Events have sprung up all over the country in a period of just under twenty years – sometimes only lasting a weekend, sometimes of a more permanent character.

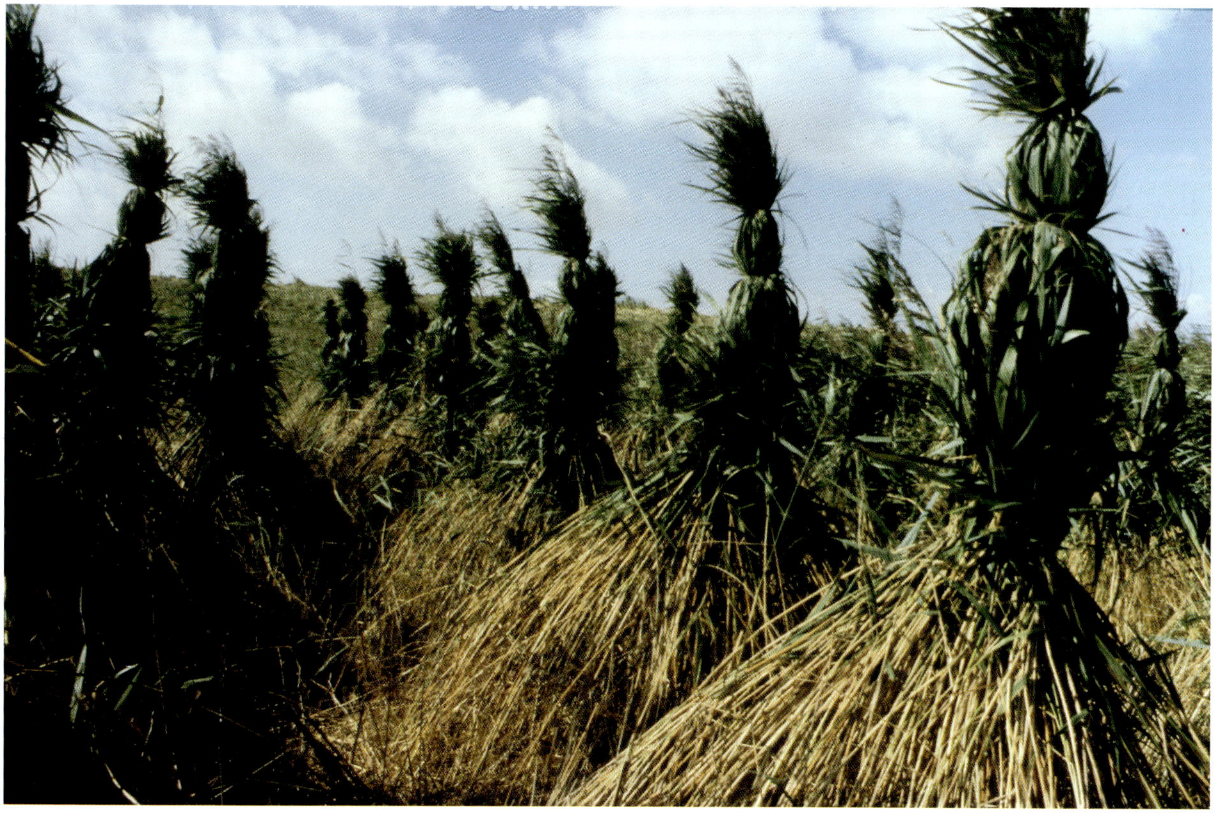

MIKAEL HANSEN: TAGRØR, 1983. PROJEKT VADEHAV, VESTER VEDSTED, DANMARK.
FOTO: MIKAEL HANSEN

But the authorities too have woken up to the potential for attention that the artists can create. Individually and in collaborations, parishes and towns – for example Sogn, Førde, Olden, Østfold or Brusand on Jæren near Stavanger — invite artists to create environmental art. The result is a varied, usually international range of site-specific installations, conceptual art, pop art and happenings.

An example was the city anniversary in 1991 in Kristiansand, where Lars Vilks had been called in to run a summer project which was called "Nature as space – the nature of space", where the reactions were a mixture of qualified criticism and common-or-garden outrage. Another event – recurring since 1992 – is the artists' activities around the Lista lighthouse at the southern point of Norway.

But the project to end all projects is "Sculpture Project Nordland" in northern Norway.

Sculpture Project Nordland

Inspired by the wish to make an isolated region visible in the eyes of the world, the authorities call in art. Nordland is an area stretching from Bodø to Lofoten and touching on Tromsø and Narvik. The state and the region, as well as sponsors, are financing the project, and in 1992 the first sculptures were in place. Between 30 and 40 well known artists from near and far were invited to visit Nordland and asked to choose their "place". This year the last of the works should be in place in the desolate, rugged region. The Finnish art historian Maaretta Jaukkuri has functioned as curator, supported by a committee of art historians and museum staff. But it didn't go off without problems.

First the protests were about the great expense. Why fund foreign artists with money that could be used for hospitals etc.? Then it was all about identity. How could a Japanese (in this case Toshikatsu Endo) be expected to have a real feeling for Norwegian nature, and what was he up to here anyway?

The nomadic nature of modern art was unacceptable to the permanent residents – "maybe they wanted to steal the midnight sun." But in spite of this there was greater tolerance of foreigners than of Norwegian artists, when they took the liberty of working in a pluralist rather than a regional tradition.

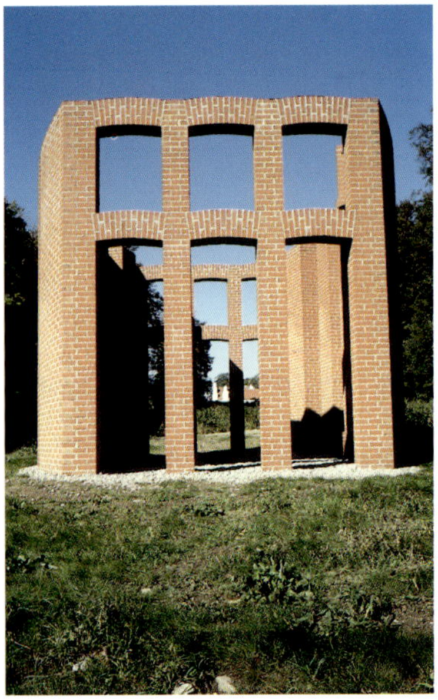

PER KIRKEBY: TEGLSTENS "VARDE", 1994, WANÅS, SVERIGE. FOTO: GKS

The project involves a number of autonomous sculptures, which seem in some strange way to have been adopted by the landscape: like Markus Raetz' head of Janus in the wilderness and Per Kirkeby's brick cairn which appears with complete inevitability on a rock facing a glacier. Kirkeby denies that he works with Land Art, but concedes that his structure is "site-specific", was created for this particular place, and "a thing with a function".

The title "Sculpture Landscape" is very precise and recalls a remarkable little Danish example of the landscape used as resonance and frame – the Tørskind gravel pit at Egtved, where, between 1987 and 1991, the sculptors Robert Jacobsen and Jean Clareboudt built sculptures of wood, iron and stone in a striking interplay with the industrial wound in the landscape.

SWEDEN

The ancestors of the Swedes marked the landscape with their rock carvings. But in comparison with the other Nordic countries, Sweden has been reluctant to cooperate with and in nature. The authorities have laid a heavy hand on the arts and the Subway project in Stockholm has eaten up the resources.

In 1974 an unofficial international artists' symposium was held, for the first time, at Ubbeboda in Scania. The organizers had support from the Danish-Swedish artists' collective Drakabygget and from the Valand Art School, but the hostility of the authorities to experimental art was so great that despite furious protests they had an earth sculpture, "Freedom", removed. It consisted of a hole in the ground and a small hill and had been created by the Polish artist Teresa Murak.

In no other Nordic country have the unauthorized art movements had such difficult conditions. And that is the story behind "Nimis".

But at the end of the 80s activities increased. In 1987 the first Wanås exhibition opened as a private initiative, in 1988 a seminar on the theory of art and multidisciplinary praxis was held at Vardø on the island of Åland, and again in 1992 at Visby on Gotland. This involved artists from the Baltic countries, and the next year they returned to create works on Gotland.

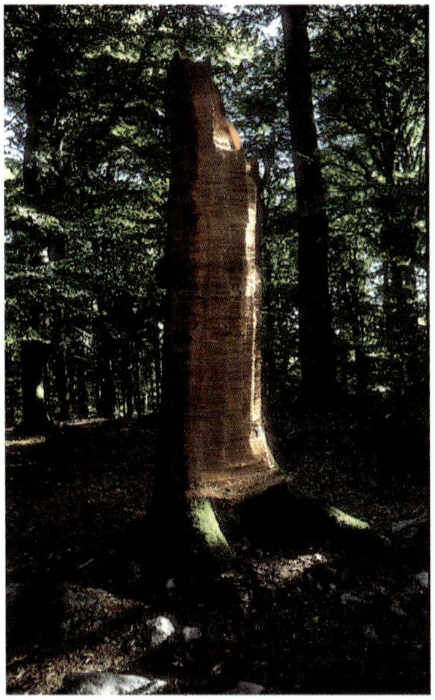

MIKAEL LUNDBERG: TRÆSTAMME OMVUNDET MED EMALJERET KOBBERTRÅD, 1994, WANÅS, SVERIGE. FOTO: GKS

Wanås

Wanås Castle lies on the border between Scania and Småland in Sweden. It is a medieval castle, originally an island fort, and is now the centre of a romantic garden complex with a lake and park and big old storage buildings. The estate is owned by the Wachtmeister family, which out of pure interest in the arts has for several years running invited selected artists from all over the world to work outdoors and indoors. The old park is, as Marika and C.-G. Wachtmeister wrote, "a theatrical stage which is seeking its role in the 1980s".

The exhibitions represent artistic pluralism and consequently involve problems of organization and preservation. As in Nordland there are works of patined steel, diabase, marble and cement as well as neon, wires, plastic and glass – indeed works in natural materials are in the minority. One of the reasons for this may be the dramatic landscape with giant firs, century-old oaks and picturesque rock formations, where the quiet artistic intervention risks remaining invisible – which for Bente Stokke became a theme in itself, in the sense that her work from 1992 was an installation of "invisible" glass panes in the forest. Richard Nonas understood how to use the stones, and Gunilla Bandolin, one of the few people in the Nordic countries who has worked monumentally with Land Art, built a cleft pyramid of earth and stone. In a more temporary approach Mikael Lundberg wrapped tree trunks in enamelled copper wire, and Marie-Jo Lafontaine's "The Hip-Hop Dance of the Water and the Winds" of toy windmills in the lake is just a summer whimsy.

Some works are quite simply sculptures – that is, works which refer to themselves and which could be moved out of the landscape into a city space without losing their character. They have to be protected from nature.

And finally, there are site-specific borderline cases like Jean Highsmith's clans in cement. It lies like a huge blob on the forest floor, slightly mossy and mildewed. This softens the brutality that is part of its expressive force; it is in the process of acclimatizing. By contrast, there is no doubt that Gloria Friedmann's red concrete wall behind a lightning-struck tree must be maintained or removed.

Decay can turn the environment into a rubbish dump.

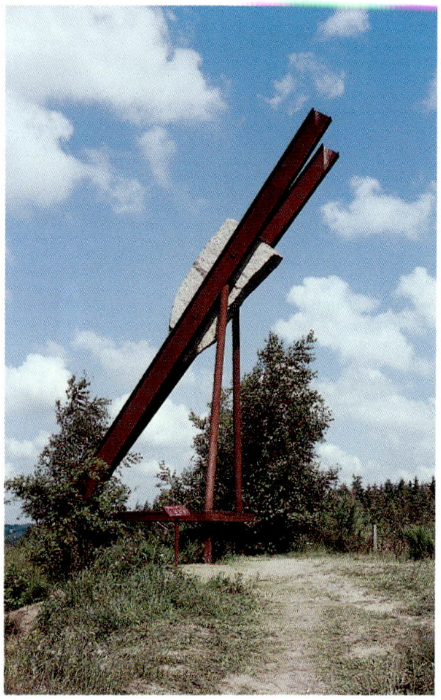

JEAN CLAREBOUDT: 1987-91. EGTVED GRUSGRAV, DANMARK. FOTO: GKS

DENMARK

There is a seeming self-contradiction in the nation's love of the Danish landscape and the hesitant relationship with Land Art that marked the Danish art world for many years. The explanation may be that it is only the weather and the sea that are wild; the rest has been tamed and turned into a landscape of culture which has taken on its spiritual dimension over centuries of manipulation. The military works of the Viking Age, which have been so industriously studied and published for half a century, were bigger than Robert Morris' "Observatory", and ancient barrows and passage graves still lie like molehills on the highest points with the widest views. In the flat country the hills have power, they are "places".

From the early eighties on, nature was gradually invaded by exhibitions of sculpture, yet few artists knew that nature could be used as something more than background. Since then, much has happened.

Krakamarken

Krakamarken, south of the city of Randers, was the first major Danish art-in-nature project to become a reality. In 1988 the sculptor Jørn Rønnau was given permission to use part of the fields of the production farm Brusgård for nature art. A good Jutland hillside sloping down

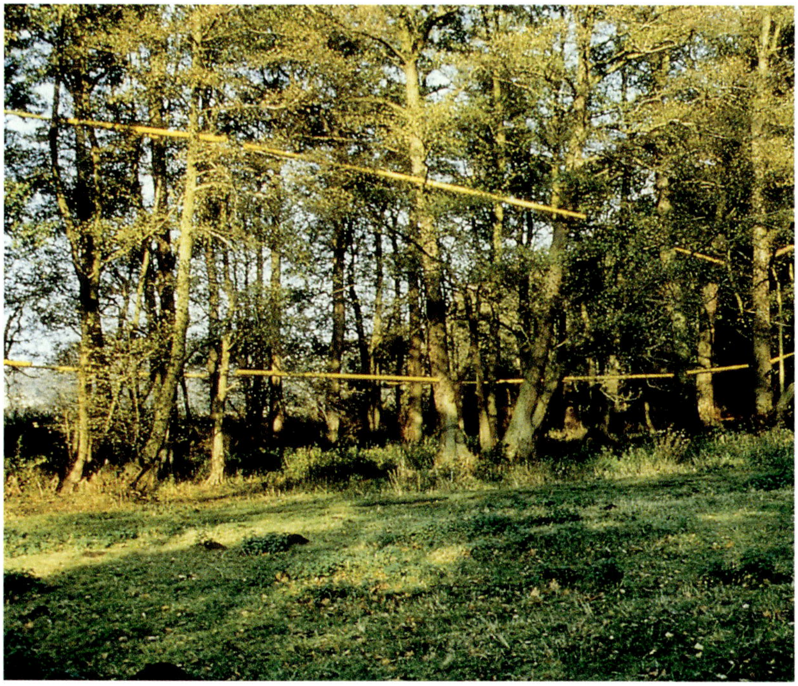

HELGE RØED: WOOD AND WATER – A SPACE EXPLORATION. DETAILLE, 1993, TICKON, DANMARK FOTO ALFIO BONANNO

to a small stream was sown with wild grasses and scattered plants. Its character of agricultural land was preserved, and the area can be observed as a whole from almost all angles.

Rønnau invited sixteen artists from different countries to visit the farm and choose a workplace and materials, and in 1992 the opening of Krakamarken was celebrated with an "eXnatura 92" seminar at Brusgård. New seminars and more artists followed. The works have grown harmoniously into the natural landscape, and only a few have had to be replaced. It is an element in Rønnau's idealistic-romantic attitude to nature that nothing but natural materials are tolerated. The Nordic participants include Alfio Bonanno and Mogens Otto Nielsen, as well as Annette Holdensen and Britt Smelvær, who both began as weavers, but who have for the last decade or so created important works in nature. Several North Atlantic artists have been involved, but there are also works by Herman Prigann and Patrick Dougherty.

Tickon

The initiative for the Tranekær International Centre for Art and Nature, TICKON, as a partner in TRILOGI, is due to Alfio Bonanno. The landscape was made available thanks to the generosity of Count Preben Ahlefeldt-Laurvig. The grounds have an unusual mixture of Danish and exotic trees and the area also includes the old execution hill. The grass is allowed to grow, old woodbines support the aging oaks, and sheep and deer take care of the pruning of the trees. Along the winding lake edge, reeds and alder thickets are a Paradise for birds.

The centre opened in 1993 with fourteen works by Danish and foreign artists and a symposium entitled "Which Nature, Whose Art?". All the works were created on site and for the site, and although the artists represent very different attitudes, most of them view their role in an ecological and social perspective, and mutability and transience are important factors. Most of them have taken their materials from the natural surroundings of the island of Langeland, but this does not preclude future experiments with other materials and media for short periods, and a scientific research on the fauna and flora of the place could be part of the concept of TICKON. The artist can find his or her place, hidden from all others, in clearings or by the lake. The possibilities are legion.

Certain works have no definitive form — for example Lars Vilks' structure TEXTUS, a branch sculpture you can climb in, and his NIMIS in Sweden, and like NIMIS it will never be finished. He is "competing with the castle".

Beautiful decay is a difficult concept. It does not exist in the case of people and animals, but with trees it is a different matter. From a tree standing on its roots Jørn Rønnau has cut a unicorn horn. It will become even more beautiful as time passes, and the same is true of David Nash's "Sheep Space", which the sheep use as intended, i.e. they lie up against it and polish the wood with their wool. Other artists focus on the ephemeral and make transience part of the idea of the work. Andy Goldsworthy has worked with poppy petals, grass and branches, and Nils-Udo with rowanberries. They arrange nature so it surprises and enchants, but their compositions only survive as photographs.

Helge Røed, on the other hand, played up to nature by introducing foreign bodies – yellow plastic pipes – as points of impact among the alder trees, and leaving them there for one year. Røed was one of the first in Scandinavia to look for a symbiosis between art and nature and was an active participant in many projects. He has declared that "landscape projects must by definition be short-lived. They must relate to living nature, which means rain and wind, snow and cold, light and dark, spring, summer, autumn and winter. Without a well-founded attitude to the duration of the work of art, an area will immediately be filled up with "structures in decay". If the space gets too small new works will be generated by or must relate to existing works. This was not the point; nature itself was to be the triggering factor ... But with this type of art you have to take great chances to succeed greatly with something ..."

The artist Elle-Mie Ejdrup Hansen took such a big chance in 1995 when, against huge opposition, she carried through her project "Peace Sculpture. The Line. The Light". On the night of the 5th May, the day when peace came to Scandinavia fifty years ago, a laser beam was lit along the west coast of Jutland from Skagen to the German border. The light followed the relics of war on the beach, the German bunkers, and along the route 22 well known artists from many countries had worked for months to create relevant experiences of various kinds.

But what is it all about? Are we to imitate nature, cooperate with it, force it or submit to it? When does this *inter*action or *re*action become art? Is wickerwork art? Is the presentation of herman de vries' consciousness expanding plants in the Botanical Gardens art? Or is the American Alan Sonfist's plant formation of oak trees in the shape of an oak leaf within a ship burial site of stone at TICKON art? And what about red balloons in the mountains? Some of it is beautiful, some is also useful, some of it moves us and some of it makes us wiser. So is it art?

The answer to the question is maybe yes, maybe no – or "Forget it!"

(Translated by JM)

Tranekær slotspark – før og nu

PREBEN AHLEFELDT-LAURVIG

Den ældste del af Tranekær Slot er opført ca. 1160 af Valdemar den Store, og huset står der endnu. Men de have– eller parkanlæg, der må have været anlagt samtidig, er der ingen spor af i dag. – Flygtigheden i deres natur må bære skylden herfor.

Idag kan Tranekær Slots fortid som middelalderborg ses af de anlæg der omgiver slottet: Det ligger på en ø omgivet af voldgrave. De haveanlæg der idag ses i slottets nærmeste omgivelser, ligesom de rester der er beliggende vest for slottet og amtsvejen, er reminiscenser af gamle, formelle haveanlæg. Det fremgår af et matrikelkort fra 1811, at der syd for slottet var en have med regelmæssig inddeling, samt et haveanlæg vest for slottet der i sin ydre begrænsning viser rester af et tidligere fransk barokanlæg, hvis indre areal på det tidpunkt – 1811 – var ændret til en engelsk have.

Disse haveanlæg – især dem øst og syd for slottet – blev i årene 1856-57 omlagt i "landskabelig stil" af slotsgartner A. M. Svendsen efter en plan af landskabsgartner H. Flindt. Samtidig blev øen sydøst for slottet etableret ved opgravning af en kanal rundt om en ellemose, og derved blev der skabt forbindelse mellem Borresø og den sydlige voldgrav.

Imidlertid er den indre have øst og syd for slottet ikke åben for offentligheden, og det gamle haveanlæg vest for slottet trænger så voldsomt til restaurering og genetablering, at det heller ikke er tilgængeligt.

Men nord og øst for slottet ligger selve slotsparken, der dækker ca. 35 ha inklusive Borresø, som er en integreret del af slottets voldgravssystem. Den er tilgængelig for offentligheden og udover en lang række sjældne træer og en lille bestand af dåvildt, rummer den også en enestående samling af naturkunst.

Lensgreve Preben Ahlefeldt-Laurvig har stillet parken ved Tranekær Slot til rådighed for TICKON.

Parken i sin nuværende form oprettedes i 1890-92 af lensgreve Christian Ahlefeldt-Laurvig, idet dog en del af træerne, også de mere eksotiske, er plantede allerede tidligt i 1860'erne. Hele anlægget har sit præg fra den britiske landskabsarkitekt Milner, der i udlægningen tog sådanne landskabelige hensyn, at topografien blev integreret i det samlede projekt – og derfor fremstår parken idag som en meget homogen symbiose mellem natur og menneskelig planlægning.

Allerede i begyndelsen af 1800-tallet var der anlagt begyndelsen til en park, bl.a. med kørestier, hvor den daværende ejer, general Frederik lensgreve Ahlefeldt-Laurvig, med sine gæster kunne køre aftentur og lytte til musikken fra det militærkapel, der ved gunstige lejligheder blev placeret på den sydligste af de to store banker i parkkompleksets nordende, den der kaldes Ekkobanken.

Men det var ikke alene til herskabets gavn og glæde at disse have- og parkanlæg blev anlagt. Da lensgreve Christian i 1890 påbegyndte den store planlægning af parken, havde han andre hensigter end blot sin egen fornøjelse: Forståelsen for det sociale ansvar var stærk blandt den tids godsejere. De forstod, at priviligier og rigdom også betød forpligtelser overfor lokalsamfund og medarbejdere. Han indførte det princip på sine godser, at var man først ansat, så var den eneste afskedigelsesgrund tyveri eller anden kriminalitet. Var man dum, doven eller fordrukken var det den ansættende, der bar ansvaret herfor, han skulle have set det og ikke ansat! Denne politik blev gennemført så konsekvent, at vitterligt ingen blev afskediget. Når medarbejderen blev gammel, og kræfterne slap op, blev man ikke afskediget. Man "kom i parken" – man beholdt sin gratis bolig og oppebar halv dagleje, men arbejdet var heller ikke hårdt – lidt lugning og græsslåning. Det var privat folkepensionering med et indhold!

Men dette er historie – hvordan ser det ud i dag? – Jo, siden tidernes morgen har der været fri adgang til parken, og gennem generationer har utallige mennesker, især langelænderne, nydt den smukke natur og de smukke parkanlæg som en selvfølgelig del af den helligholdte fritid. – Men tiderne skifter, livets indhold og feriernes længde ændrer sig – bliver større og længere – og i

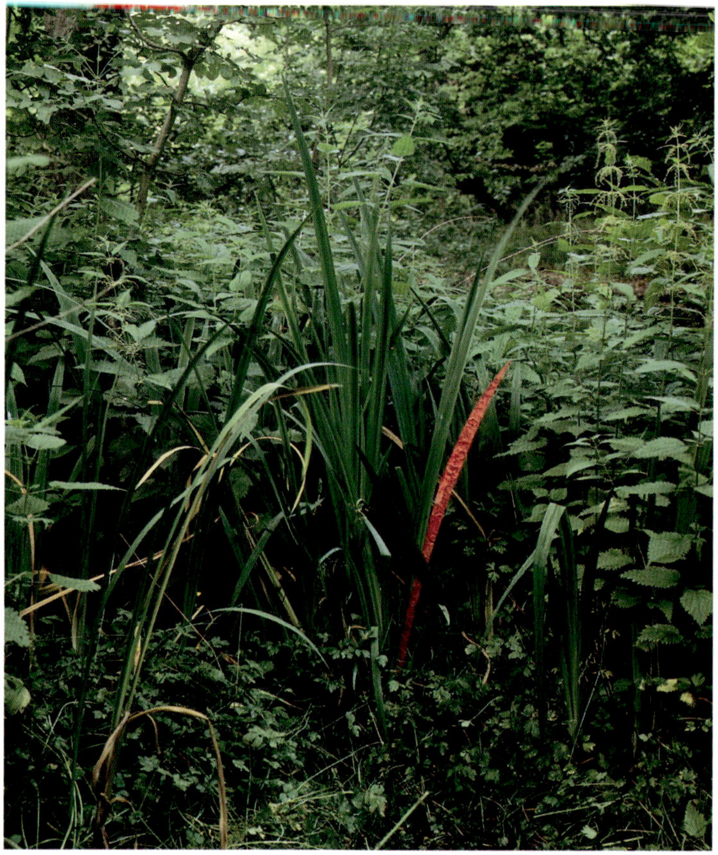

ANDY GOLDSWORTHY: "IRIS BLADE WRAPPED WITH POPPY PETALS HELD WITH WATER, 6. JULY 1993
TICKON, DANMARK. FOTO: ANDY GOLDSWORTHY

dag er parken, takket være initiativrige og kreative menneskers indsats, blevet en attraktion af internationalt betydning.

Initiativet hertil blev taget af billedkunstneren Alfio Bonanno og forfatteren og digteren Vagn Lundbye, der i et varmt og positivt samarbejde med ejeren af Tranekær Gods oprettede den selvejende institution "Tranekær Internationale Center for Kunst og Natur" – TICKON. Det er lykkedes i en sådan grad, at det med projektet TRILOGI – et samarbejde mellem Botanisk Have i København, Brandts Klædefabrik i Odense og TICKON – indgår som et af provinsprojekterne i Kulturby 96.

Dermed er hovedprincipperne bag det oprindelige anlæg i Tranekær Slotspark opfyldt: At gavne og glæde i takt og overenstemmelse med tiden og dens ånd.

Tranekær Park – past and present

The oldest part of Tranekær Castle was built around 1160 by King Valdemar the Great, and the house still stands. But there is no trace of the gardens or parks that must have been established at the same time. That must be due to their transitory nature.

The origins as a medieval castle can be recognised from the grounds surrounding the castle: it is situated on an island surrounded by moats. The gardens we see close to the castle to-day as well as the remnants situated west of the castle and the county road, are remains of old, formal gardens. From a map dated 1811 it is evident that there was a garden divided into regular beds south of the castle, and west of the castle another garden was situated, a garden that in its outer limits show remains of an earlier French garden. However it had been changed into the English style by 1811.

In the years 1856-57, these gardens – particularly those east and south of the castle – were rearranged in "landscape style" by the castle gardener A. M. Svendsen after a plan made by the landscapegardener H. Flindt. At the same time the island east of the castle was created by digging canals around a former bog whereby a connection between the lake and the southern moat was established.

However, the innermost garden south and east of the castle is not open to the public, and the ancient gardens west of the castle are in such need of restoration, that they are not accessible.

The park proper is situated north and east of the castle. It covers approximately 70 acres including the lake "Borresø" which is an integrated part of the system of moats and canals. The park is open to the public and besides a number of rare trees and a small population of fallow deer it contains a unique collection of land-art.

The park in its present form was created in 1890-92 by count Christian Ahlefeldt-Laurvig. However, some of the trees – including some of the more exotic – had been planted as early as the 1860's. The whole park has its character from the British landscape architect Milner. His lay-out made such allowance for the landscape that the topography was integrated in the project – and the park is thus a fine example of smooth symbiosis between nature and human planning.

As early as the beginning of 1800 the first elements of a park had been established; for example carriage drives, where the then owner,

Count Preben Ahlefeldt-Laurvig has placed the grounds of Tranekær Castle at the disposal of TICKON.

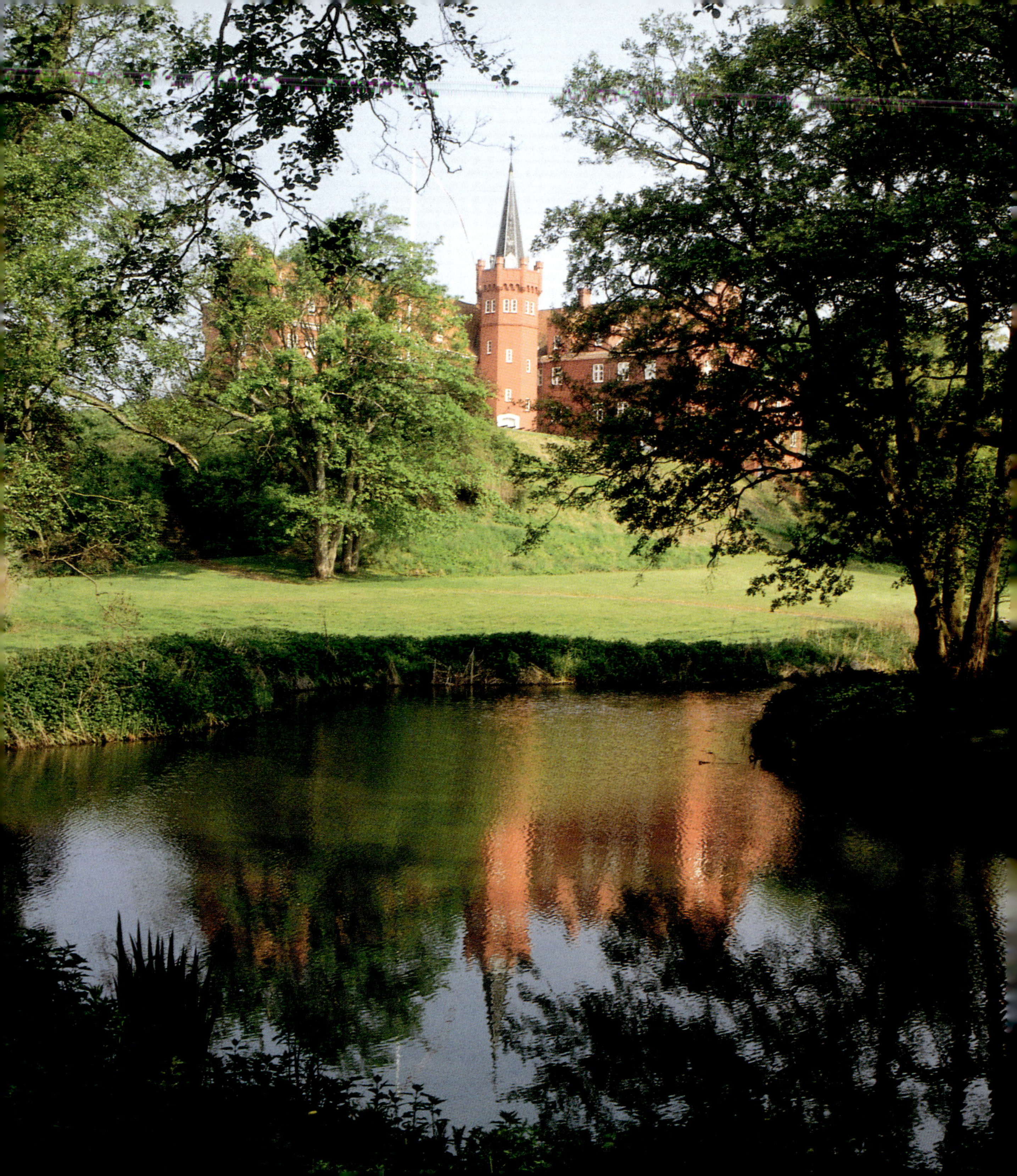

General Frederik Count Ahlefeldt-Laurvig, could make evening drives with his guests while listening to the military band which for the occasion played from the top of the southernmost hill in the park, the one that to-day bears the name "The Echo Hill".

But it was not only for the pleasure and benefit of the master and the mistress that these gardens were established. In 1890 when Count Christian commenced the extensive planning of the park, he had other intentions than just his own pleasure: The land-owners of that time had a strong sense of social responsability. They understood that priviliges and riches also meant obligations towards the local community and the employees on their estates. He introduced the principle, that if you got employment, the only reason for being fired would be theft or other criminal acts. If you were stupid, lazy or drunken then the employer bore the responsibility; he should have noticed and not taken you on! This policy was implemented so consistently that virtually nobody was ever fired. – When the employee grew old and his strength waned he wasn't dismissed. He "went to the park" – he kept his free house and received halfpay, but the work was light – a little weeding and lawnmowing. This was a private pension scheme with a substance!

But all this is history – how is it to-day? Well, the park has been open to the public forever and over the generations countless numbers of people – especially the locals – have enjoyed the beautiful nature and fine gardens as a natural part of their leisure. But times change, as does the substance of life and the duration of holidays, and to-day, thanks to the contribution of enterprising and creative people, the park has become an attraction on the international scale.

The initiative was originally taken by the artist Alfio Bonanno and the poet and writer Vagn Lundbye, who in a warm and positive collaboration with the present owner of Tranekaer Castle, created the independent institution "Tranekær International Center for Art and Nature" – TICKON. Its success has been such, that in the project: TRILOGY – which is a collaboration of the Botanical Gardens in Copenhagen, the art centre Brandts Klædefabrik in Odense and TICKON – it forms part of "Kulturby 96" as one of the provincial projects.

Thus one of the main principles behind the original gardens around Tranekær Castle has been fulfilled: To be beneficial and pleasing, in harmony with the age and its spirit. *(Translated by P A-L)*

TICKON

Kunstnerne – Digterne

Artists – Poets

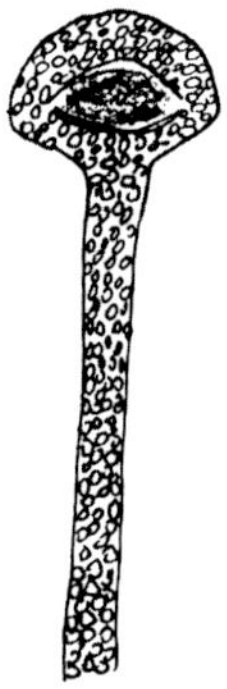

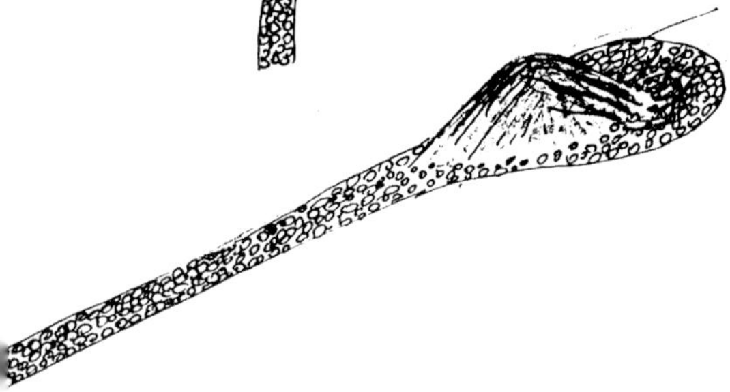

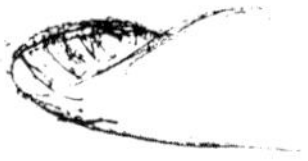

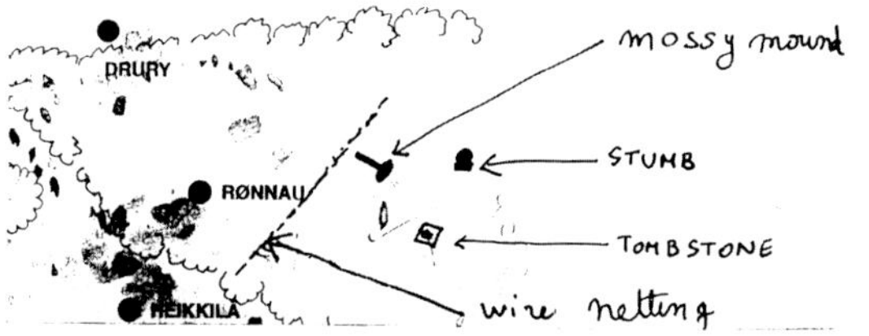

1

NOT FAR FROM THE RØNNAUS' sculpture, on the otherside of the WIRE NETTING, there is a little MOSSY MOUND which looks like a TUMULUS.
The IDEA is to SURROUND the MOSSY MOUND with stones (not too big and clear) and to continue this shape by a line made of the same stones following the downhill slope (line on 15, 20 meters long, 1,5 meter wide) in REFERENCE to the archeology of the island.

The soil, the stones are old symbols. The natural materials affirm their organic materiality, recognizable, definable. Thanks to the esthetic and emotional potential which we charge them, they turn into metaphors which the interpretation refer to universsal symbols, to ancient rituals where are stated sacred and profane, life and death, artificial and natural.

DEPUIS DES ANNÉES, L'ÉTUDE DE L'ART MÉGALITHIQUE ET LA VISITE DE SES SITES AUX VESTIGES INEXPLIQUÉS M'INTERESSENT ET NOURISSENT MA DÉMARCHE.

CES CONSTRUCTIONS MEGALITHIQUES SONT DES SIGNES IMMEMORIAUX DE LA PRESENCE HUMAINE ; ELLES CONSTITUENT UN 1ER EXEMPLE D'UNE RELATION POSSIBLE ENTRE LE MONDE DES FORMES SIMPLES, MAIS NÉANMOINS PRODUITES PAR L'HOMME ET LE CADRE DU PAYSAGE. UN ALIGNEMENT EST UNE SCULPTURE-PROMENADE ...

L'ÎLE DE LANGELAND POSSÈDE UNE QUANTITÉ INCROYABLE DE SITES MEGALITHIQUES. CELA A BIEN EVIDEMMENT INFLUENCER L'ÉLABORATION DE MON PROJET POUR TICKON.

DU POINT DE VUE FORMEL :

"LA LIGNE EST LA STRUCTURE DYNAMIQUE de L'APPAREILLAGE.
LA LIGNE EST UN MOYEN DE PASSAGE MOUVEMENT, COLLISION, FRONTIERE, RENFORT, CONJONCTION, COUPURE"

(Rodchenko 1920)

LA LIGNE DETERMINE UNE EXTENSION DE L'ESPACE QU'ELLE DIVISE ET ORIENTE.
UNIFIANTE ET POREUSE, ELLE DEFINIT L'EXTENSION MÊME DE L'ESPACE COMME ZONE SCULPTURALE ET LA SCULPTURE MÊME COMME LIEU —

TRADUCTION !!!

FROM A FORMAL ANGLE : " THE LINE IS THE DYNAMIC STRUCTURE OF THE INSTALLATION.
THE LINE IS A MEAN OF PASSAGE, MOUVEMENT, COLLISION, BORDERLINE, REINFORCEMENT, CONJONCTION, CUT." (RODCHENKO, 1920)

THE LINE DETERMINE AN EXTENSION OF SPACE THAT IT DIVIDE AND ORIENT.
UNIFYING AND POROUS, IT DEFINE THE EXTENSION ITSELF OF SPACE LIKE A SCULPTURAL AREA AND THE SCULPTURE ITSELF LIKE PLACE —

TEKSTER AF DOMINIQUE BAILLY

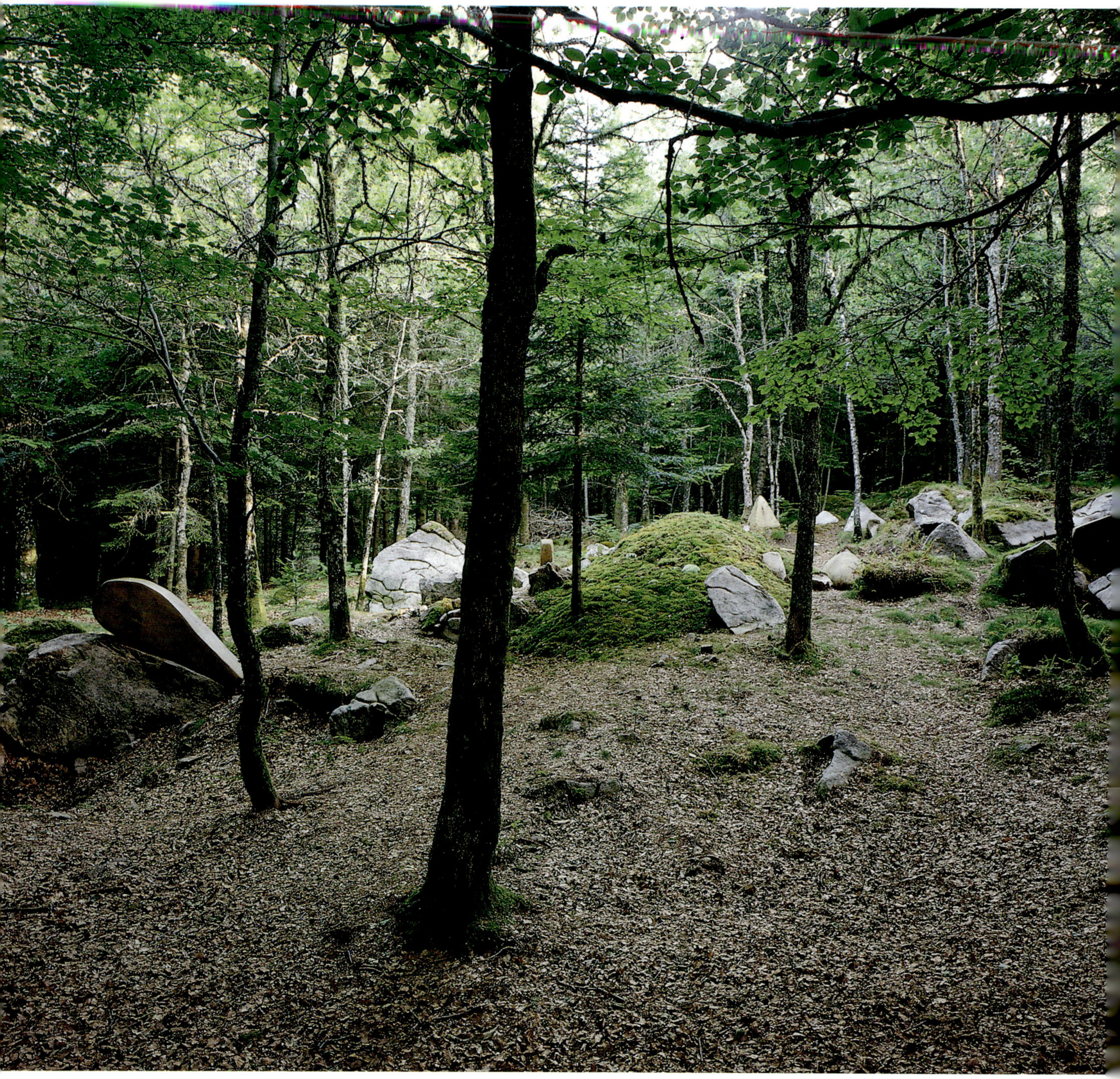

DOMINIQUE BAILLY

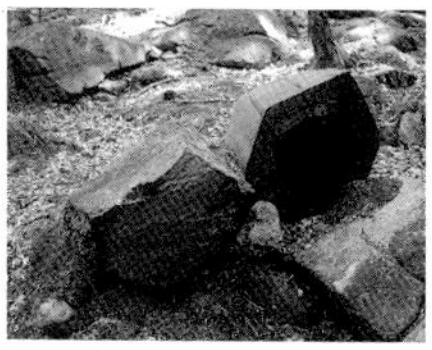

UDEN TITEL, 1990. CENTRE D'ART CONTEMPORAIN DE VASSIVIÈRE EN LIMOUSIN. FOTO FILIPE MARTINEZ

Pour les interventions dans le paysage, les sculptures paysagères, le site détermine la manière de concevoir ce que je vais créer, qu'il s'agisse d'un site en pleine nature ou un site remodelé par l'homme (jardin, parc ...).

Les moyens d'action et les matériaux utilisés sont directement issus du paysage ce qui nécessite une expérience directe dont la source est d'abord dans l'observation du lieu et ses composantes (eau, roche, terre, végétaux ...), dans la confrontation avec son échelle et sa topographie, dans la recherche de ses rhytmes innés; l'objectif étant de révéler les capacités du site en magnifiant sa variété et sa singularité.

Par un "geste de sculpture" on peut alors mettre en œuvre les formes offertes par le paysage, inscire les signes spécifiques qui transformeront le lieu choisi en un espace privilégié pour que s'établisse une dialectique entre l'œuvre et le paysage.

Il s'agit de créer des endroits qui ne soient pas uniquement formels, mais qui soient capables de susciter, avec des éléments naturels et des moyens minimaux, une experience sensible et spirituelle du lieu demandant un temps et un espace de meditation et de deambulation.

Dominique Bailly

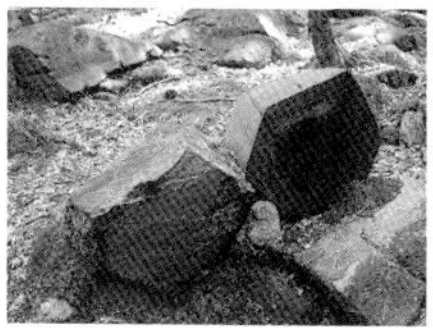

Ikke langt fra Rønnaus skulptur, på den anden side af hegnet er der en lille mosgroet høj, som ligner et oldtidsminde.

Min ide var at omgive den mosgroede høj med sten (ikke for store) og at lade formen fortsætte i en linie udført med samme slags sten ned over bakkehældet, 15,20 m i længden og 1,5 m i bredden, som en henvisning til øens forhistorie.

Jorden, stenene er gamle symboler. Det naturlige materiale bekræfter deres organiske materialitet, som er både genkendelig og definerbar. Takket være det æstetiske og følelsesmæsige potentiale, som vi tillægger dem, bliver de til metaforer, der refererer til universelle symboler, til hellige og profane arkaiske ritualer, liv og død, det kunstige og det naturlige. *(Oversættelse fra side 84 af GKS)*

Dominique Bailly was born in Paris in 1949 and lives and works in Paris and Limousin. Like many other Land Artists she began as a weaver. Her interest in natural materials resulted in exhibitions with light compositions of branches, charcoal etc. Since then she has carved jugs and abstract forms in wood. After 1987 she has moved much of her work out into the countryside. Her interventions often consist of lines and spirals drawn into the landscape with rows of stones and boxwood spheres (Lycée de Besançon, 1992) or with segments of tree trunks (Djerassi Foundation, California, 1995). Or a simple and powerful effect is achieved with one beech tree surrounded by a rampart of lashed branches (L'enceinte, Domaine forestier de Crogny, Aube 1993).

The tendency to introduce an ordered, geometric figure in the landscape has its opposite pole in a work at Vassivière-en-Limousin, 1990, where with five sawn blocks of wood she imitates or mimes five stones on the uncovered forest floor. In the same place a small natural hill was revealed. At TICKON too she found a small hill, but here she has framed it with a stone circle which recalls a work she did at Arte Sella in Italy in 1990.

(Translated by JM)

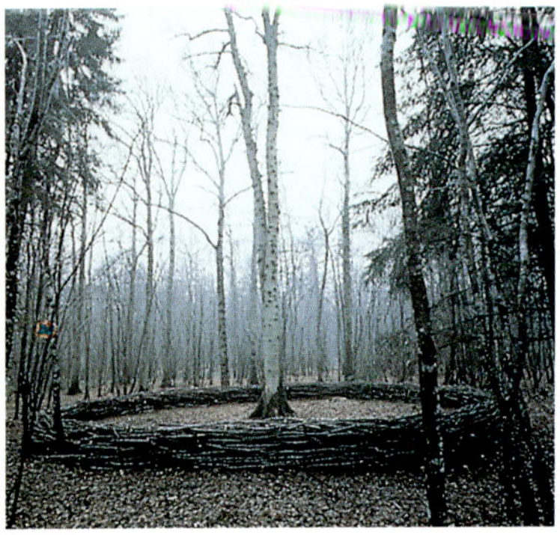

"L'ENCEINTE", 1993. DOMAINE FORESTIER DE CROGNY, AUBE

I mange år har studiet af stenalderkunst og besøgene ved de gådefulde spor perioden har efterladt interesseret mig og stimuleret mit initiativ.

Disse megalitiske konstruktioner er glemte signaler om menneskelig tilstedeværelse; de demonstrerer et første eksempel på en mulig relation mellem en verden af enkle, men dog menneskeskabte former indenfor rammen af et landskabet. En linie er en skulptur-promenade...

Øen Langeland ejer et utrolig stort antal stenalderminder. Dette har helt naturligt påvirket min udformning af mit TICKON-projekt.

Ud fra en formel synsvinkel: "Linien er installationens dynamiske struktur. Linien er et middel til passage, bevægelse, kollision, grænse, forstærkning, sammenføjning, brud" (Rodchenko, 1920).

Linien bestemmer udstrækningen af det rum den opdeler og dets orientering.

Bastant og porøs definerer den selve rummets udstrækning som skulpturel zone og selve skulpturen som sted.

Ved indgreb i landskaber, landskabs-skulpturer, er stedet afgørende for min måde at nå frem til, hvad jeg vil skabe, dvs. om det drejer sig om et sted i fri natur eller et sted omformet af mennesket (have, park ...)

Handlingsforløbet og de anvendte materialer udspringer direkte af landskabet, hvilket nødvendiggør en direkte oplevelse, hvor grundlaget først og fremmest er observation af stedet og dets komponenter (vand, klippe, jord, vegetation ...), kendskabet til dets målestok og topografi, efterforskningen af dets indre rytme, med det formål at afsløre stedets muligheder ved at fremhæve dets variation og særpræg.

Med en "skulpturel gestus" kan man således aktivere de former, som landskabet tilbyder, indskrive specifikke tegn, som forvandler det valgte sted til et særligt rum, hvor det vil være muligt at etablere en dialog mellem værk og landskab.

Det handler om at skabe steder, som ikke kun er formelle, men som vil være i stand til med de naturlige elementer og færrest mulige midler, at fremkalde en følsom og åndelig oplevelse af stedet ved at involvere tid og rum til meditation og til bevægelse. *(Oversat af GKS)*

DOMINIQUE BAILLY

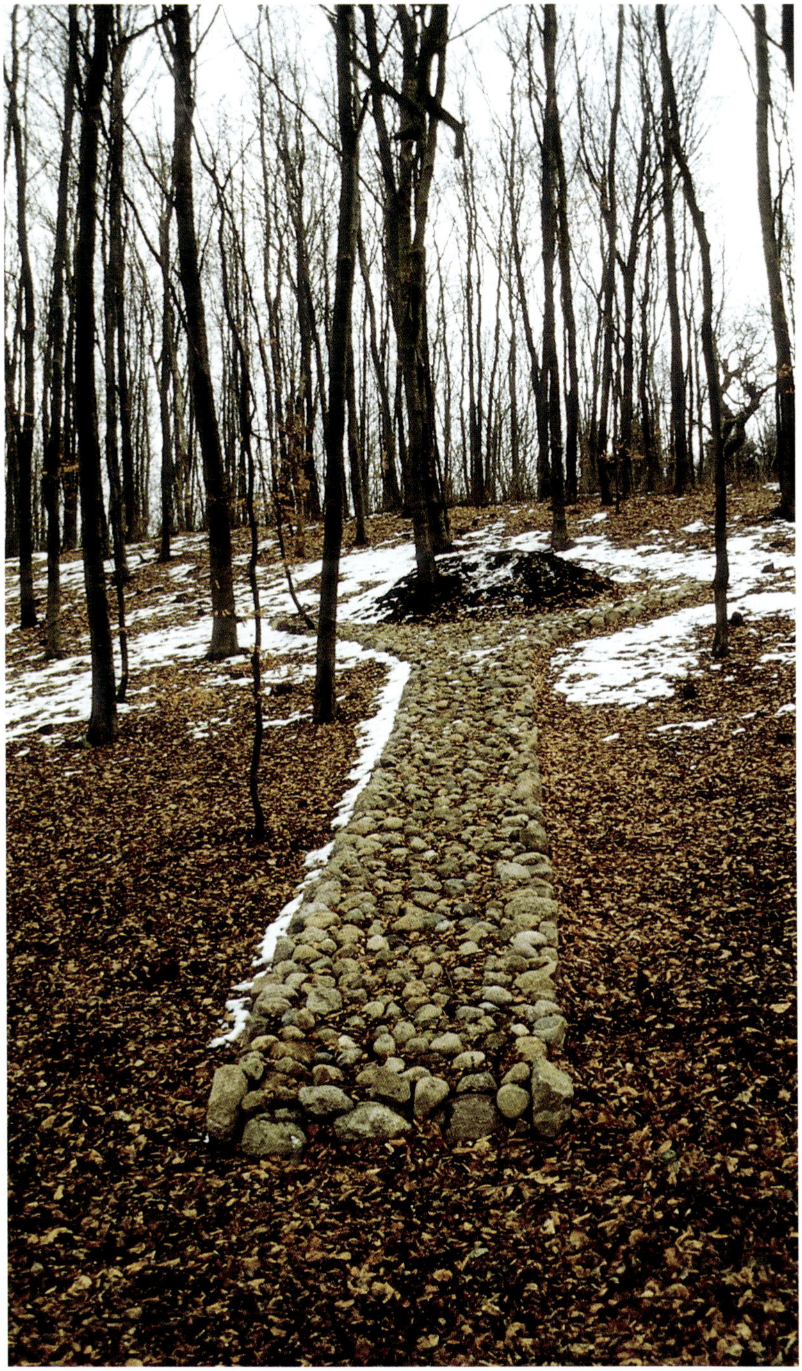

TICKON, 1995, LANGELAND, DANMARK. FOTO ALFIO BONANNO

Dominique Bailly er født i Paris i 1949 og bor og arbejder i Paris og i Limousin. Som mange andre Land Art kunstnere begyndte hun som væver. Hendes interesse for naturmaterialer resulterede i udstillinger med lette kompositioner af grene, trækul osv. Siden har hun skåret krukker og abstrakte former i træ. Fra 1987 har hun flyttet en væsentlig del af sit arbejde ud i naturen. Hendes indgreb består ofte af linier og spiraler tegnet ind i landskabet af rækker af sten og buksbomkugler (Lycée de Besancon, 1992) eller med segmenter af træstammer (Djerassi Foundation, Californien, 1995). Enkelt og stærkt virker en rydning med kun ét bøgetræ omgivet af en vold af sammenbundne grene (L'enceinte, Domaine forestier de Crogny, Aube 1993).
Den tendens til at introducere en ordnende, geometrisk figur i landskabet har sin modpol i et værk i Vassivière-en-Limousin, 1990, hvor hun med fem udsavede træblokke imiterer eller mimer fem sten i den afdækkede skovbund. Sammesteds afsløredes en lille naturlig høj.
Også i TICKON fandt hun en lille høj, men her har hun indrammet den med en stensætning, som minder om et arbejde hun udførte i Arte Sella i Italien, 1990. *GKS*

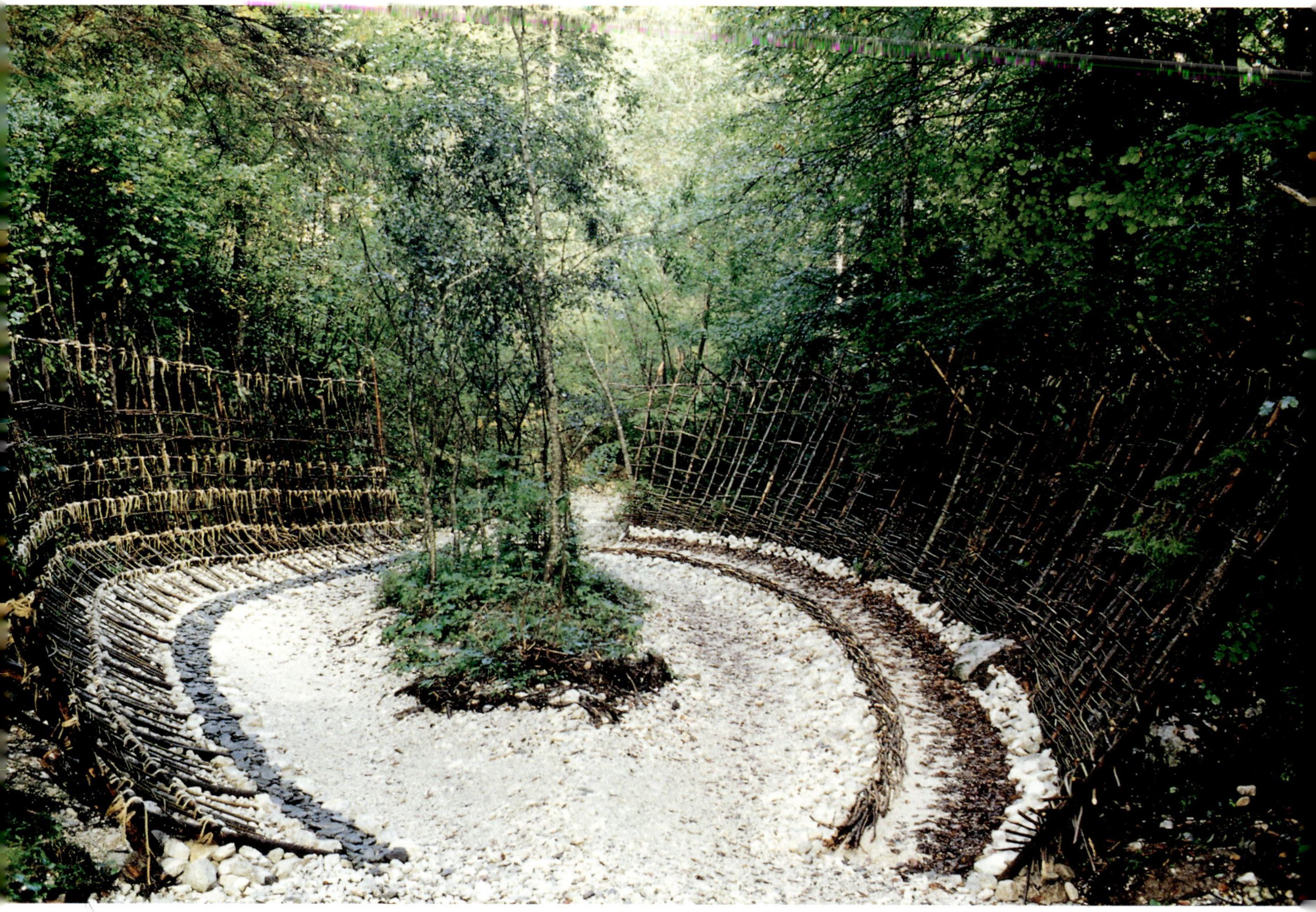

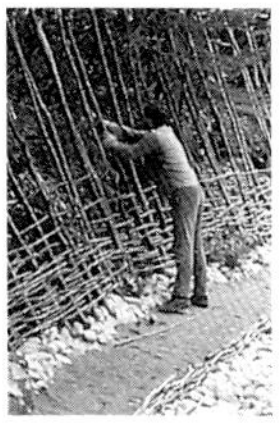

A – »ARS«

Le jour où nous avons décidé de travailler ensemble, nous avons décidé de le faire dehors, à mi-lieu de toute expérience artistique personnelle.

Par tatonnements et réflexions successifs, les modalités d'installation paysagère à deux donnerent la voie des préoccupations qui restent les nôtres aujourd'hui.

Nous mettons en scène des rapports possibles d'une humanité entre nous et avec le paysage.

Le travail reste sans fin, toujours à faire ... et nous reproduisons nos rites d'appropriation dans un cycle nomade où nous tentons à chaque fois d'instaurer ces rapports singuliers entre nous, le lieu et le milieu. Nous rendons ainsi visible pour un temps ce lieu en lui portant notre attention, en l'acculturant.

– L'installation

La sculpture n'existe qu'installée ... Avant elle n'est que matériaux hétérogenes, après, elle le redevient ou s'abandonne pour nous aux excès de la nature. L'œuvre n'est pas présentable telle quelle, identique en n'importe quel endroit, mais en inéraction avec un lieu, dans un rapport avec l'espace de sa présentation, celui-ci devenant intrinséquement constitutif de l'œuvre, dépendances mutuelles qui construisent la sculpture. C'est accorder beaucoup d'importance au lieu puisque l'œuvre ne se suffit plus en soi ...

L'installation est éphémère. Elle inclut la pensée de sa propre destruction. Selon l'urgence, installer l'œuvre peut demander le double pari »de faire vite et que ça tienne« ... Paradoxal lorsque l'on sait que travailler avec les matériaux végétaux, c'est travailler avec du vivant ... sans oublier les conditions climatiques, le milieu ..., les réactions des habitants ... L'installation semble alors bien une fragile et aléatoire narration.

L'installation participe du »s'installer«; mais s'installer c'est déjà savoir que l'on passe, que l'on disparaît un jour ou l'autre, quelque soit le temps. Peut-être n'est-ce pas le temps qui passe, mais nous. Nous pensons nous inscrire dans un temps maîtrisable et/ou maîtrisé. D'aucune façon, que l'on pense l'éternité, elle est dans le changement et non dans la permanence. Installer,

Bruni/Barbarit, the unidentical twins. Gilles Bruni, born in 1959 in Nantes, and Marc Barbarit, born in 1958 in Cholet, both reborn in 1987, when they discovered that in collaboration they were more than twice as good. Ever since, they have exhibited together, made videos and carried out joint projects in the open air. They begin a work, each from one side without deciding on a fixed plan, and when they meet the work is complete. They created numerous installations in the landscape of western France in 1987-90, the videography »Jardin Bocager«, Clisson 1990-1993, works with stones and branches, for example at Arte Sella 92, Italy, »L'Art en Herbe«, St. Brieuc, France, Europa-Biennale Niederlausitz II, Cottbus, Germany 1993, in Quebec, Canada and Lac d'Enghien-les-Bains, France. *(Translated by JM)*

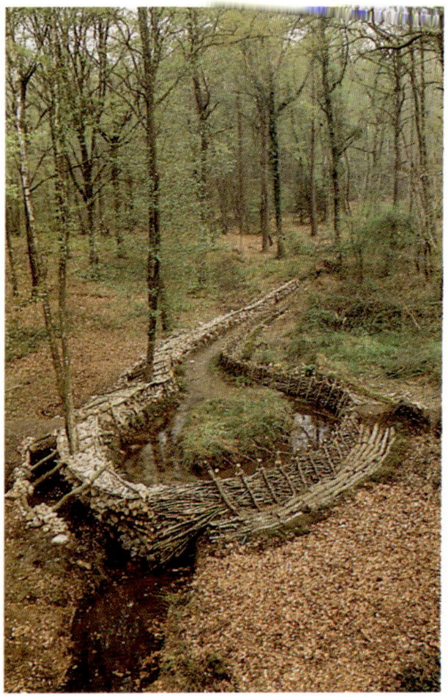

"L'ÎLE DU BARRAGE, CAPTURER ENSEMBLE LE RUISSEAU QUI NOUS SÉPARE", MARS-AVRIL, 1993, LOUDÉAC, FRANKRIG. FOTO © B/B

c'est s'installer, autant dans un espace que dans un état d'esprit, dans un rapport à l'œuvre qui sublime le présent, s'appuyant sur le passé sans nier l'irréductible futur ...

Notre travail ne relève pas du natural et nous ne sommes pas des »hommes-des-bois«. Nous y sommes en vacances, pour quelques temps avant de retourner dans notre »milieu naturel«, anthropisé qu'est la ville ... l'urbain, le rural ...

Nous avons toujours conscience des modifications que nos interventions entraînent dans les milieux d'accueils. Cependant, il convient de souligner que si nos interventions in flêchissent l'évolution du milieu sur des durées variables, le fait de nous immiscer dans un milieu nous oblige nous aussi, à en subir les influences. Si nous voulons durer quelque peu, nous devons respecter le milieu et certaines de ses règles: climatiques, hydrologiques, botaniques ...

Mais faire n'est pas subir le milieu, c'est interagir ...

Bruni/Barbarit

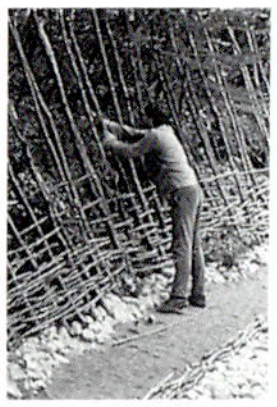

Den dag vi besluttede at arbejde sammen, besluttede vi også at gøre det udenfor, et sted midt imellem al personlig kunstnerisk erfaring.

Gennem vores forskellige måder at udføre landskabsinstallation på, fandt vi efter gentagne forsøg og mange overvejelser frem til det, som er forblevet vores fælles beskæftigelse.

Vi realiserede de menneskelige forbindelser, som er mulige mellem os og landskabet.

Arbejdet er endeløst, der er altid noget at tage fat på, vi reproducerer vore tilpasningsritualer i en nomadecyklus, hvor vi hver gang forsøger at indsætte disse særlige forbindelser mellem os, stedet og miljøet. Vi synliggør således dette sted ved – i en periode – at give det vores opmærksomhed, ved at dyrke det ...

Skulpturen eksisterer kun, når den er installeret ... Indtil da er den ikke andet end blandede materialer og bagefter bliver den det igen eller absorberes i naturens overflod. Værket er ikke værdifuldt i sig selv, uanset, hvor det er placeret, men kun ved den gensidige påvirkning mellem sted og værk og i dialog med det rum det fungerer i. Stedet får en reel indflydelse på værket og ved gensidig afhængighed etableres skulpturen. Det er at tillægge stedet stor betydning, idet værket ikke er selvtilstrækkeligt..

En installation er flygtig. Den indeholder tanken om sin egen ødelæggelse. Og når man skaber en installation, kan man derfor blive nødt til både at arbejde hurligt og holdbart ... Det er paradoksalt, når man ved, at det at arbejde med plantematerialer er det samme som at arbejde med noget levende ... foruden klimaforhold, miljø, omgivelsernes reaktioner ... En installation er i sandhed en både skrøbelig og risikabel fortælling.

En installation er en del af "det at slå sig ned", men at slå sig ned er det samme som på forhånd at vide, at man er på gennemrejse, at man en eller anden dag vil forsvinde, uanset hvordan tiden går. Måske er det ikke tiden, som går, men os. Vi tror, at vi er en del af en tid, som kan styres, eller som er styret. En installation er foranderlig og ikke i stilstand. At lave installationer er at slå sig ned, såvel i et rum som i en sjælstilstand, i et forhold til værket som forædler nutiden, mens den læner sig op ad fortiden og uden at fornægte den uundgåelige fremtid ...

Vores arbejde stammer ikke fra det naturlige, og vi er ikke "skovmænd". Vores arbejde er et sted, hvor vi tager hen på ferie i et stykke tid, før vi vender tilbage til vores "naturlige miljø": byen og det urbaniserede.

Vi er altid bevidst om de ændringer, som vores indblanding medfører i de miljøer, som modtager os. Det er imidlertid på sin plads at understrege, at hvis vores indblanden bevirker en bremsning af forskellig varighed i udviklingen i miljøet, så forpligter vores indblanden os også til selv at ligge under for vores indflydelse. Hvis vi vil have varighed, må vi respektere miljøet og visse af dets betingelser: klimatiske, hydrologiske, botaniske ... ikke underkaste os, men samarbejde ...

(Uddrag oversat af GKS)

Bruni/Barbarit, de uægte tvillinger: Gilles Bruni, født 1959 i Nantes, og Marc Barbarit, født 1958 i Cholet, begge genfødt i 1987, da de opdagede, at de ved samarbejde blev mere end dobbelt så gode. Siden har de udstillet sammen, skabt videoer og udført fællesprojekter i det frie. De begynder et værk fra hver sin side uden at have lagt sig for fast på en plan, og når de mødes er værket fuldendt. De har skabt talrige installationer i de vestfranske landskaber 1987-90, videografi, "Jardin Bocager", Clisson 1990-93, arbejder med sten og grene i bl.a. Arte Sella 92, Italien, "L'Art en Herbe", St Brieuc, Frankrig, Europa-Biennale Niederlausitz II, Cottbus, Tyskland 1993, i Québec, Canada og Lac d'Enghien-les Bains, Frankrig. *GKS*

Titre: »La tonnelle: ployer les saules de part et d'autre du sentier pour accompagner nos allées et venues ...«
Date: 14 Avril – 02 Mai 1996
Situation: chemin public d'accès à la mer, traversant un cordon sableux à saulaie littorale; espace plus ou moins marécageux et »sans-qualité« sociale particulière, zone tampon laissée à elle-même, Spodsbjerg, Kommune de Rudkøbing, Langeland, Danemark.
Materiaux: bois et branchages de saules, chaume de roseau, sable, feuilles mortes et terreau, pierres, ficelle de sisal, boutures de salix, plantations d'humulus lupulus, phragmites communis.
Dimensions: environ 35 m. de long, en »S«, sur 7 à 12 m. de large et 3 m. de hauteur.
Texte: choisi au mois de Juillet 1995, le site, en Avril 1996, présentait un tout autre aspect. L'absence de végétation et la présence d'une tranchée de drainage confirmait et renforcait cette impression »d'espace sans qualités« ... Cependant, le caractère »clos« et de liaison du chemin était préservé. A notre habitude, nous nous sommes réparti les espaces de part et d'autre du chemin, organisant, faisant maître dans une forme commune, celle de »la tonnelle«, les deux propositions relatives à »l'occupation« d'un terrain public quelconque, – »res communis« – , livré à lui-même, et aux aléas ... Loin des lieux protégés et sacralisés de l'Art, »la tonnelle« est donnée sans réserves (mis à part le panneau informatif) »en pâture« à tout public fréquentant la plage. Elle se veut un »dispositif de modification du regard« dans les aller et venues. Sa évolution est étroitement liée à sa réception ... laquelle passe nécessairement par les sensations ressenties, ... dans ces instants d'un »entre-lieu« entre village et bord de mer ... avant son inéluctable intégration/disparition.

Titel:"La Tonnelle" (løvhytte): skabt ved at bøje pilene på begge sider af stien så de kan ledsage vores kommen og gåen.
Datoer: 14. april – 2. maj 1996
Placering: Offentlig vej til havet, som krydser et bælte af sand med strandpil, et mere eller mindre forladt sted "uden kvaliteter" socialt set, gennemgangszone overladt til sig selv, Spodsbjerg, Langeland.
Materialer: træ og pilegrene, tagrør, sand, visne blade og muld, sten, sisal, rodskud af salix, plantninger af humulus lupulus, phragmites communis.
Dimensioner: Omkring 35 m lang, i S-form mellem 7 og 12 m bred og 3 m høj.
Tekst: Stedet blev valgt i juli måned 1995, men i april 1996 viste det helt andre aspekter. Nøgne træer og en meget synlig afvandingsgrøft bekræftede og forstærkede indtrykket af "sted uden kvaliteter". Dog var karakteren af noget lukket og forbindelsen med vejen bevaret. Som det er vores skik har vi delt stedet, organiseret det og derved skabt en fælles form, nemlig "la Tonnelle", med to positioner i forhold til "besættelse" af et offentligt område – res communis – overladt til sig selv, og til tilfældigheder ... Fjernt fra kunstens beskyttede og hellige steder er "la Tonnelle" uden forbehold "til næring" for enhver som måtte besøge stranden. Den ønsker at fange blikket hos dem, der går og kommer. Dens skæbne er tæt forbundet med dens modtagelse ... som uvægerligt vil afhænge af de følelser den vækker... dens accept som forbindelsesled mellem landsby og strand ... før dens uundgåelige integration/forsvinden.

(Oversat af GKS)

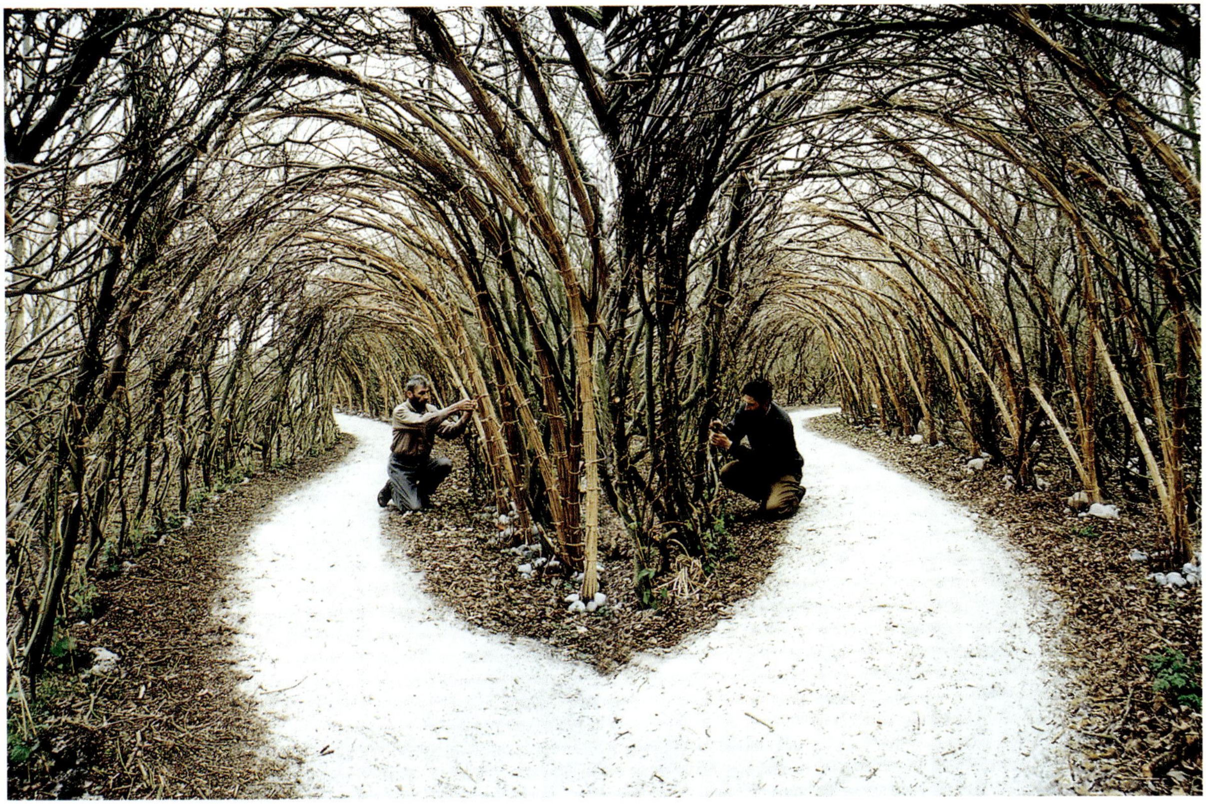

"LA TONNELLE" – LØVHYTTEN – 1996, SPODSBJERG, LANGELAND, DANMARK. FOTO © B/B

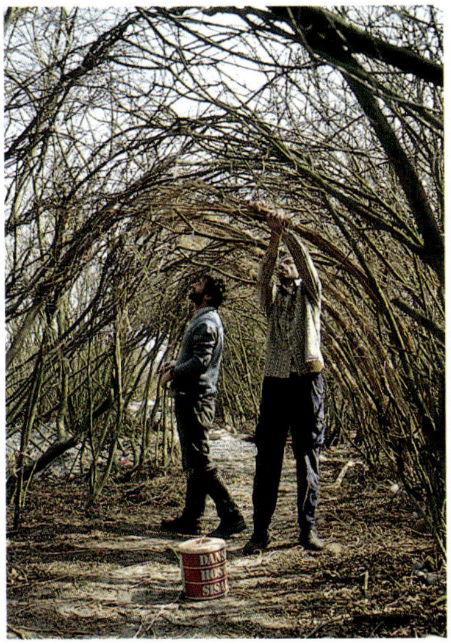

"LA TONNELLE" – LØVHYTTE – UNDER OPFØRELSE, 1996, SPODSBJERG, LANGELAND, DANMARK. FOTO ALFIO BONANNO

PANOS CHARALAMBOUS

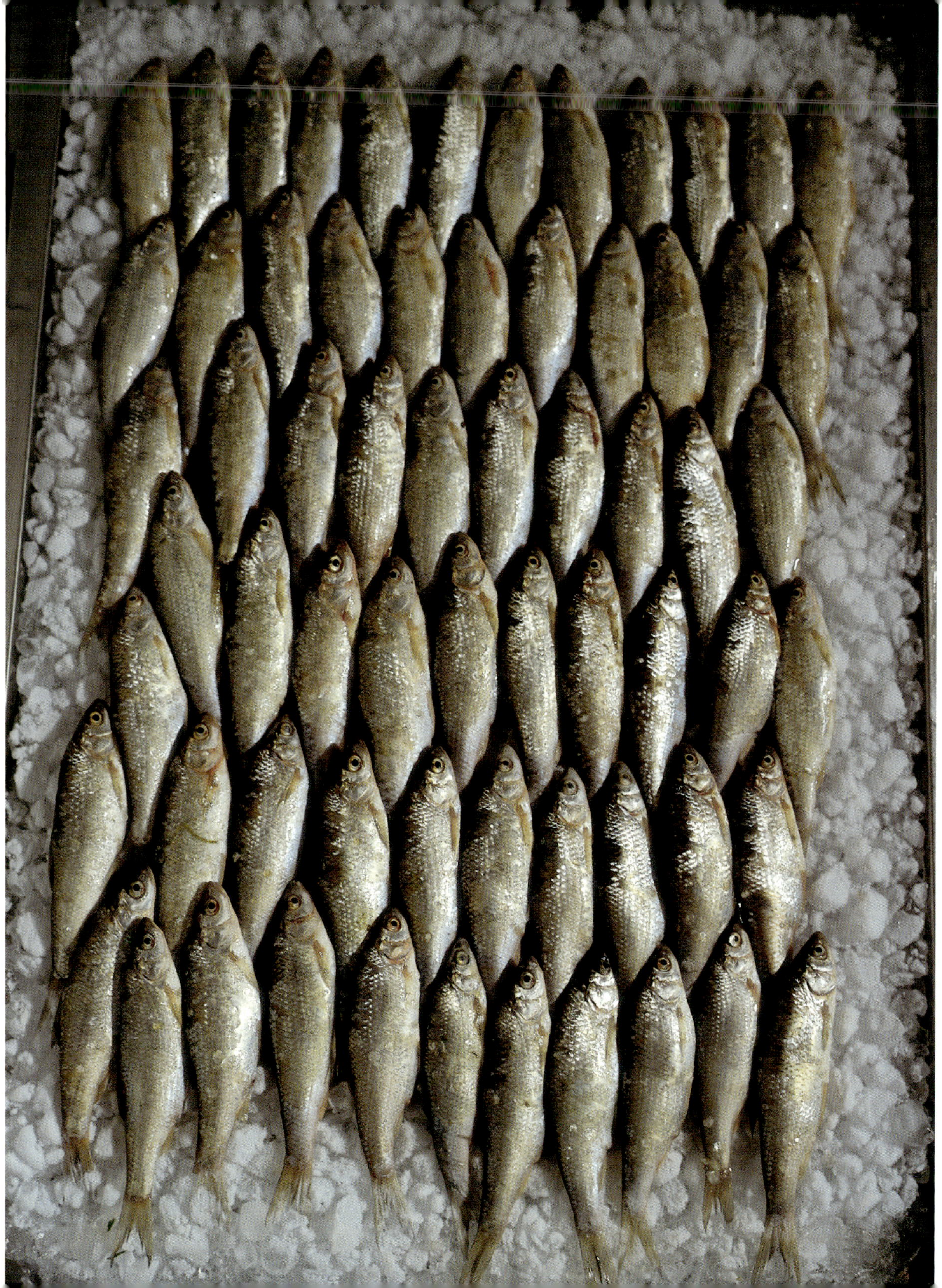

"FREEZER FOR THE CONSERVATION OF HOPE", 1994. FOTO PANOS CHARALAMBOUS

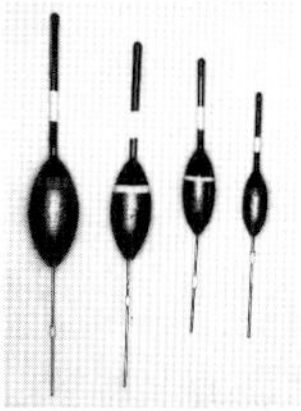

Ambrakia is a lake in western Greece, in the county of Acarnania. There are a lot of fish in the lake (carps). Tobacco, too, is cultivated.

My parents, who are farmers, cultivate tobacco and fish for carps. With my conceptual works I comment on these traditional occupations.

In TICKON I made a boat based on the remains that I found in the depths of the lake, next to the castle of Tranekær. I named it "Nafpaktos", which is "I make boats" in Greek.

Panos Charalambous

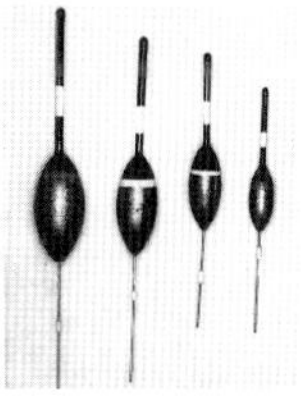

Ambrakia er en sø i det vestlige Grækenland, i Akarnania kommune. Søen er rig på fisk, karper, og på bredderne dyrkes tobak.

Mine forældre er bønder. De dyrker tobak og fisker karper. I mine konceptuelle arbejder kommenterer jeg disse traditionelle beskæftigelser.

I TICKON har jeg bygget en båd, som svarer til resterne af én, jeg fandt på bunden af søen ved Tranekær slot. Jeg døbte den "Nafpaktos", hvilket på græsk betyder "Jeg bygger både". *(Oversat af GKS)*

Panos Charalambous was born in Acarnania in Greece in 1956. He studied at the Athens School of Fine Arts and has exhibited since 1986. For Charalambous fishing and tobacco-growing play a quite central role, in reality as well as in motif and symbol. In his early works his theme was the tobacco fields and the materiality and colour of the dried leaves, but gradually all the stages of tobacco production were drawn into his art. His second theme is fishing and fish: fresh fish, frozen fish and casts of fish and anything related to them, like fishing hooks, spinners, nets and fish traps. The fish and the fishing gear, like the tobacco, are raw materials in his art, even when it becomes more conceptual. He never loses his grip on reality, tradition and his background. He has exhibited in Spain, Poland, Scotland, Belgium, Germany and France. *(Translated by JM)*

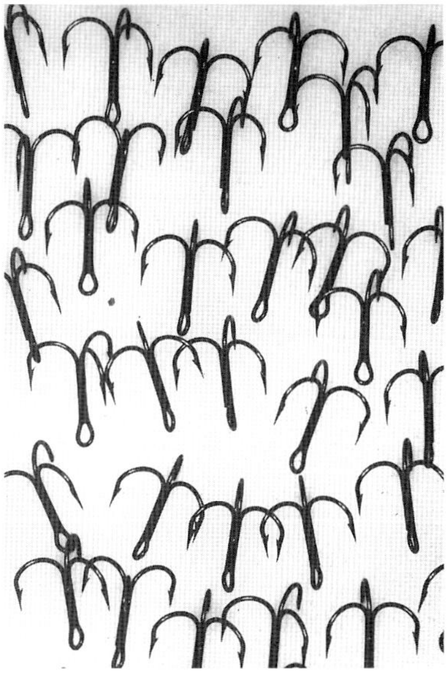

FISKEKROGE, 1994

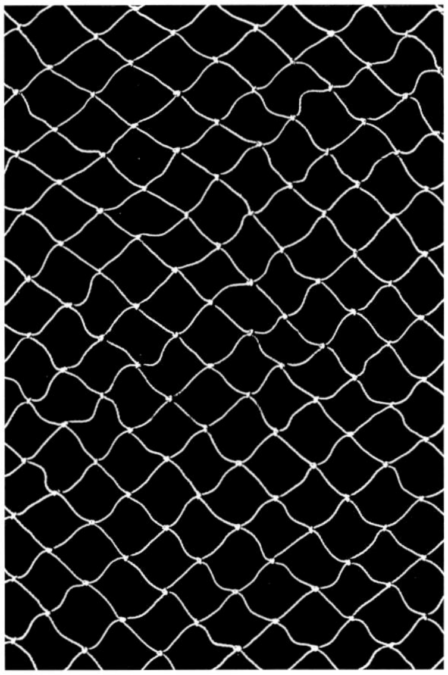

FISKENET, 1994

Panos Charalambous er født i Akarnanis i Grækenland i 1956. Han har studeret i Athens School of Fine Arts og har udstillet siden 1986. For Charalambous spiller fiskeri og tobaksdyrkning en helt central rolle både reelt, motivisk og symbolsk. I hans tidlige værker var det tobaksmarkerne og de tørrede blades stoflighed og farve, som var hans tema, men efterhånden blev alle tobaksfremstillingens faser inddraget i hans kunst.
Hans andet tema er fiskeri og fisk: frisk fisk, frosset fisk og afstøbninger af fisk og alt hvad dertil hører: fiskekroge, blink, net og ruser. Fiskene og fangstredskaberne er ligesom tobakken råstoffet i hans kunst, også når den bliver mere konceptuel. Han slipper aldrig sit tag i virkeligheden, traditionen og sin baggrund.
Han har udstillet i Spanien, Polen, Skotland, Belgien, Tyskland og Frankrig. *GKS*

"STORY OF THE TOBACCO", 1988-90. FOTO PANOS CHARALAMBOUS

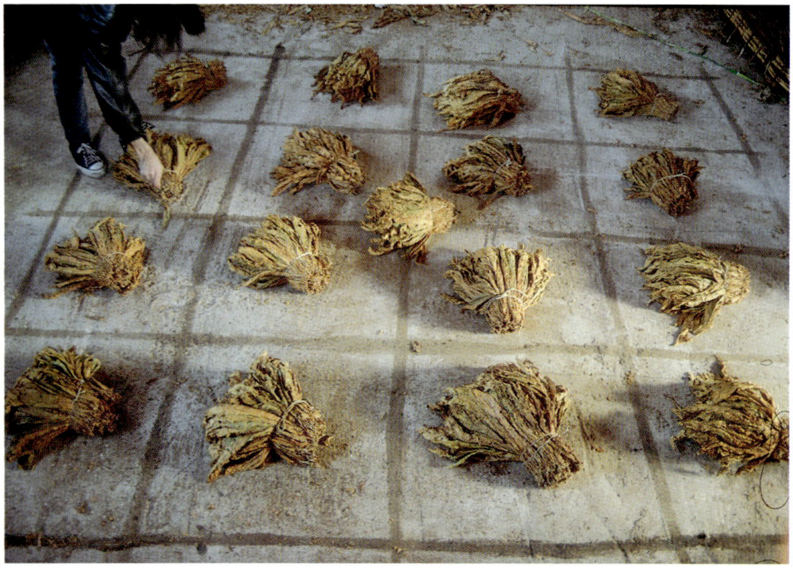

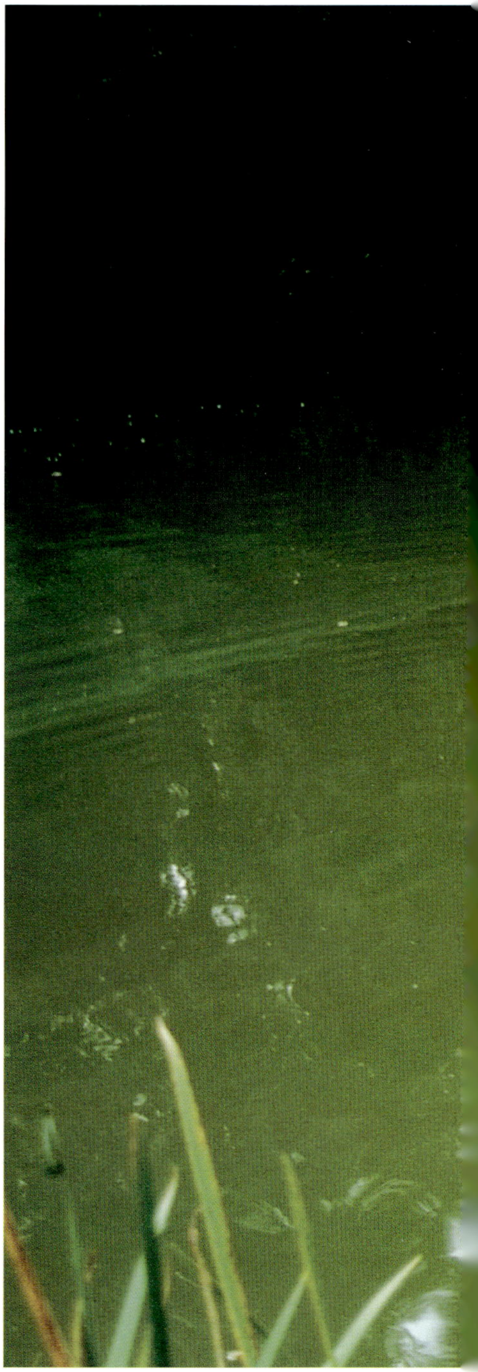

PANOS CHARALAMBOUS

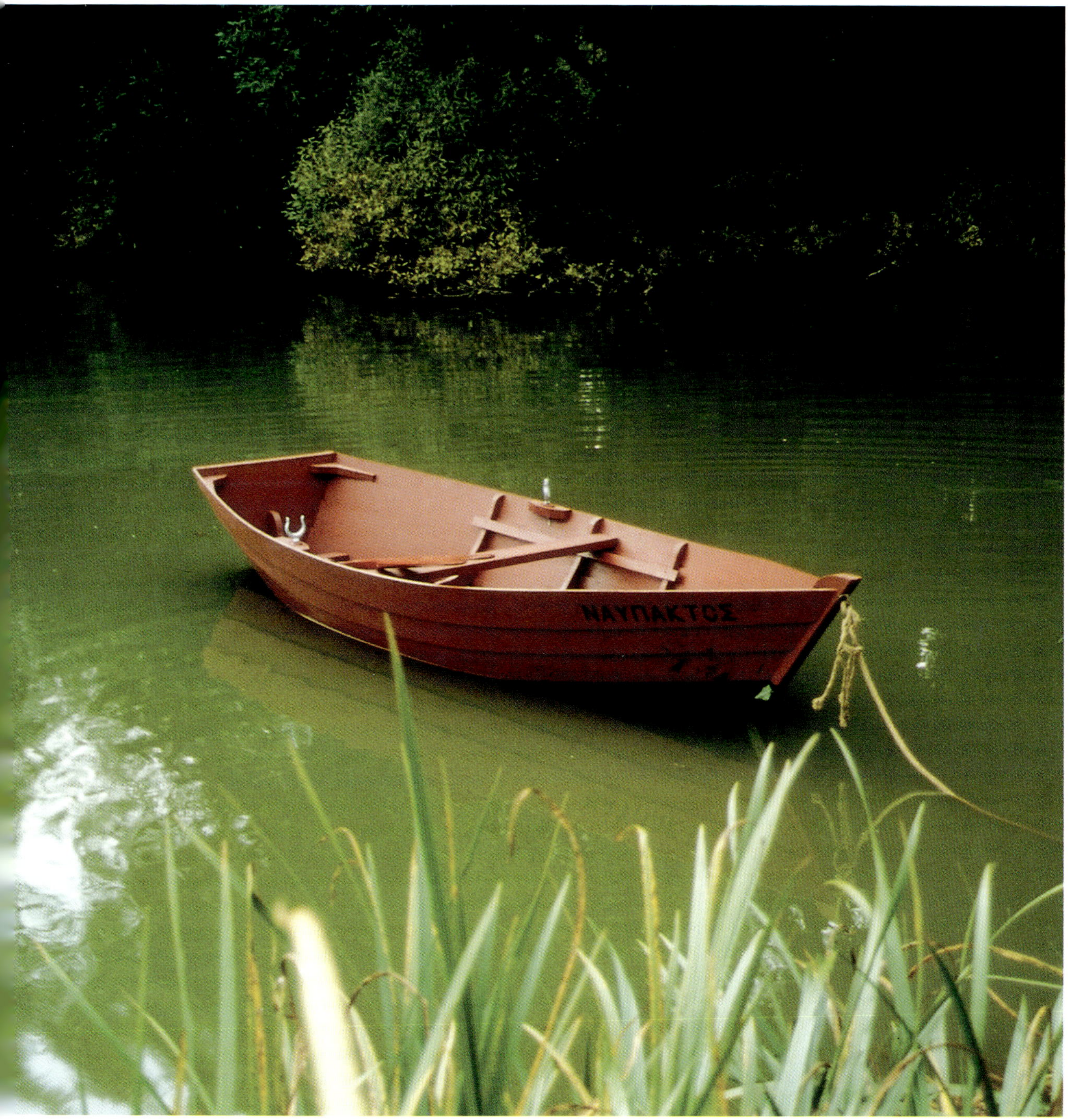

"NAFPAKTOS", 1995. TICKON, LANGELAND, DANMARK. FOTO ALFIO BONANNO

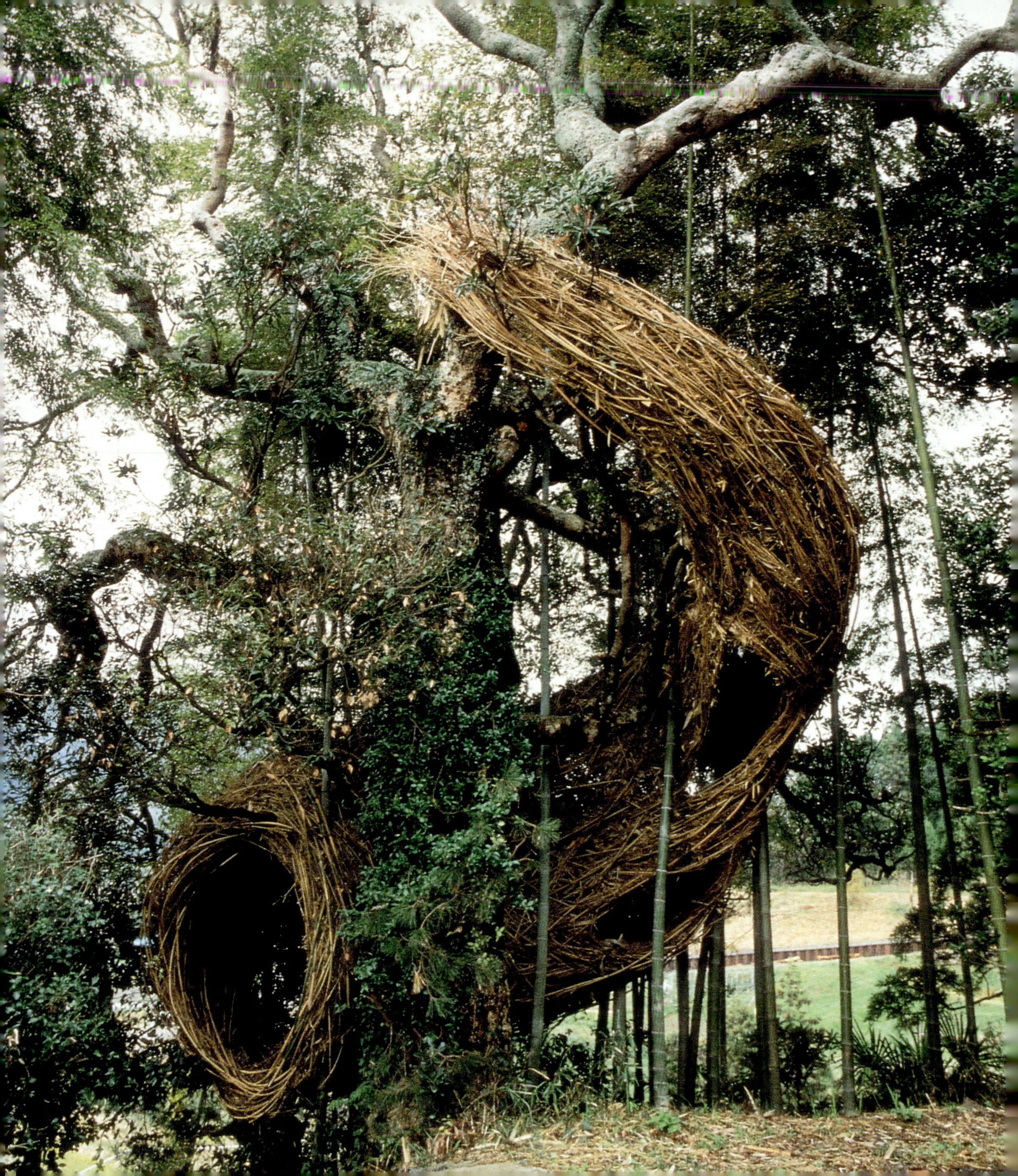

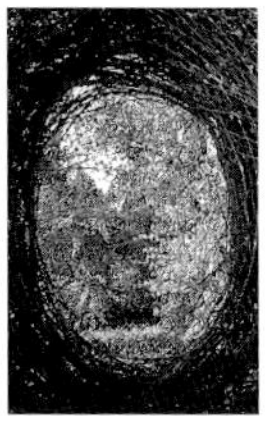

Artist Statement

I construct large temporary structures that are built on site from tree saplings gathered in the nearby landscape. Snagged together without the use of tools or any supportive hardware, these sculptures respond directly to their surroundings and interact with a particular space to build drama and visual excitement. Most installations take two to three weeks to complete and during the eight hour work days, I meet the users of the space and am able to react to the subtleties of the given situation. I feel and study the site in the presence of the growing sculpture and, as awareness accumulates, I can react to and fine-tune the sculpture itself. The advantage of my process is my ability to adjust the scale to fit the dimensions of the space.

My sculptures are about gesture, motion and the movement of line and force through space. The actual construction process is not a sedate studio activity; instead, it is one that uses large motion and the entire body. The physicality of the process of making is evident in the final sculptures. Improvisation and constant reaction are an important part of my process, as is a celebration of the ephemeral.

I believe one's childhood shapes his or her choice of materials. For me, it was exploring the underbush of my hometown in North Carolina, a place where tree limbs intersect and where one can imagine in the mass of winter twigs, all kinds of shapes and speeding lines. When I turned to sculpture in the early 1980's, it seemed easy to call up the forces of nature and incorporate the sensations of scoring, sheering, and twisting into the surfaces of my sculptures. The saplings, so plentiful along my driveway, became the raw material with which to sketch out a series of large gestural forms. Using the shafts of a branch one way and the finer top ends in another, I developed a body of work that I have come to think of as Shelters of "Transition".

Patrick Dougherty

Patrick T. Dougherty, born in 1945, lives in North Carolina. After various university studies and employment as an administrator at a hospital he decided on an art career in 1982 and trained as a sculptor at the University of North Carolina. Since 1988 he has worked with branches of willow, hazel, bamboo or the like, and creates structures which, without support of any kind, spiral into the air or wind around trees and towers. The situation determines the appearance of the work, and he has been invited to create his short-lived compositions in and around a number of American museums and galleries, as well as the Manchester City Art Gallery and the Yorkshire Sculpture park in Great Britain, several places in Europe, and in Japan. In 1994 in Denmark he built "Little Big Man" at Krakamarken, and this year he has two works in progress, one at Bagenkop on Langeland, the other at the Botanical Gardens in Copenhagen. *(Translated by JM)*

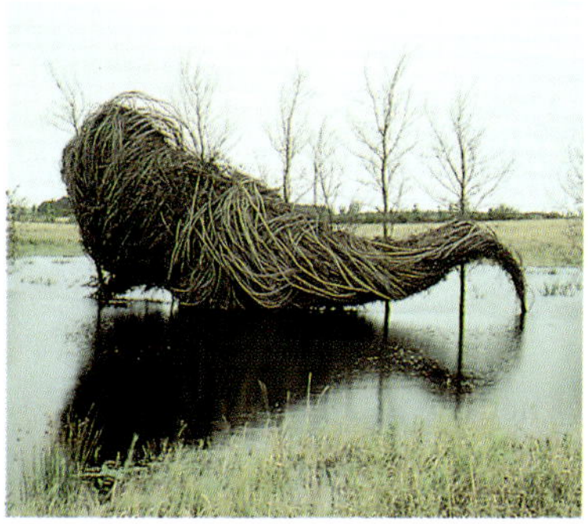

"LITTLE BIG MAN", 1994. KRAKAMARKEN, DANMARK. FOTO JØRN RØNNAU

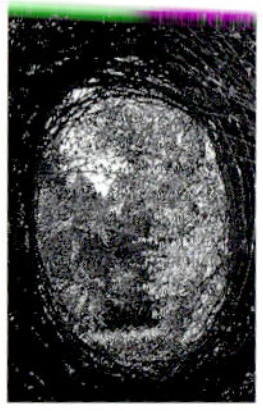

Kunstnererklæring

Jeg konstruerer store midlertidige strukturer, der bliver bygget på stedet, bestående af ungtræer, samlet i det nærmeste landskab. Sammenhægtet uden brug af redskaber eller andet støttemateriale reagerer disse skulpturer direkte på deres omgivelser og indgår i et særligt rum, med en vekselvirkning, der skaber drama og visuel spænding. De fleste installationer er 2-3 uger om at blive færdige, og i løbet af de otte-timer lange arbejdsdage møder jeg rummets brugere og er i stand til at reagere på den givne situations nuancer. Jeg føler og studerer stedet i den voksende skulpturs nærvær, og i takt med at erkendelsen vokser, kan jeg reagere på selve skulpturen og finindstille den. Fordelen ved min fremgangsmåde er muligheden for at tilpasse størrelsesforholdet, så det passer til rummets dimensioner.

Mine skulpturer handler om gestik, dynamik og liniens og kraftens bevægelse gennem rummet. Selve konstruktionsprocessen er ikke et roligt arbejde i studiet; det er noget, der kræver store bevægelser og hele kroppen. Skabelsesprocessens kropslighed er tydelig i de endelige skulpturer. Improvisation og konstant reaktion er en vigtig del af min proces, sammen med en hyldest til det flygtige.

Jeg tror på, at éns barndom bestemmer éns valg af materialer. For mit vedkommende var det at gå på opdagelse i underskoven i min fødeby i North Carolina, et sted hvor træernes grene krydser hinanden, og hvor man i en klynge af vintergrene kan forestille sig alle mulige former og fartlinier. Da jeg gik over til at arbejde med skulpturer i de tidlige firsere, forekom det mig let at påkalde naturens kræfter og indarbejde fornemmelsen af at ridse, skære og vride i mine skulpturers overflade. Ungtræerne, der stod så frodigt langs min indkørsel, blev det råmateriale, der blev anvendt som udkast til min serie af store malende former. Ved at bruge grenenes tykke ender på én måde og de spinklere toppe på en anden, udviklede jeg en værksamling, som jeg i tankerne kalder "Shelters of Transition". *(Oversat af MM)*

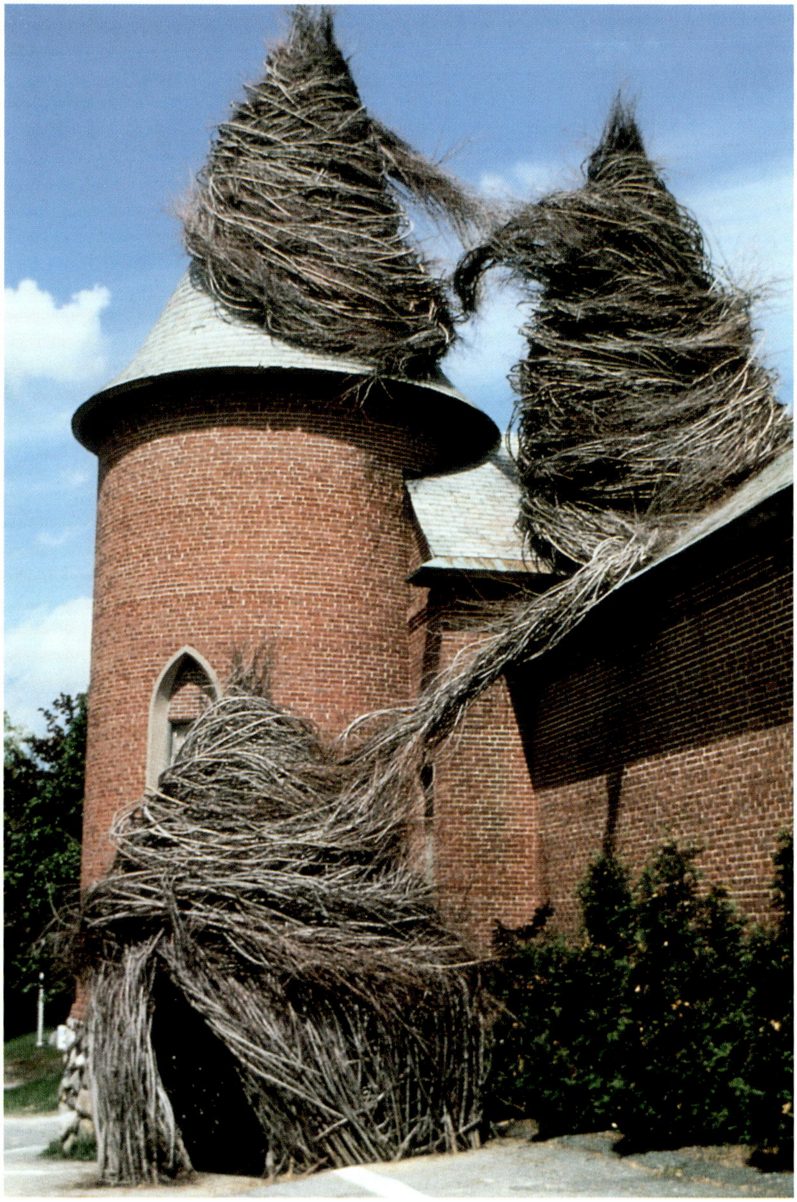

"RIP-RAP", PIL, 1991. MANCHESTER CITY ART GALLERY, ENGLAND

Patrick T. Dougherty, født 1945, bor i North Carolina. Efter forskellige universitetsstudier og ansættelse som administrator af et hospital besluttede han sig i 1982 for kunst og blev uddannet som billedhugger ved universitetet i North Carolina. Siden 1988 har han arbejdet med grene af pil, hassel, bambus eller lignende og skabt strukturer, som uden støtte af nogen art skruer sig op i luften eller snoer sig om træer og tårne. Situationen betinger arbejdets udseende, og han inviteres til at udføre sine kortlivede kompositioner rundt om i og udenfor amerikanske museer og gallerier samt bl.a. ved Manchester City Art Gallery og Yorkshire Sculpture Park i Storbritannien og flere steder i Europa samt i Japan. I Danmark byggede han i 1994 "Little Big Man" på Krakamarken, og har iår to arbejder, det ene ved Bagenkop på Langeland, det andet i Botanisk Have, København. *GKS*

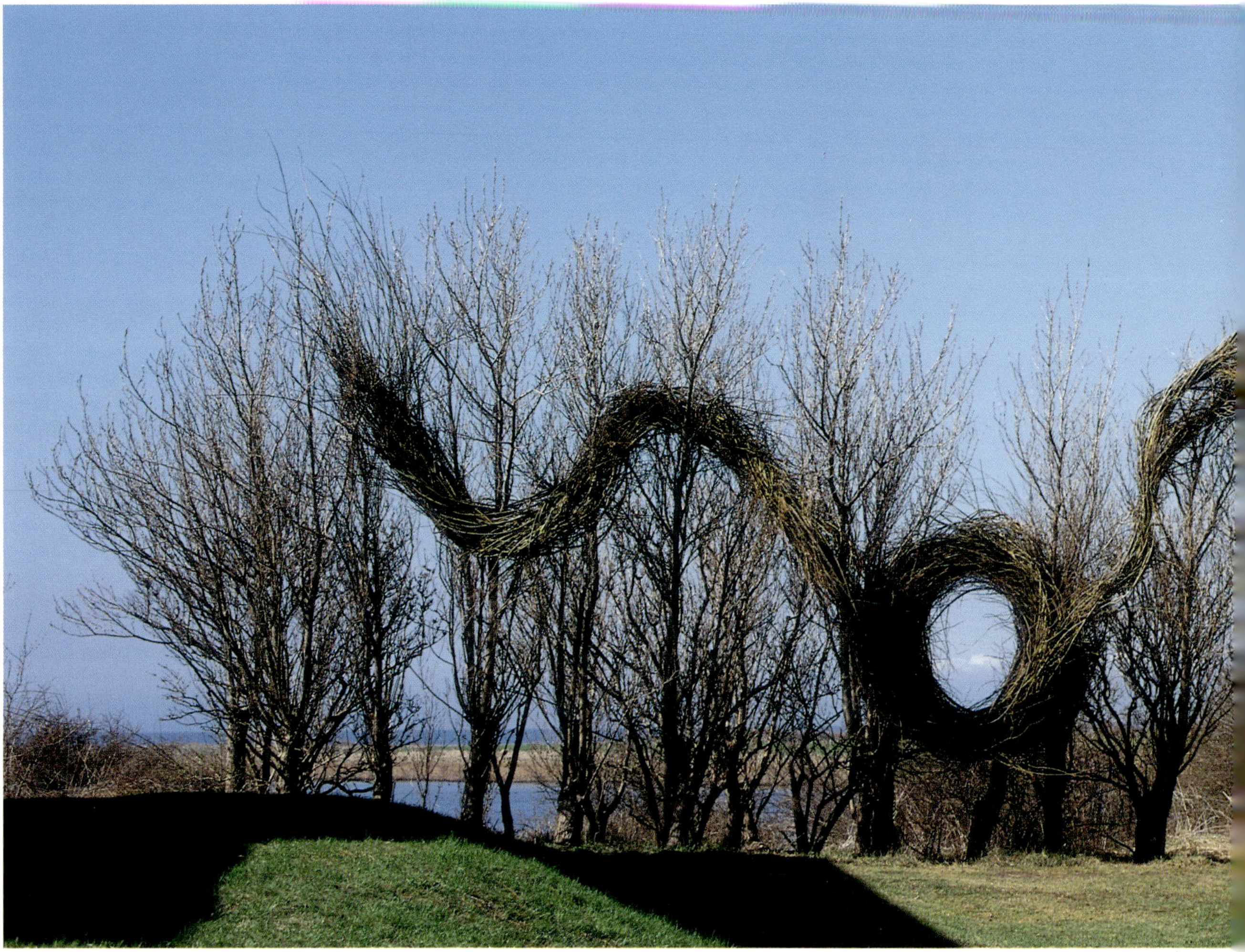

Running in Circles

I envisioned a sculpture which might gather powerful local forces of wind and current and send them sprawling through a line of coastal poplar trees in a single easy gesture. I imagined "sketching" this work in the treetops using branches and limbs gathered in the willow groves nearby. By swirling the sculpture in large ovals along its length, all those who approach along the roadway from Bagenkop are invited to a fresh glimpse of the ocean and its wonderful reflected light. *Patrick Dougherty*

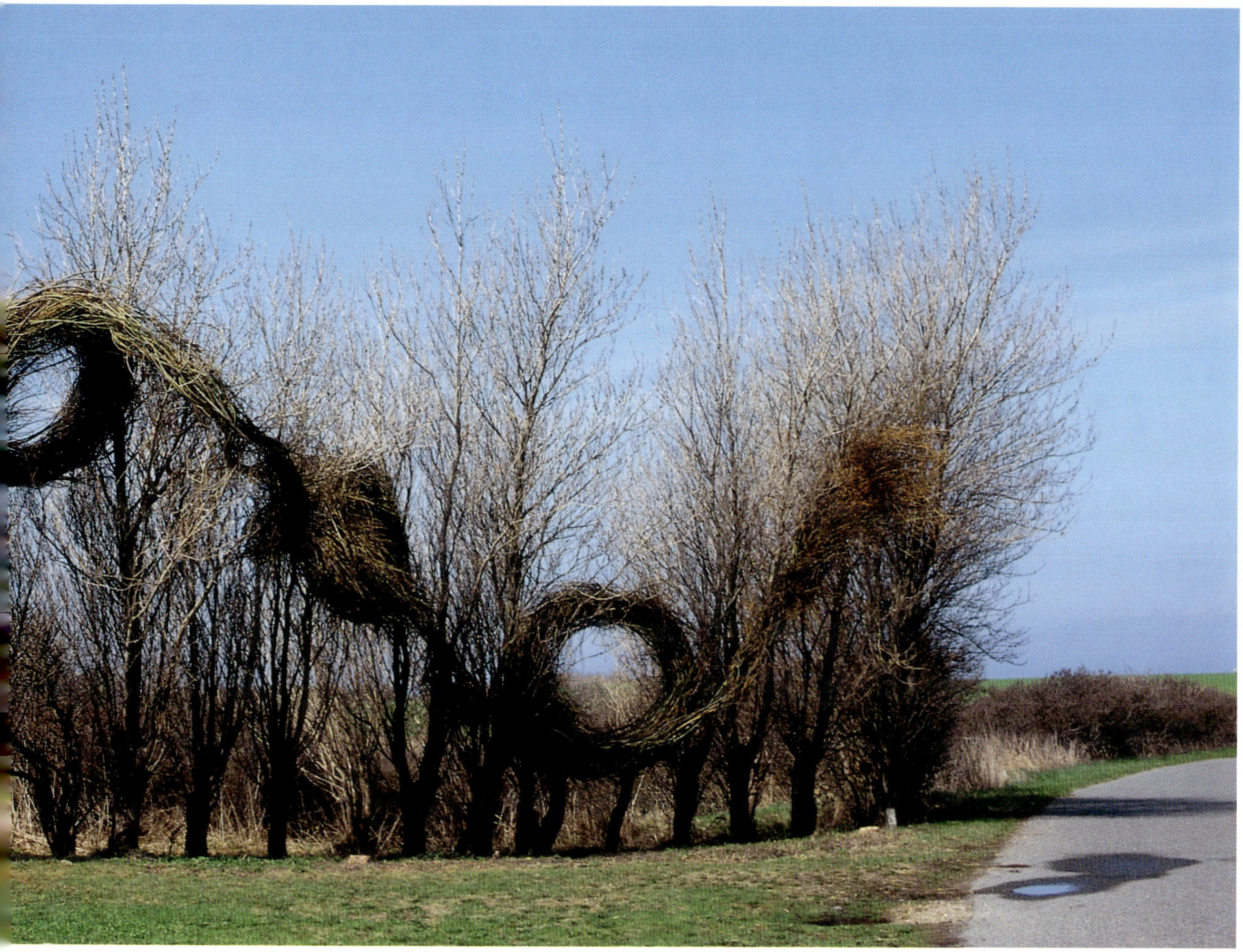

"RUNNING IN CIRCLES", PIL, 1996. BAGENKOP, LANGELAND, DANMARK. FOTO HATTEN 18

"Running in Circles"

Jeg forestillede mig en skulptur, som kunne samle stedets stærke kræfter, vind- og bølger, og med én let gestus sende dem sprællende gennem en række af kystens popler. Jeg forestillede mig, at jeg tegnede mit arbejde ind i trætoppene med grene og kviste samlet i et nærliggende pilekrat. Ved at lade skulpturen danne hvirvler af store ovaler i hele sin længde vil alle, som nærmer sig langs vejen fra Bagenkop, kunne opleve et friskt glimt af havet og dets vidunderlige tilbagekastede lys.

(Oversat af GKS)

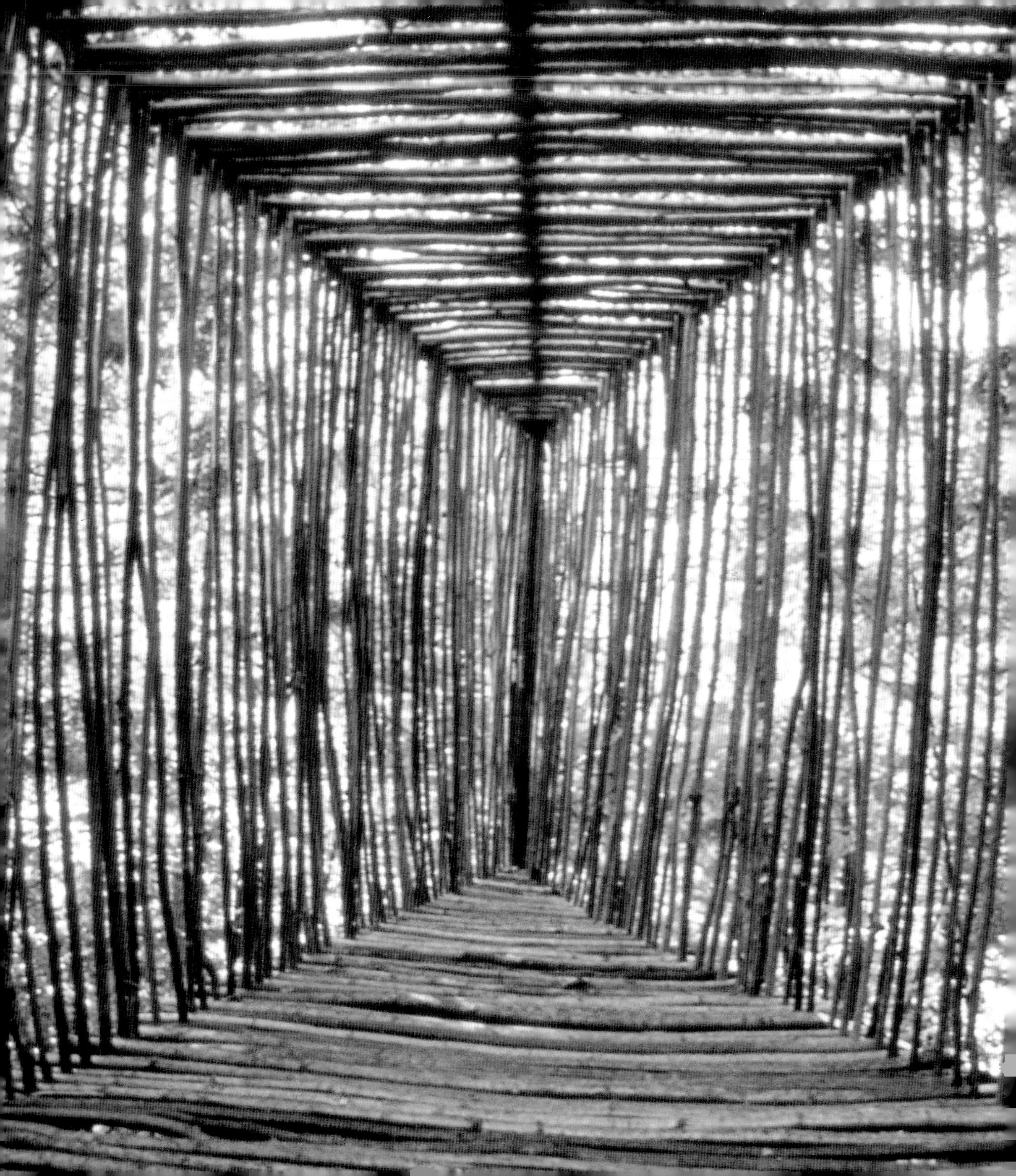

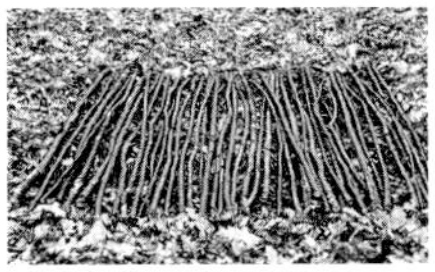

ARTE SELLA, 1994, BORGO VALSUGANA, ITALIEN. FOTO: ALDO FEDELE

Naturkunst, miljøkunst, land-art, site specifics eller hvilket begreb, man vælger at påhæfte de værker, som udarbejdes til et bestemt landskab, er i sin natur procesorienterede.

Den kunstneriske problemstilling er den samme, som ved al anden kunst, men er, i kraft af de fysiske betingelser, mest beslægtet med installationskunsten: et givet rum bearbejdes således, at der opstår nye muligheder for fortolkning, dels af rummet, dels af de anvendte materialer.

Tilskyndelsen til en kunstnerisk bearbejdelse af landskabet, ligger i erkendelsen af, at vi med de til rådighed værende værktøjer, altid har haft behov for at forme landskabet i vort eget tryghedsbillede. I forhold til vildmarken, opfattes det landskab, der bærer præg af menneskelig aktivitet, som et trygt landskab. Det drejer sig om, som så meget andet her i tilværelsen, at få styr på kaos.

Hvis man som kunstner ser sine værker som samtidsskildringer, kan det imidlertid være problematisk, at disciplinere sig under de materialebegrænsninger, der ofte udstikkes af arrangørerne. Jeg tror ikke på økologisk kunst; men jeg forstår behovet for, og måske nødvendigheden af en fordybelse, i nære, basale værdier. En stilfærdig påvisning af de værdier, der findes lige udenfor vores dør, vil ofte blive stående som poetiske, gennemslagskraftige udsagn – en kritisk og tiltrængt modvægt til de stærke massemediers samfundssyn.

Jeg ser derfor naturkunsten som en udtryksform med muligheder. Udover ovennævnte, er der mulighed for at undersøge sin skabende krafts bæreevne i arbejdssituationer, der mere minder om det omgivende samfunds, og som derfor nødvendigvis må stille spørgsmål ved den højt besungne kunstneriske frihed. Tvivlen som arbejdsmetode kan være bevidsthedsudvidende.

Det er en fornøjelse at deltage i disse "kunstens spejderlejre", hvor mulighederne for at lege (læs: eksperimentere) er en væsentlig del af drivkraften. Det er dejligt, at gense, og i et par uger at dyrke socialt samvær med kollegaer fra nær og fjern. Kunstnere, der trives bedst i processen. Ligeledes er det ved disse begivenheder en tilfredsstillelse, at bearbejde det store åbne rum – langt fra det etablerede kunstlivs museums- og gallerifims.

Mikael Hansen er født i 1943 og uddannet som grafiker. Han er en af pionererne indenfor kunst i naturen. I 1983 deltog han i Projekt Vadehav, det første egentlige Land Art initiativ i dansk natur. Eksperimenter omkring samspillet mellem den fri natur, det menneskeskabte landskab og den kunstneriske intervention fascinerer ham. Han arbejder gerne i naturmaterialer, men bruger også andet, hvis konceptet kræver det, dog altid indenfor en forudbestemt tidsramme. Et af hans arbejdsområder har siden 1985 været den 40 år gamle Vestskov nær hans bolig i Albertslund. Andre arbejder er udført ved Skovhuset, Værløse 1986; ved Hollufgård, Odense 1989; i Aalborg og ved Birkelundgård, Albertslund 1992. Han har udført værker i forbindelse med Europa Biennale Niederlausitz II. Cottbus, Tyskland 1993; Arte Sella, Italien 1994; Mosede Fort, Karlslunde; TICKON, Tranekær; 4. Internationales Bildhauerpleinair, Waren, Tyskland 1995; Birkelundparken og Vestskoven, Albertslund samt Beeldenhof Sculpture, Asten, Holland 1996.

I 1993 modtog han The Pollock-Krasner Foundation's pris. *GKS*

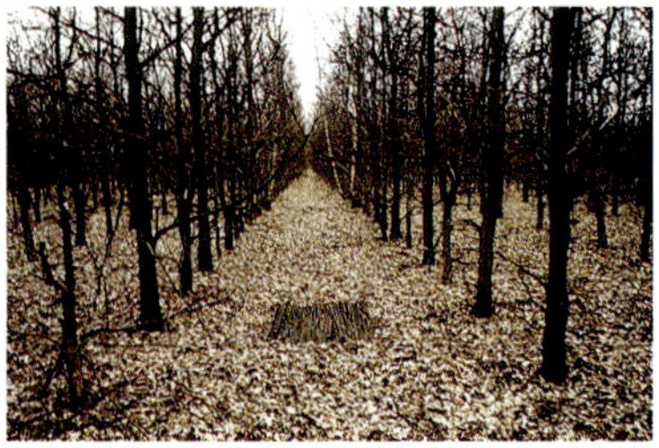

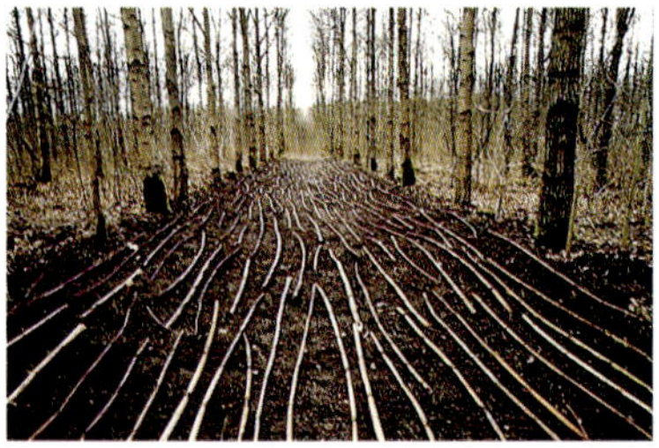

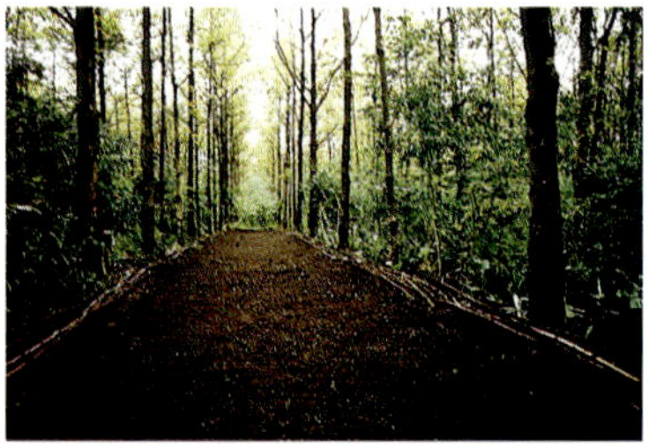

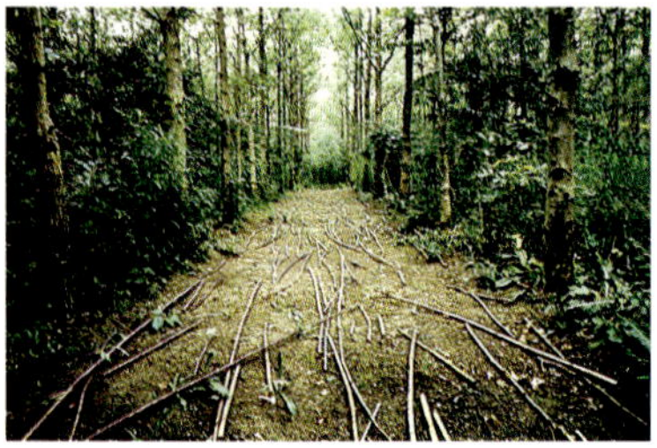

"1 KVADRATMETER ENSRETTET STRUKTUR"
"200 KVADRATMETER ENSRETTET STRUKTUR"
"200 KVADRATMETER OPRYDNING – GRØNT RUM"
"200 KVADRATMETER TILFÆLDIG STRUKTUR".

ALLE UDFØRT I 1995 I VESTSKOVEN, ALBERTSLUND, SOM FORBEREDELSE TIL "ORGANIC HIGHWAY", TICKON, LANGELAND, DANMARK

FOTOS: MIKAEL HANSEN

Som nabo til både et af Danmarks største motorvejskryds og til den fra grunden af planlagte "Vestskoven", kender jeg, lever jeg med, og er naturligvis dybt præget af vor tids landskabsopfattelse.

Jeg tillader mig at bruge Vestskoven som mit private laboratorium. Her afprøver jeg, i al ubemærkethed, nye ideer, som, når lejlighed byder sig, kan føre til permanente, offentlige værker.

"Organic Highway", udført til TRILOGI, er et resultat af en række forsøg, som netop er afprøvet i Vestskoven.

Mikael Hansen

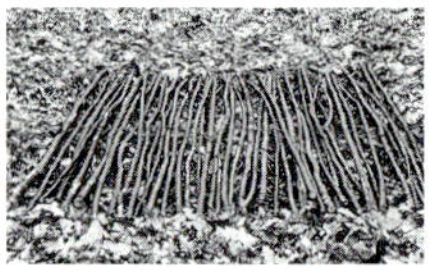

Nature art, environmental art, land art, site-specific art – whatever concept we choose to label the works that are conceived for a specific landscape, they are by nature process-oriented.

The artistic issue is the same as with all other art, but by virtue of the physical conditions the genre is most closely related to installation art: a given space is processed so that new possibilities arise for interpreting the space on the one hand and the materials used on the other.

The incentive to work artistically with the landscape comes from an awareness that we have always felt a need to use the tools at our disposal to shape the landscape in an image we feel comfortable with. Compared with the wilderness, the landscape that bears the stamp of human activity is perceived as a safe landscape. As in so many other areas of life, it is a matter of ordering chaos.

However, if as an artist one sees one's works as depictions of the contemporary scene, it may be a problem to submit to the material limitations often imposed by the organizers. I do not believe in ecological art; but I understand the need for – perhaps even the absolute necessity of – immersing oneself in close, basic values. A calm demonstration of the values that can be found right outside our doors will often remain as poetic, impactful statements – as a critical and sorely needed counterbalance to the social attitudes of the powerful mass media.

I therefore see nature art as an expressive idiom with great potential. Besides the above points, there is the potential for exploring the sustainability of one's own creative power in working situations that

MIKAEL HANSEN

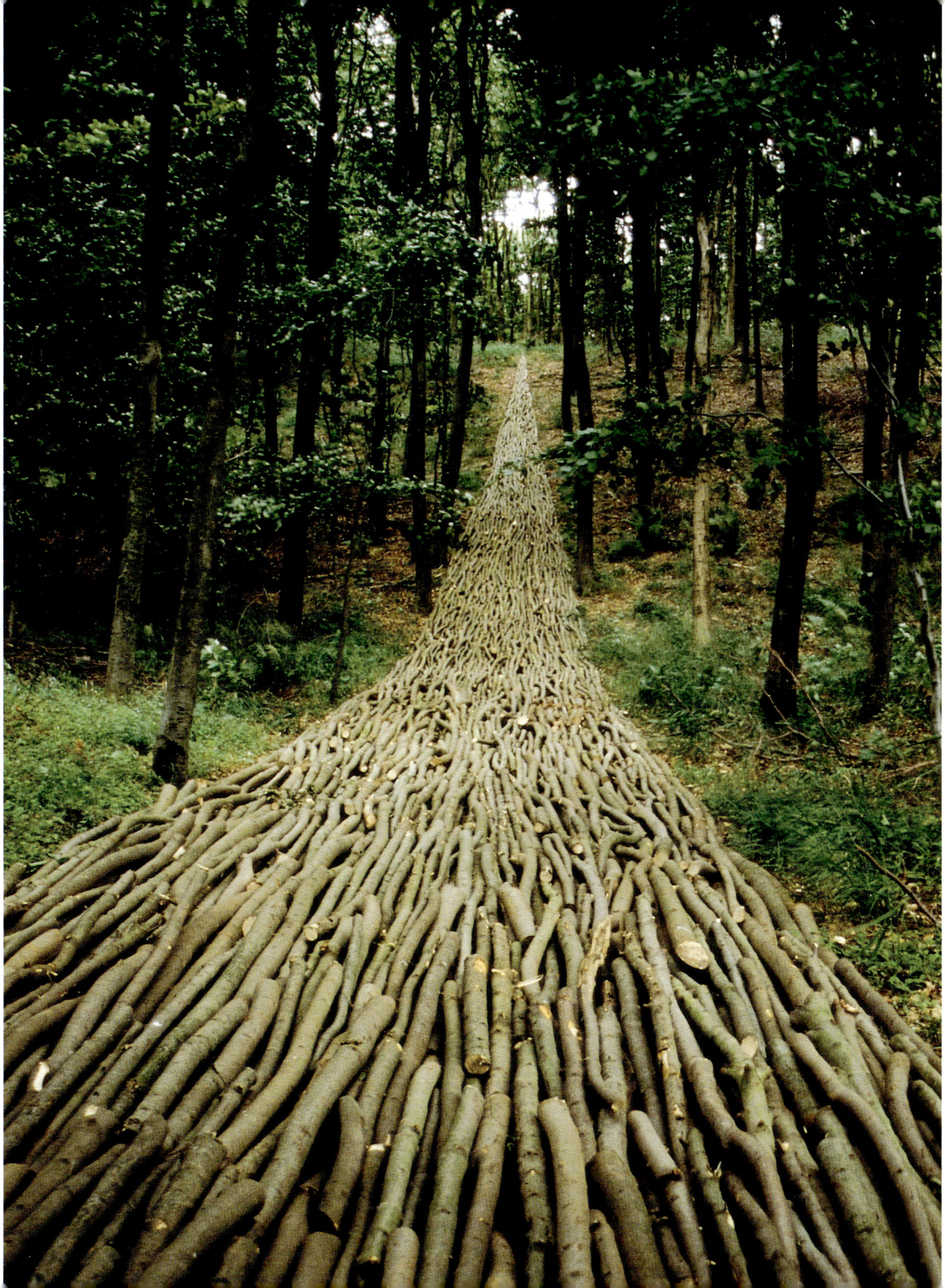

"ORGANIC HIGHWAY", 1995, TICKON, LANGELAND, DANMARK. FOTO: ALFIO BONANNO

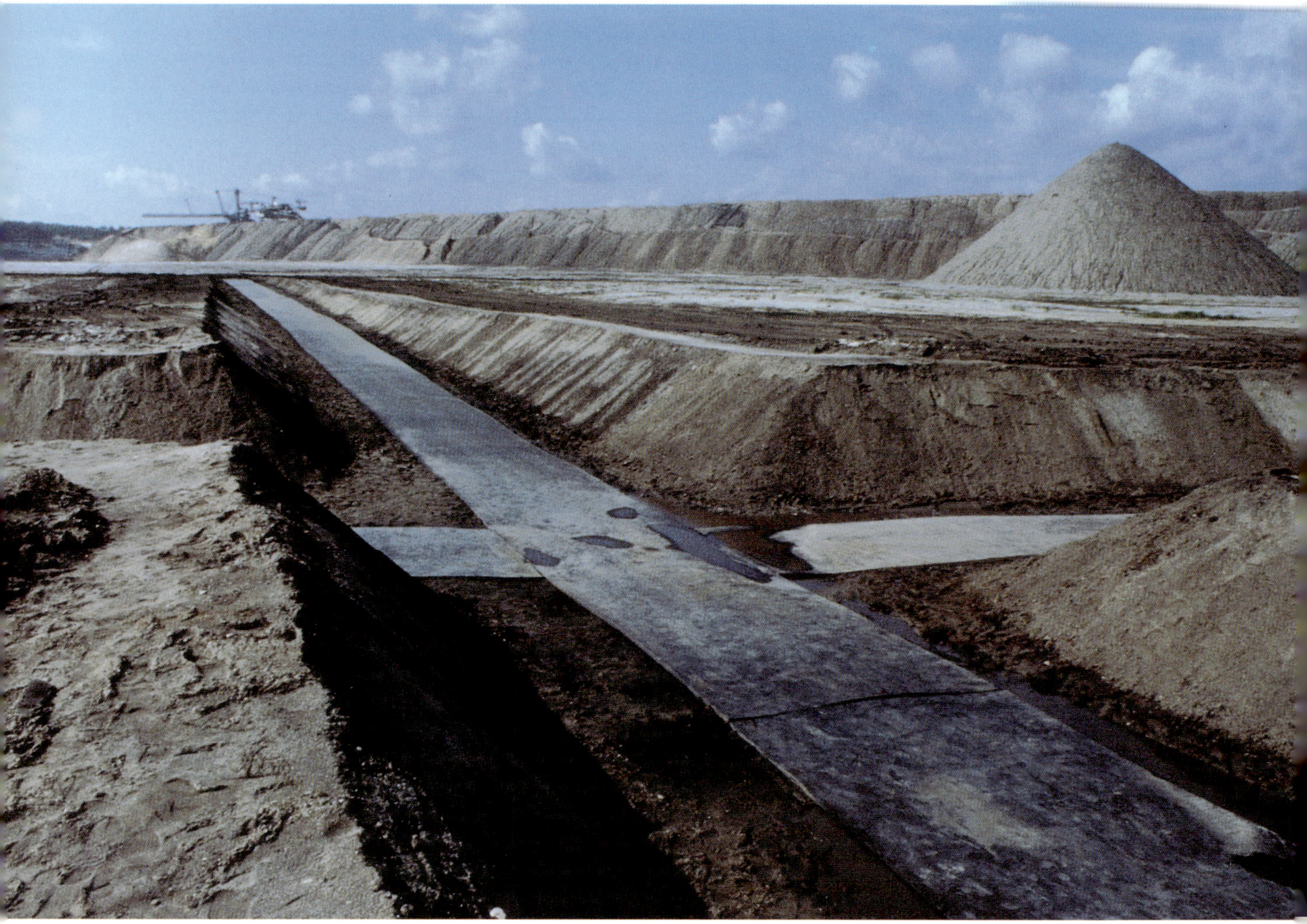

are more like those of the surrounding society, and which therefore inevitably question the much-lauded concept of artistic freedom.

Doubt can be consciousness-expanding as a working method.

It is a pleasure to participate in these "art jamborees" where the possibility of play (i.e. experiment) is an important element in the motivation. It is wonderful to meet colleagues from far and near again, and to have social relations with them for a few weeks – with artists who feel most comfortable during the process itself. Similarly, it is very satisfying on these occasions to work with the great open spaces, far from the stifling atmosphere of museum and gallery and the established art world.

As a neighbour on the one hand to one of the biggest motorway intersections in Denmark, and on the other to the forestation project "Vestskoven", I know, live with and am of course deeply influenced by the landscape ideas of our own age.

I permit myself to use Vestskoven as my private laboratory, where I can quietly and inconspicuously try out new ideas which, when the opportunity comes along, may lead to permanent, "public works".

"Organic Highway", created for TICKON, is the result of a number of these experiments in Vestskoven. *(Translated by JM)*

Mikael Hansen was born in 1943 and trained as a graphic artist. He is one of the pioneers of "art in nature". In 1983 he took part in the Vadehav Project, the first real Land Art initiative in the Danish landscape. Experiments with the interplay of wild nature, the man-made landscape and artistic intervention fascinate him. He likes to work with natural materials, but also uses other materials if the concept requires them – yet always within a predetermined timescale. One of the areas in which he has worked since 1985 is the 40-year-old Vestskoven forest near his home in Albertslund, on the outskirts of Copenhagen. He has created other works at Skovhuset in Værløse in 1986; at Hollufgård, Odense in 1989; in Aalborg and at Birkelundgård, Albertslund, in 1992. He has created works in connection with the Europa Biennale Niederlausitz II, Cottbus, Germany, in 1993; at Arte Sella in Italy in 1994; at Mosede Fort, Karlslunde, Denmark; at TICKON, Tranekær; at the IV Internationales Bildhauerplenair, Waren, Germany, in 1995; at Birkelundparken and Vestskoven, Albertslund; and at Beeldenhof Sculpture, Asten, Holland, in 1996.

In 1993 he received the Pollock-Krasner Foundation award.

(Translated by JM)

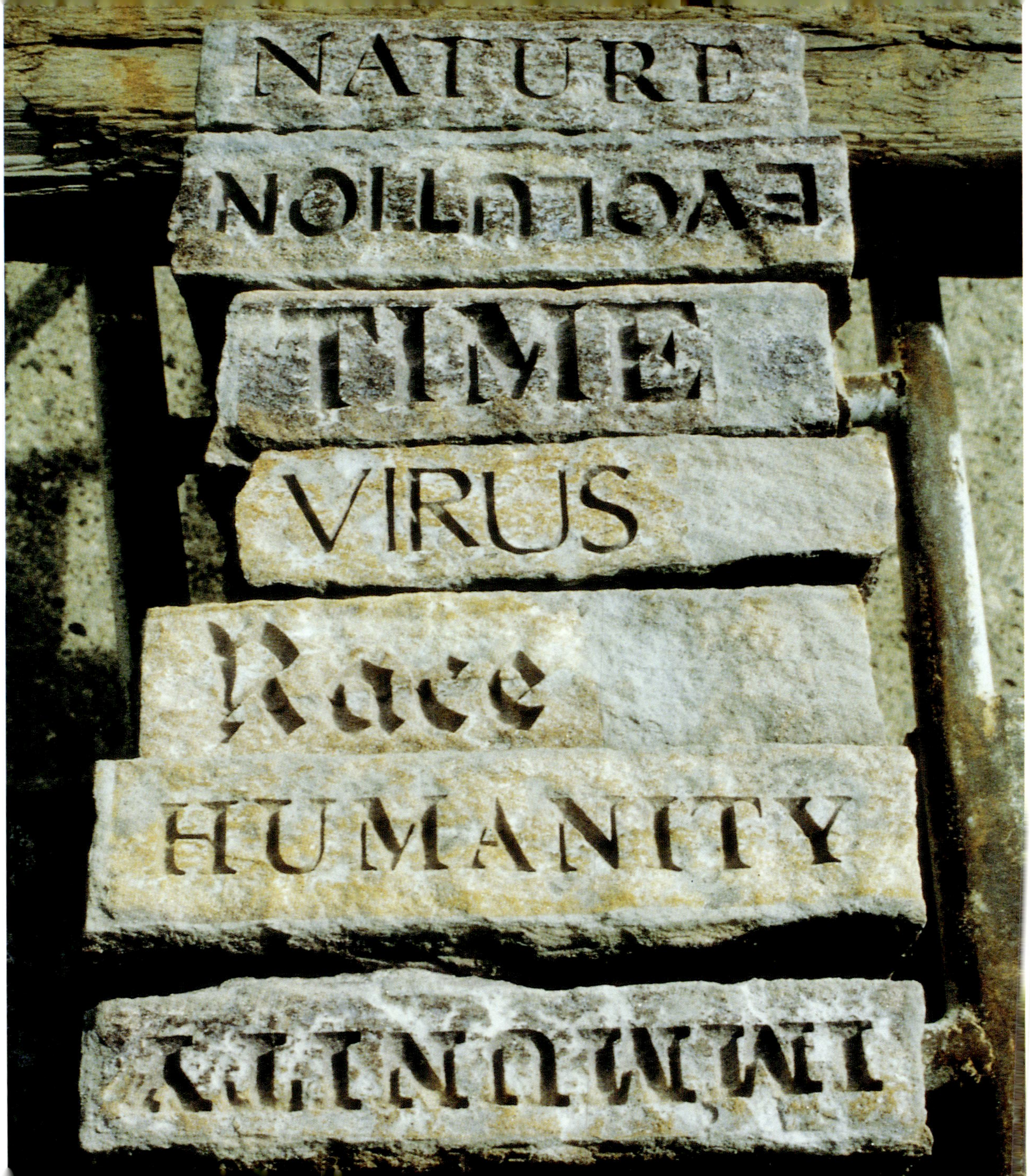
NATURE
EVOLUTION
TIME
VIRUS
Race
HUMANITY
IMMUNITY

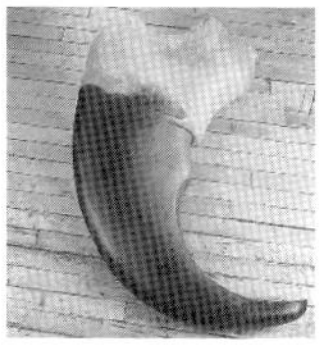

"..rituals are a doorway into understanding the larger paterns of life ... the most effective way of seeing the logic of chaos"

"I would like to suggest that a group of us malcontents get together and perform the sacred ritual of the Dadaists for the origin of a new name. We will choose a new language that nobody can identify with and we will purchase a dictionary and the word upon which the tip of the arrow touches will be our new name. This will give us the freedom that we need, because nobody will know what to expect". *Edward Poitras*

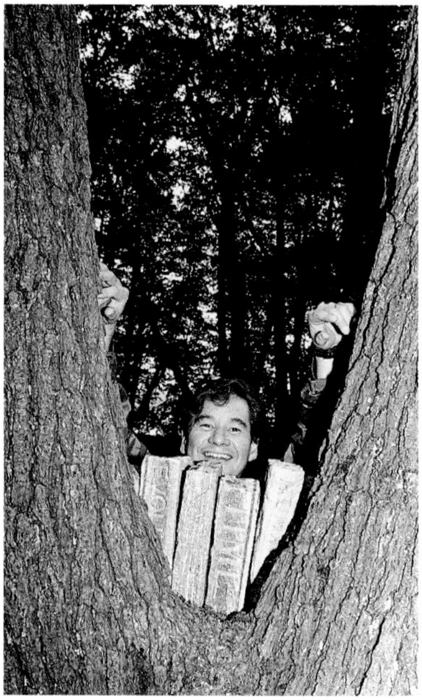

TICKON
I vinklen mellem stammerne af et tvedelt træ i TICKON har Edward Poitras kilet en række stenbøger ind. På bøgernes ryg har han med fordybede versaler hugget titlerne: NATURE – EVOLUTION – TIME – VIRUS – RACE – HUMANITY – IMMUNITY.

TICKON
Between two branches of a tree Edward Poitras has wedged in a number of stone books. On the backs he has carved the titles: NATURE – EVOLUTION – TIME - VIRUS – RACE – HUMANITY – IMMUNITY

Edward Poitras was born in Regina, Saskatchewan, Canada in 1953. He is a *métis,* i.e. neither wholly French nor Native American, since his grandfather was French and his mother is a Native American. He has studied Native American art and culture in Saskatchewan, Quebec and Manitoba, and has taught it at the university in Regina. His exhibition activities had on the whole been limited to Canada until 1995, when he was chosen to represent Canada at the Biennale in Venice. However, he did participate in 1994 at an exhibition at Brandts Klædefabrik in Denmark.
Buffalos, horses, bones and skulls are important motifs for Pointras, often combined with sophisticated electronics. In Venice, for example, he exhibited the skeleton of a coyote made from seven dogs. The coyote is the Trickster in Native American mythology and is a recurring motif in his work, as is the myth of Black Elk, the shaman, who predicted the massacre at Wounded Knee.
For the Native American Pointras, the past is still painfully present, and his works are a sophisticated mixture of modern artistic experiments and Native American spirituality and culture. *(Translated by JM)*

EDWARD POITRAS

Edward Poitras blev født i Regina, Saskatchewan i Canada 1953. Han er "Metis", dvs. hverken fransk eller indiansk idet hans bedstefar var fransk og moderen er indianer. Han har studeret indiansk kunst og kultur i Saskatchewan, Quebec og Manitoba og undervist i indiansk kunst på universitetet i Regina. Hans udstillingsvirksomhed har været begrænset til Canada, indtil han i 1995 blev valgt til at repræsentere Canada på den venezianske Biennale. Dog havde han i 1994 deltaget i en udstilling på Brandts Klædefabrik.

Bøfler, heste, knogler og kranier er væsentlige motiver for Poitras, ofte kombineret med moderne elektronik. I Venedig viste han bl.a. et skellet af en kyote skabt af syv hunde. Han identificerer sig til en vis grad med kyoten, som er den indianske spasmager. Et andet af hans temaer er myten om Black Elk, der forudså massakren ved Wounded Knee, og for indianeren Poitras er fortiden stadigt og smerteligt tilstede.

Hans arbejder er en raffineret blanding af moderne kunsteksperimenter og indiansk spiritualitet og kultur. *GKS*

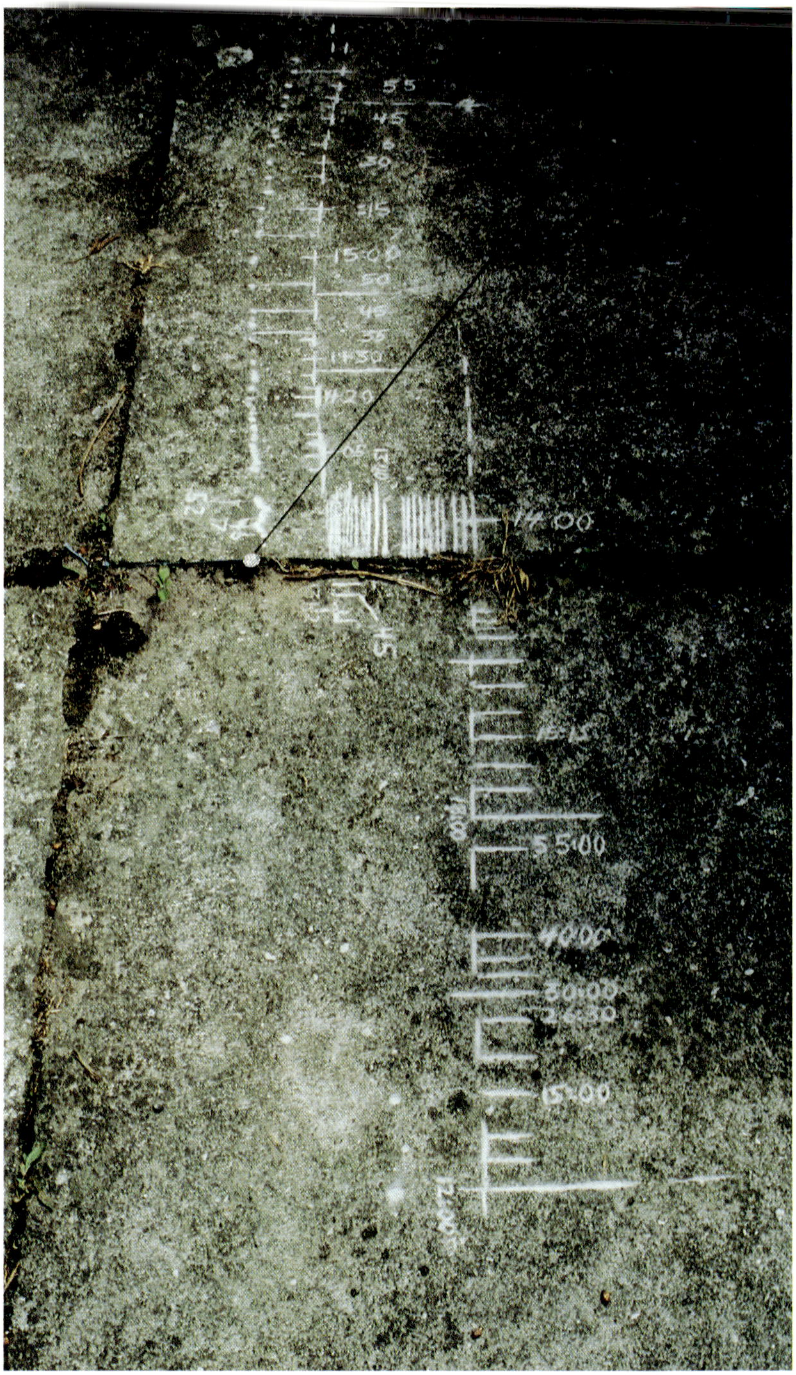

SOLUR, TICKON, LANGELAND, DANAMRK. FOTO ALFIO BONANNO

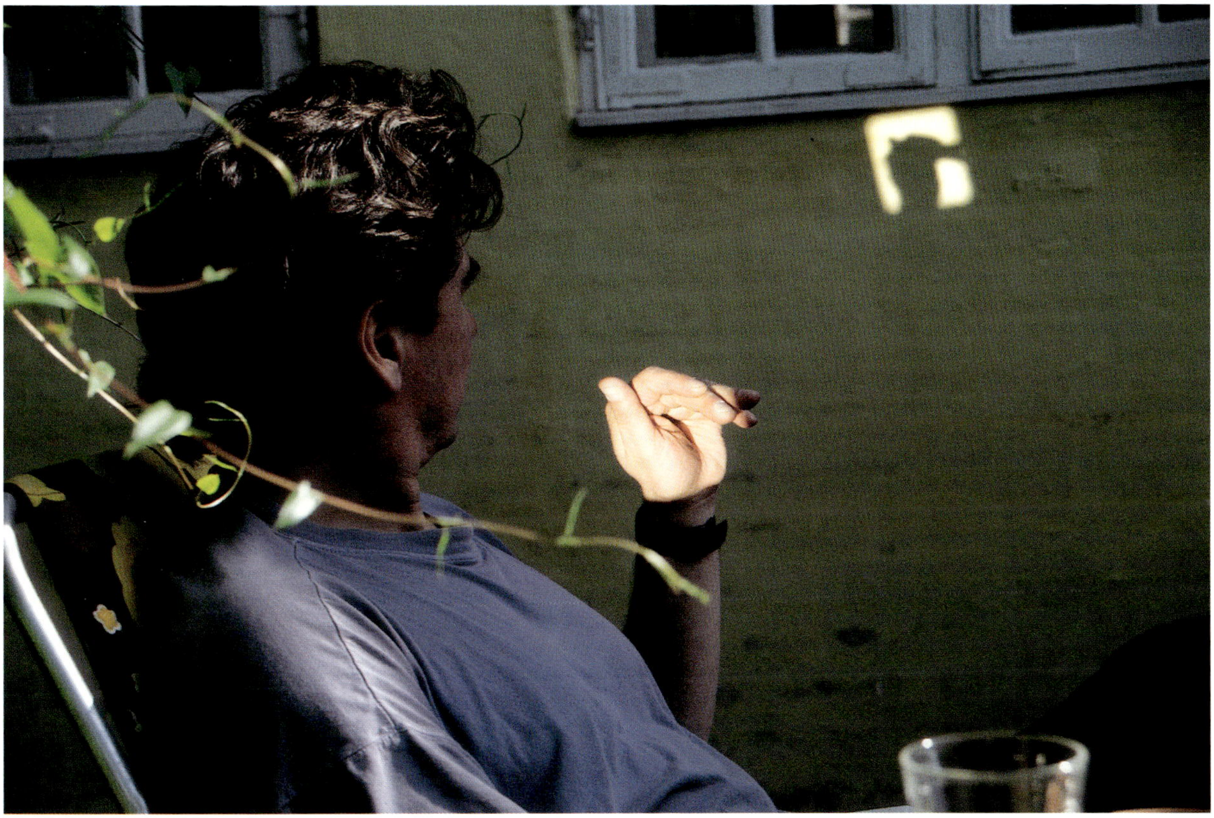

SKYGGEBILLEDE. EDWARD POITRAS I TICKON, LANGELAND, DANMARK. FOTO ALFIO BONANNO

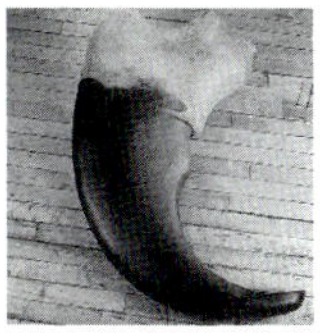

"... ritualer er porten til forståelsen af livets større mønstre ... den mest effektive vej til at se logikken i kaos ..."

"Jeg har lyst til at foreslå at en flok af os misfornøjede kommer sammen og udfører Dadaisternes hellige ritualer omkring skabelsen af et nyt navn. Vi vil vælge et nyt sprog som ingen kan identificere sig med, og vi vil købe en ordbog og det ord, som pilespidsen peger på, skal blive vort navn. Det vil give os den frihed, vi har brug for, fordi ingen vil vide hvad de skal forvente". *(Citater oversat af GKS)*

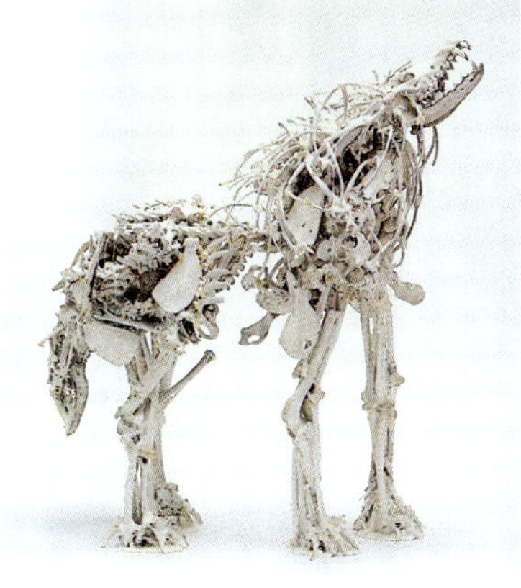

"COYOTE", 1986. FOTO DON HALL

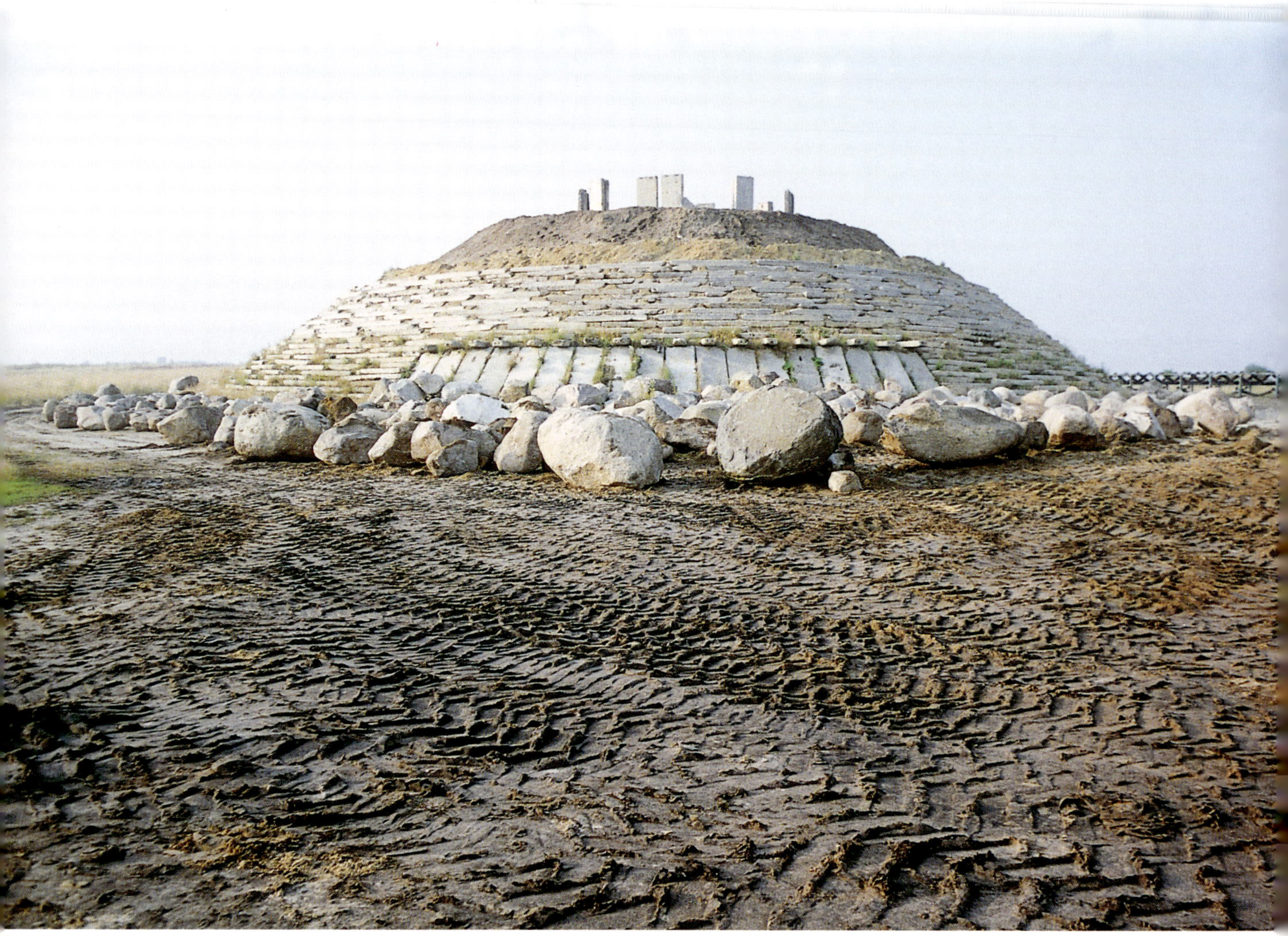

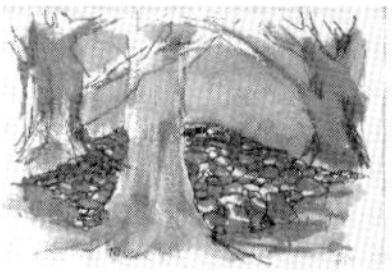

Überlegungen zu "Art in Nature" – auf der Suche nach einem anderen Natur- und Kunstverständnis

Die Suche ist nicht neu. Ein elementarer Aspekt der gesamten Kunstentwicklung war und ist die Darstellung des Dialogs mit unserer inneren und äußeren Natur. Die Ästhetisierung dieses Dialogs ist Kunst, sein Betrachtungs- und Reflexionsgegenstand die Natur des Menschen und seine vorgefundene und gestaltbare Umwelt. In diesem oszilierenden Prozess unserer Kulturgeschichte haben wir heute einen neuen Hintergrund von Fragen vor Augen. Wie ist der Antagonismus Natur – Kultur als spezifisch kulturell eingeübtes, kollektives Denkverhalten zu überwinden? Wie kann die Ästhetisierung unseres Dialogs aussehen, die diesen Antagonismus transformiert in ein Miteinander? Was eine Konsequenz wäre. Gewisser romantisierender und esoterischer Interpretationsklischees, über die Bedeutung dieses Miteinander, sei hier vorgebeugt. Vor dem Hintergrund einer globalen ökologischen Krise, die in Wechselwirkung mit einer kulturellen und ökonomischen Krise steht, kann dieses Miteinander nur Ausdruck eines konkreten anderen, eben ökologischen Verhaltens sein. Was wäre das Artefact einer "Ökologischen Naturästhetik" (Gernot Böhme)? Ist die Anrufung des Baums: "Bruder Baum" oder die "Heilung" der "Wunden" der "Mutter Erde", die Darstellung von rituellen Images zur Reinigung des Bodens Ausdruck eines ökologischen Bewußtseins? Kommt es in einer Kunst zum Ausdruck, die sich solcher Bemühungen befleißigt? Kunst ist konkret und Natur ist konkret. Für das Erkennen beider gilt: Das Wunderbare liegt im Faktischen. Die Natur durch die Sprache zu vermenschlichen ist dem Verhalten sie zu konsumieren verwandt, beides hat seine Ursache in unserem antagonistischen Verhältnis zur Natur und zu uns selbst. Frei nach Ernst Bloch: daß die Kultur in der Natur, wie eine Armee in Feindesland stehe. Die Evidenz dieses Zustandes liegt vor uns. Es ist der Zustand des Ökosystems Erde, geprägt von seinem Kulturfaktor Mensch.

Der nun entscheidende Unterschied zur bisherigen Darstellung dieses Dialogs – Kunst/Natur – liegt in seiner neuen Ortsbestimmung. Denn wir können sagen, die klassische Ausdrucks-

Herman Prigann was born in Recklinghausen, Germany, in 1942. He studied painting and town planning in Hamburg, but lives and works in Majorca today.
His first exhibitions in 1968-69 were combined with happenings. In 1980 he began on an action, "Graffiti zum Thema Zukunft", which he resumed later. Among works in nature he created "Hanging Tree", a tree with its roots in the air (Vienna 1985), but his main work so far has been "Ring der Erinnerung", which he made in 1992 as a commission from the Sprengel Museum in Hanover. Prigann cleared a circular space 50 metres in diameter, and surrounded it with an 8 metre wide and 4-5 metre high rampart of tree trunks and earth with entrances at the points of the compass. The ring rampart connects East and West Germany across the old border, far from the main highways. The complex, which was left to nature after its completion, forms part of Prigann's series of "Metamorphic Objects – Sculptural Places", a theme that has preoccupied him in several forms since 1985.
In 1993-95 he built "Gelbe Rampe" (Yellow Ramp) with a vantage point of earth, boulders and concrete, 220 metres long and overgrown with yellow broom. The occasion was the II and III Biennale für Landart, Braunkohlentagebau Graifenhain, Cottbus. In 1994 he worked at Arte Selle in Italy, and in 1995 he was invited to Krakamarken in Denmark. In 1996 he has worked at TICKON.

(Translated by JM)

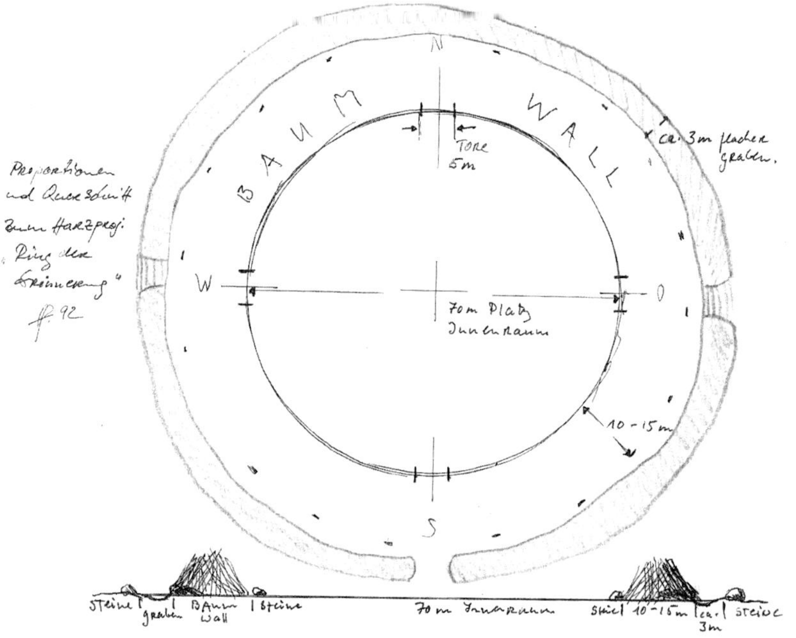

"RING DER ERINNERUNG" ("CIRCLE OF REMENBRANCE"), ARBEJDSTEGNING, (WORKING, DRAWING), 1992. HARZEN, MAGDEBURG, TYSKLAND

form war eine, die Natur als Erscheinung darstellende, nun findet dieser Dialog IN der Natur statt.

Dies hat zur Folge, daß sich in der Zeichensprache dieser Kunst der ontologische und wissenschaftliche Naturbegriff in der Landschaft entweder als Objekt, skulpturaler Ort, oder Geoglyphe darstellt.

Aus dieser Erfahrung des in der Natur aufgehoben seins, entfaltet sich in den Realisierungen dieser Kunst eine Ästhetik des offenen Zustandes. Es bedeutet, daß diese Arbeiten in ihrem jeweils aktuell erfahrbaren Zustand nie fertig sind. An ihnen kann die Gleichzeitigkeit von Vergangenheit, Gegenwart und Zukunft erfahren werden. Da diese Werke, als ästhetisches Kriterium ihre Wandlung in der Zeit beinhalten, können wir von einer ökologischen Ästhetik sprechen. Manifestiert sich einerseits hier die Evolution unserer Erkenntnis über die Zusammenhänge des menschlichen Daseins, so tritt andererseits die Kraft der Entropie hier als verändernde, ästhetische in Erscheinung. Aus dieser Perspektive betrachtet, verbindet sich in dieser Kunst Natur und Kultur in symbiotischer Weise. *Herman Prigann (Zitate)*

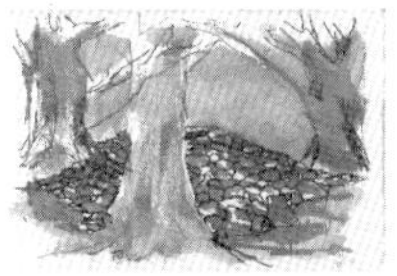

Overvejelser over "Art in Nature" – på sporet af en anderledes kunst- og naturforståelse

Denne interesse er ikke ny. Et af de elementære aspekter indenfor hele den samlede kunstudvikling var og er skildringen af dialogen med vores indre og ydre natur. Æstetiseringen af denne dialog er kunst, dialogens betragtelses- og reflektionsgenstand, menneskets natur og dets eksisterende og formbare omverden.

I forbindelse med vores kulturhistories oscillerende proces, træder i dag en ny række spørgsmål frem i lyset. Hvordan kan vi overvinde vores specielle kulturelt indlærte kollektive forestilling om antagonisme – natur – kultur? Hvordan skal en æstetisering af vores dialog se ud, hvis den skal transformere denne antagonisme henimod et samspil? Det ville nemlig være konsekvensen af denne proces. Visse romantiserende og esoteriske fortolkningsklicheer vil her blive fremhævet. Med baggrund i en global økologisk krise i vekselvirkningen med en kulturel og økonomisk krise, kan dette samspil kun komme til udtryk som en mere økologisk adfærd. Hvad skulle så være genstanden for en "Økologisk Naturæstetik" (Gernot Böhme)? Er tiltaleformen "broder træ" eller "helbredelsen" af "moder jord's ar", og skildringen af rituelle billeder for at rense jordbunden et udtryk for en økologisk bevidsthed? Og kommer dette til udtryk i en kunst, der gør sig sådanne tanker? Kunst er konkret og natur er konkret. For at forstå begge begreber må man indse, at det vidunderlige ligger i det faktiske. At menneskeliggøre naturen gennem sproget er beslægtet med den indstilling, at ville konsumere den. Årsagen til begge dele ligger i vores antagonistiske forhold til naturen og til os selv. Frit efter Ernst Bloch: at vores kultur befinder sig lige så godt i naturen, som en hær i fjendeland. Den indlysende årsag er at jordens økosystem er præget af en kulturfaktor: mennesket.

Den afgørende forskel i forhold til den hidtidige skildring af denne dialog kunst – natur ligger i det nye sted, hvor den foregår. For man kan sige at den klassiske udtryksform fremstillede naturen som et fænomen, hvorimod dialogen i dag finder sted i naturen. Derfor skildrer denne kunsts symbolsprog i landskabet, hverken det ontologiske og videnskabelige naturbegreb som objekt, skulpturelt sted eller som geoglyffer.

Ud fra denne erfaring af at være en del af naturen, opstår der i reali-

Herman Prigann blev født i Recklinghausen, Tyskland i 1942. Han har studeret maleri og byplanlægning i Hamburg, men bor og arbejder idag på Mallorca.
Hans første udstillinger 1966-68 var kombineret med happenings. I 1980 begyndte han, en senere genoptaget aktion: "Graffiti zum Thema Zukunft". Blandt arbejder i naturen skabte han "Hanging tree", Wien 1985, men hovedværket indtil videre er "Ring der Erinnerung", som han udførte i 1992 på bestilling af Sprengel Museum, Hannover.
Prigann ryddede en cirkulær plads, 50 m i diameter og omgav den med en 8 m bred og 4-5 m høj vold af træstammer og jord med indgange i verdenshjørnerne. Ringvolden binder Øst- og Vesttyskland sammen hen over den gamle grænse fjernt fra alfar vej. Anlægget, der efter fuldendelsen er blevet overladt til naturen, indgår i Priganns række af "Metamorphe Objekter – Skulpturelle Steder", et tema, som i forskellig udformning har optaget ham siden 1985.
1993-95 byggede han "Gelbe Rampe" med udsigtshøj af jord, kampesten og beton, 220 m lang og bevokset med gul gyvel. Anledningen var II. og III. Biennale für Landart, Braunkohlentagebau Graifenhain, Cottbus. 1994 arbejdede han i Arte Sella, Italien, og 1995 var han inviteret til Krakamarken, Danmark.
1996 har han arbejdet i TICKON.

GKS

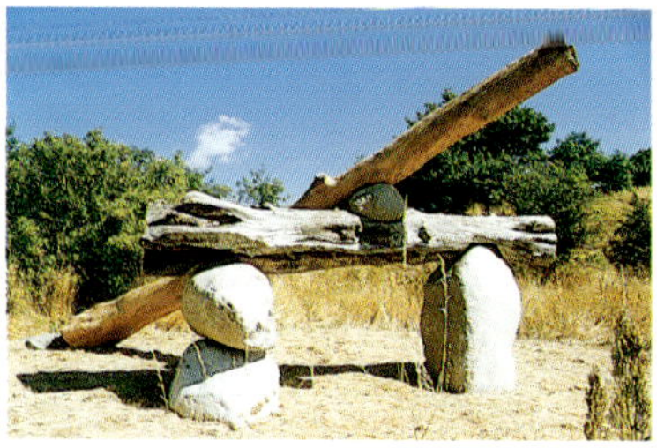

"TWO TRUNKS – THREE STONES", 1995.
KRAKAMARKEN, DANMARK FOTO HERMAN PRIGANN

seringen af denne kunst en speciel æstetik som følge af den løse og åbne tilstand. Det betyder, at disse værker i deres til enhver tid aktuelle tilstand aldrig bliver færdige. I disse værker kan man opleve fortid, nutid og fremtid som værende samtidige. Fordi disse arbejders æstetiske kriterium er at de behandler forvandlingen i tid, kan man tale om en økologisk æstetik. Hvis man her ser et bevis på en udvikling af vor viden om sammenhængene i vor menneskelige eksistens, så er entropiens kraft til gengæld også tilstede som en ændrende æstetisk faktor. Set ud fra dette perspektiv, forbinder kunst, natur og kultur sig på symbiotisk vis.

(Oversat af AJ)

"The hill of contemplation"

An old English park. Three old beech-trees are forming an inner space. The large and tall arch of their branches, the wind and the light are creating there a very special situation.

The perception of this place is the beginning of my sculpture.

My work is a dialogue with this inner space and the three trees. The form of their crowns is reflected in the hill, and in an opposite move this hill has a pit in its center. This pit could be a place to rest.

Herman Prigann

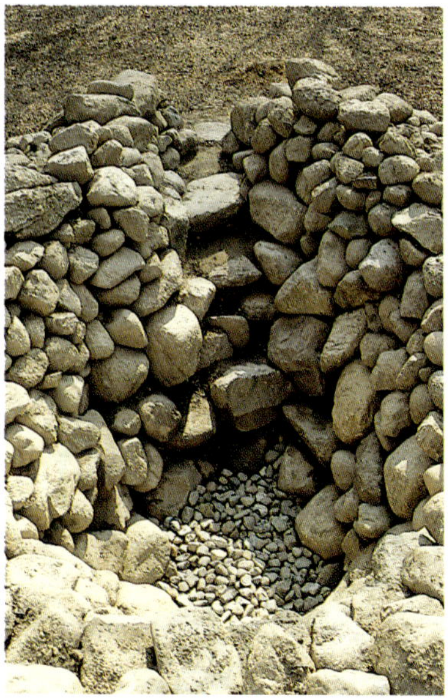

" THE HILL OF CONTEMPLATION", 1996.
TICKON, DANMARK FOTO ALFIO BONANNO

"En bakke til contemplation"

En gammel engelsk park. Tre gamle bøgetræer danner et indre rum. Grenenes brede og høje buer, vinden og lyset skaber her en helt speciel situation.

Perceptionen af dette sted er begyndelsen på min skulptur.

Mit arbejde er en dialog med dette indre rum og de tre træer. Trækronernes form gentages af bakken og som en modgående bevægelse har bakken en grube i midten. Denne grube kunne blive et sted at hvile.

(Oversat af GKS)

HERMAN PRIGANN

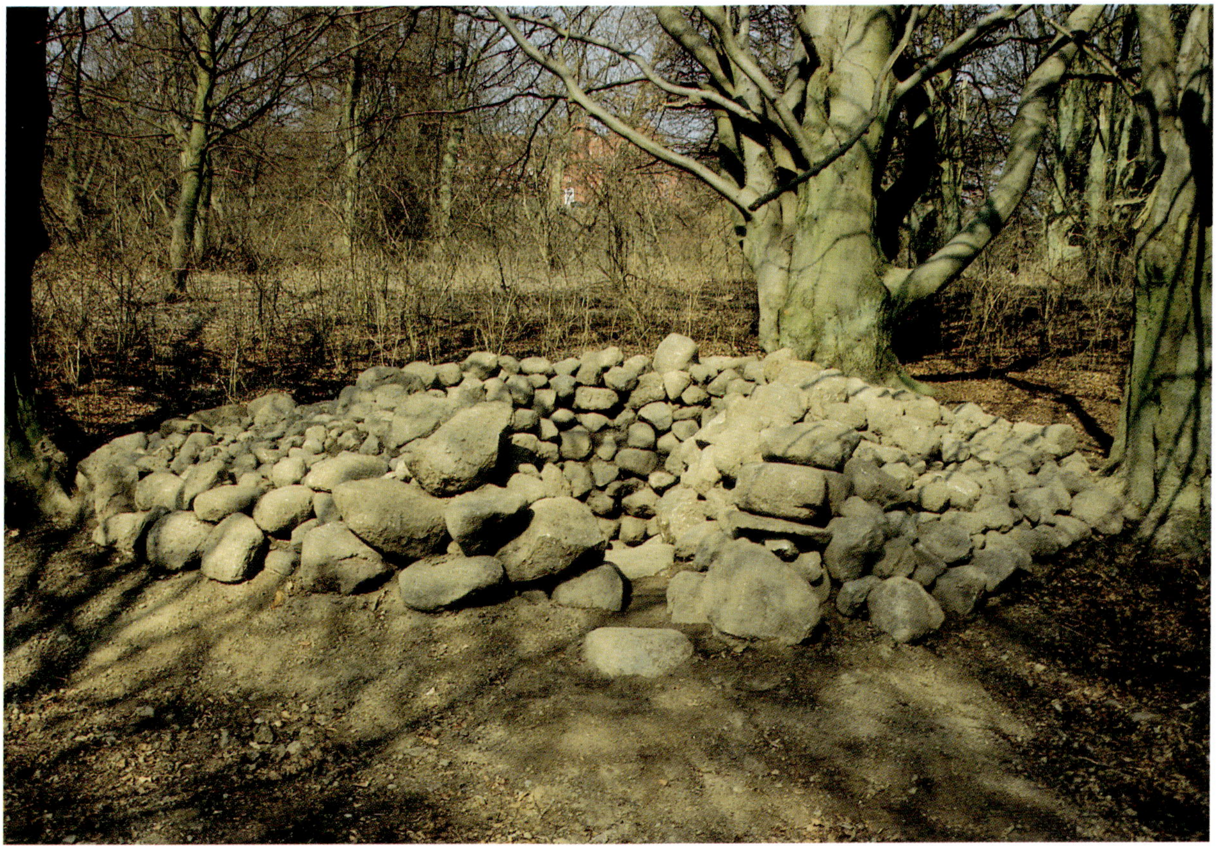

" THE HILL OF CONTEMPLATION", 1996. TICKON, LANGELAND, DANMARK FOTO ALFIO BONANNO

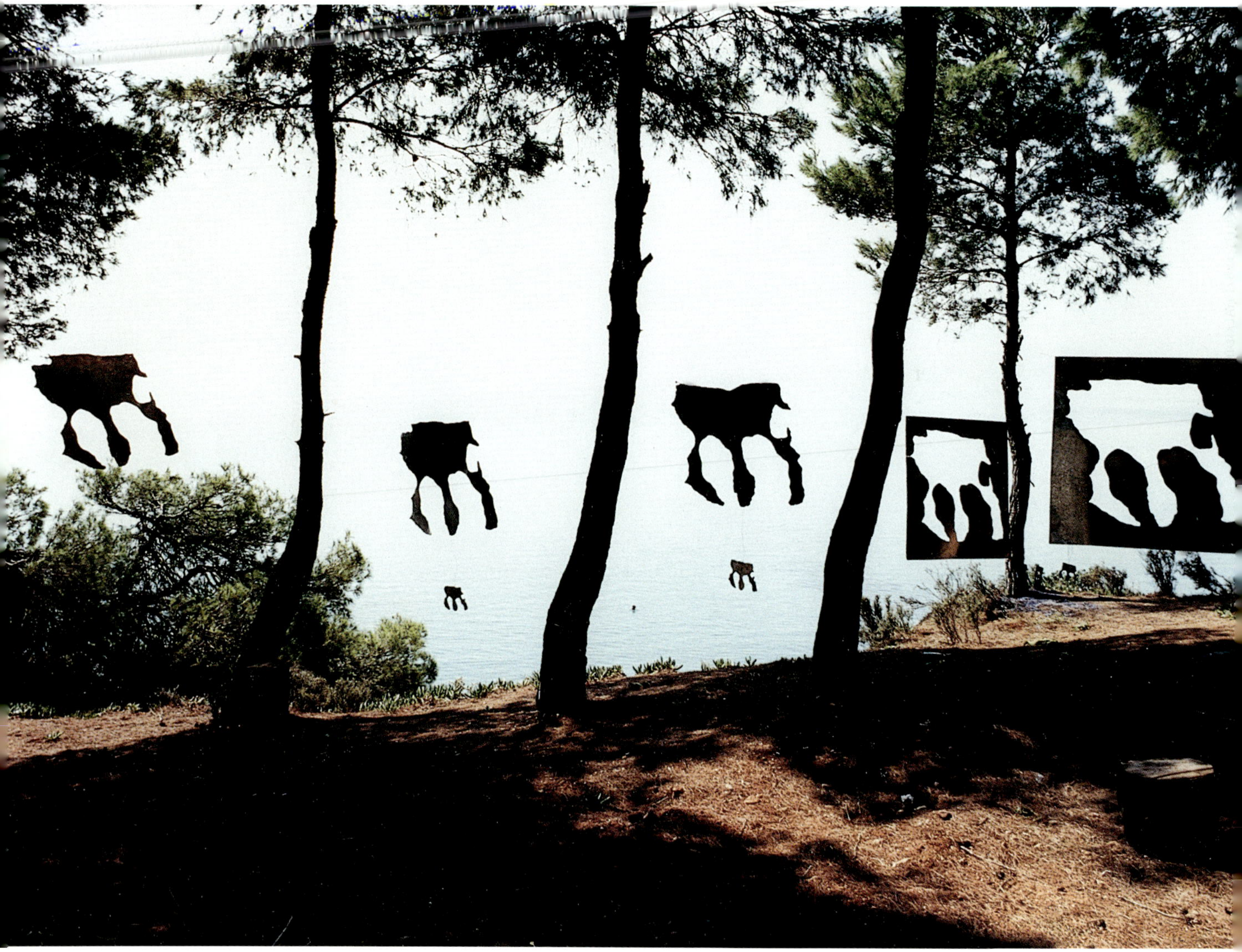

MARIOS SPILIOPOULOS

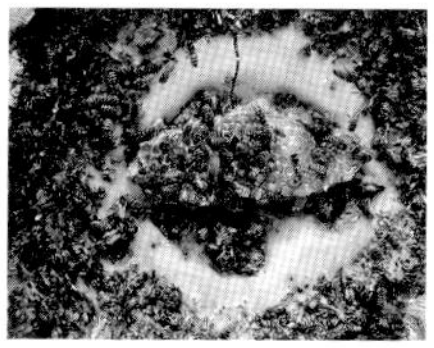

"LESSONS OF GREEK GEOGRAPHY", 1987. HALKIDIKI, GREECE

I was born in Chalcidice, a mountainous peninsula in Northern Greece with an outline recalling a trident. My village is at an altitude of 550 metres and is located just 11 kilometres from the sea coast. On the eastern prong of the "trident" stands Mount Athos, the centre of Orthodox monastic life, which has strongly influenced the spiritual character of the local inhabitants.

Chalcidice is a mainly rural area with olive oil production and beekeeping (70% of all Greek production comes from here), and has kept its sacred local traditions alive down through the ages; in fact the people there have succeeded in merging into a peculiar amalgam of ancient, pagan and Christian elements where the procreative power of nature is worshipped along with the Resurrection of the God-Man Jesus Christ.

It was in this place, where the mountain pine has cast its shadows on the blue sea through the ages, that I one day had the opportunity to behold "the Miracle"; I still remember some Bacchanalian festivities I saw as a child, held to increase the fertility of the earth on long nights in the fields, with people leaping over the bonfires of St. John the Forerunner, the sound of the clarinet, the drums and the tambourines, and the beekeepers being kissed goodbye in the early morning as they left to explore the "blossoming passages".

Ever since then my childhood has been my real "native country". There is always a slight scent of the vague memories that remain intact inside me to this day. The material for my artistic expression is buried in the soil of that country. As a result, in 1986 I began a process of what could be called "iconographic excavation", starting with some of the rites of the local people (sacramental mapping of the area, the altars etc.) and terminating, after various stages, in the rites of nature and (in 1990) in the "Bees' Sacrament".

At the end of the twentieth century, I strongly believe that the path for a new Humanism goes through nature. The archetypal plastic materials of nature make up the common language of all civilizations; and these materials – wood, stone, soil, water, were

Marios Spiliopoulos was born in 1957 in Polygyros, Chalcidice, Greece, and studied at the Athens School of Fine Arts, where he became a teacher in 1991. He exhibited for the first time in 1984 on the occasion of the international art critics' congress at Delphi. Since 1987 he has had exhibitions in Greece and has participated in group exhibitions in among other countries Poland, Scotland, Belgium, Spain and Egypt.
His art moves between the conceptual and the concrete, and the countryside of Greece is his greatest source of inspiration. It is a landscape of olive-growing and beekeeping. Beekeeping and related subjects have become his favourite motif, as is evident from his contribution to TICKON.

(Translated by JM)

also the toys of my childhood. At an early age I began to "articulate" the language of Nature, without of course having any clear idea in mind of my ultimate vocation. Today I am still trying to learn its "grammar", to understand its "syntax", to find deliverance through its rites.

The magic bee society, the Bees' "Sacrament", is a perpetual natural device which produces wax and honey. Apiculture is a harmonious collaboration between men and bees, a mystic and mysterious concord (the Greeks use the same word, *mystérion,* for sacrament and mystery) which operates ceaselessly throughout the ages.

When I was at TICKON, a happy coincidence brought me to some beehives which differ slightly from those of my country. This is how the "Bees' Village" was born.

The main material for the construction of twelve "houses" in the "Bees' Village" came from two hollow trunks cut into several pieces. The whole arrangement of these beehives/houses in the "village" follows the pattern of a human settlement. The "church" (which happens to be the biggest beehive) has been placed at the centre of a circular "piazza" formed by twelve wooden posts; these posts are symbols of the twelve months of the year. Together with four modern beehives (which are oriented towards the four points of the compass) these posts become the heart of the whole construction. There are seven more beehives/houses placed at the perimeter of the "village"; each one maintains its autonomy of form and symbolic content.

The sparse vegetation of the area, the soft curves of the land, the neighbouring lake, all recall the Mediterranean landscape. This was the main thing that prompted me to pick this particular place at TICKON for the construction of the "village".

In the early spring of 1996 my good friend the apiarist Fleming will be placing a bee colony in each of these modern beehives and this will undoubtedly "animate" the village. So we will be operating a kind of ecological factory with devoted bee citizens where the sacrament of production will be directed by the hand of Nature. And this in turn will consummate my creation.

It will be the first time my sculpture (the beehives) will bring

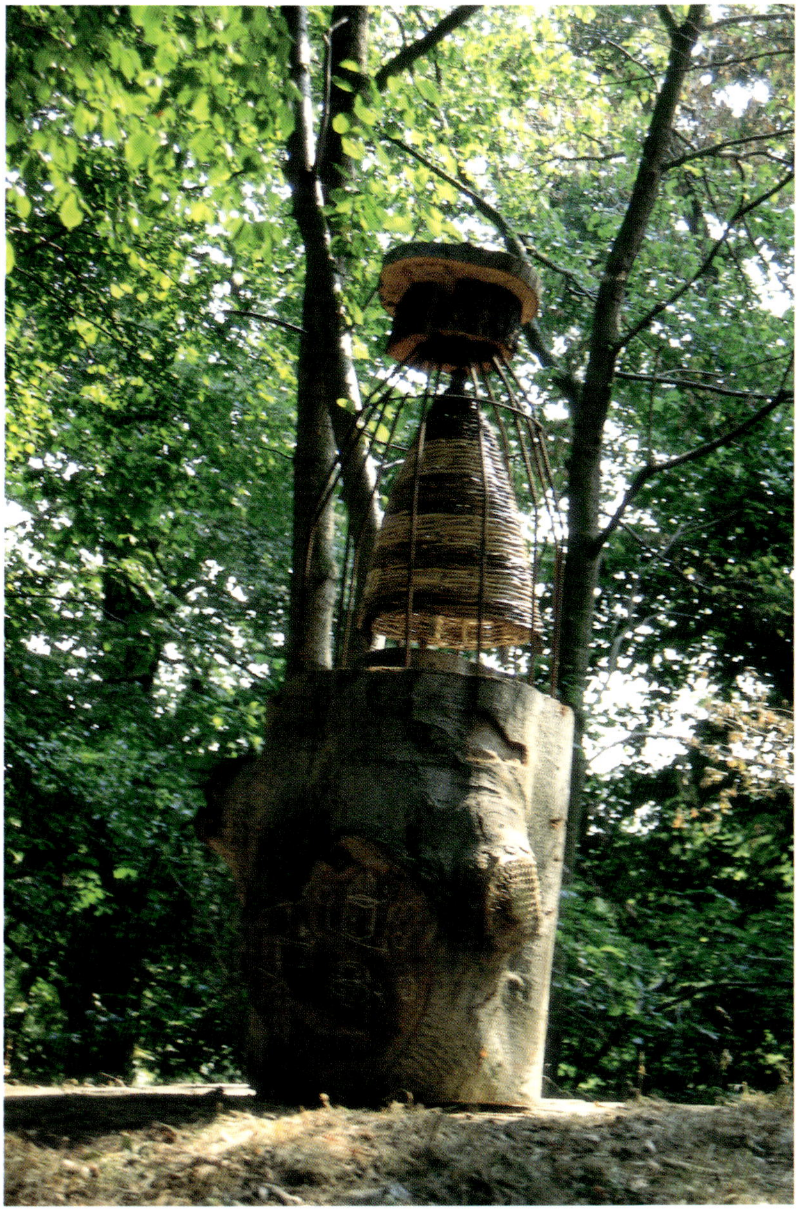

"BEES' VILLAGE", 1995. TICKON, LANGELAND, DANMARK. FOTO ALFIO BONANNO

forth honey. We have high hopes that in the summer ahead the TICKON "Bees' Village" will be in a position to produce its first jars of honey.

Marios Spiliopoulos

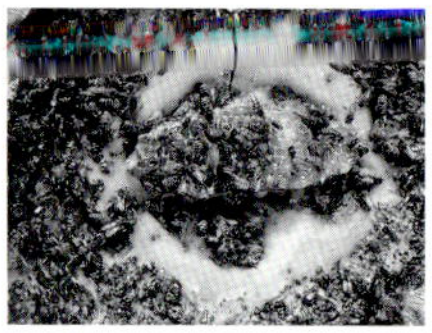

Jeg blev født i Chalcidici. Det er en bjergrig halvø i det nordlige Grækenland, hvis omrids minder om en trefork. Min landsby ligger i 550 meters højde og 11 km fra kysten. I det østlige ben af treforken hæver Athosbjerget sig. Dets kloster er centrum for den orthodokse tro, en tro, som stærkt har præget egnens befolkning.

I Chalcidici, som i overvejende grad er et landbrugsområde, dyrkes oliven og bier (70% af den græske produktion kommer herfra), og befolkningen har holdt denne "hellige" lokaltradition i live gennem århundreder; faktisk er det lykkedes dem at forene urgamle hedenske og kristne elementer, idet naturens skaberevne tilbedes sammen med Jesu Kristi opstandelse.

Det var her, på dette sted, hvor bjergfyrren i århundreder har kastet sin skygge på det blå hav, at jeg blev begunstiget med oplevelsen af dette "mirakel". Fra barnsben husker jeg stadig nogle bakkanaler, som havde til formål at øge jordens frugtbarhed; lange nætter på marken sammen med folk, som sprang over Sct. Hansbål til ære for Johannes, jægeren, lyden af klarinet, trommer og tambouriner og farvelkys til biavleren, som drager afsted i den årle morgen for at udforske "blomstervejene".

Min barndom er for evig forblevet mit egentlige land! Der stiger stadig en svag duft fra de slørede minder som indtil denne dag er forblevet intakt i mit sind. Det stof, hvoraf mit udtryk som kunstner er skabt, ligger gemt i netop dette land. Som en konsekvens begyndte jeg i 1986 en slags ikonografisk udgravning, som gik tilbage til nogle af de gamle lokale ritualer (religiøs kortlægning af området, altre osv.) og sluttede efter forskellige stadier af naturritualer med "Biernes Sakramente", 1990.

Et "Biernes Sakramente", hvorfor ikke! Det er min faste overbevisning, at det er gennem Naturen, at den nye humanisme vil manifestere sig ved udgangen af det 20. århundrede. De arketypiske plastiske materialer udgør det fælles sprog for al civilisation. Disse samme materialer: træ, sten, jord og vand var også min barndoms legetøj. Tidligt begyndte jeg at "artikulere" naturens sprog, selvsagt uden at have nogen klar ide om mit senere kald. Endnu idag forsøger jeg af lære dens grammatik, at forstå dens syntaks og finde forløsning gennem dens riter.

Biernes magiske samfund, "The Bees' Sacrament" er en evig og naturlig institution som frembringer voks og honning. Biavl er et harmonisk samarbejde mellem mennesket og bierne, et mystisk (og på græsk bruges samme ord for sakramente og mysterie) samvirke, som har eksisteret til alle tider.

Da jeg var i TICKON bragte en lykkelig hændelse mig til et sted med bistader. De var lidt forskellige fra min hjemegns stader. Men det var således "Bees' Village" blev til.

Det væsentlige materiale til bygningen af de 12 "huse" i biernes landsby kommer fra to hule træstammer, som er skåret i stykker. Hele kompositionen af "landsbyens" bikuber/huse følger mønstret af en menneskelig bosættelse. "Kirken", som er den største kube, er anbragt i centrum af en cirkulær "piazza" dannet af tolv træpæle. Disse pæle er symboler for årets tolv måneder. Sammen med fire moderne bikuber, som er orienteret mod de fire verdenshjørner, er disse pæle hjertet i hele konstruktionen. Der er yderligere syv bikuber/huse som er rejst ved landsbyens grænser, alle forskellige i form og symbolsk indhold.

Områdets sparsomme vegetation, landets bløde kurver, den nære sø, alt minder om Middelhavslandskabet. Dette var hovedårsag til, at jeg valgte netop dette særlige sted i TICKON til min landsby.

I det tidlige forår af 1996 vil min gode ven biavleren Flemming sætte bier i mine moderne bikuber, et dertil svarende antal bikolonier, som utvivlsomt vil "animere" min landsby. Vi vil således begynde en slags økologisk fabrik med trofaste bi-beboere, hvor produktionen vil blive varetaget af naturen – som til gengæld vil fuldbyrde mit værk.

Det vil være første gang at en af mine skulpturer – bikuberne – producerer honning. Forhåbentlig vil TICKON bi-landsby snart kunne levere sine første glas med honning. *(Oversat af GKS)*

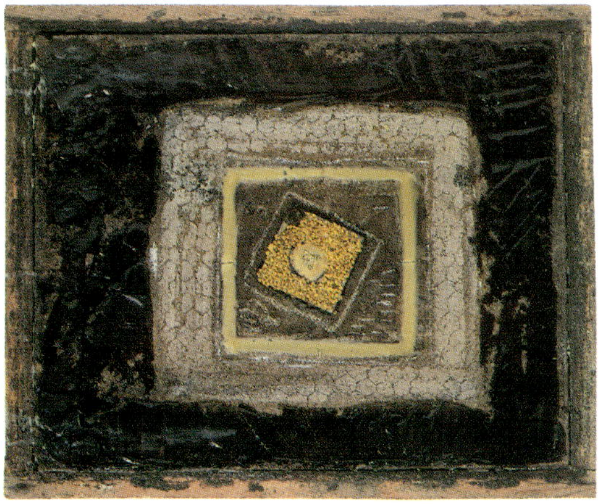

"BEEHIVE STRUCTURE, 1991

Marios Spiliopoulos er født i 1957 i Polygyros, Chalcidici, Grækenland og har studeret ved Athens School of Fine Arts, hvor han 1991 blev lærer. Han udstillede første gang i 1984 i anledning af den internationale kunstkritiker-kongres i Delfi. Siden 1987 har han haft udstillinger i sit hjemland og deltaget i gruppeudstillinger i bl.a. Polen, Skotland, Belgien, Spanien og Egypten.
Hans kunst bevæger sig mellem det konceptuelle og det helt konkrete og hans hjemstavns natur er hans stærkeste inspirationskilde. Det er et landskab, hvor der dyrkes oliven og avles bier. Biavl, og hvad dertil hører, er blevet et af hans kæreste motiver, hvilket fremgår af hans indsats i TICKON. *GKS*

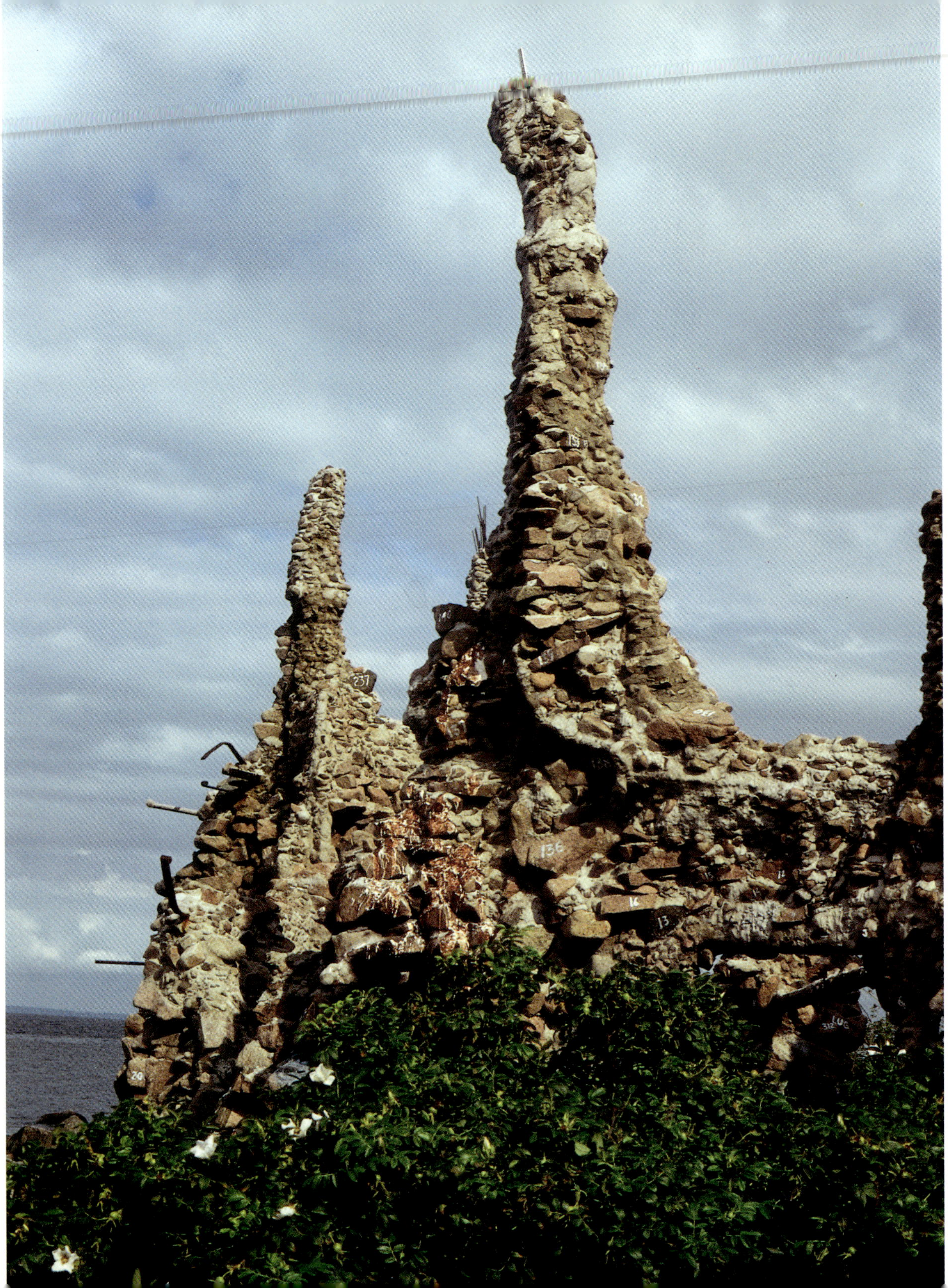

”ARX”, 1991, EN DEL AF NIMIS, KULLEN, SVERIGE

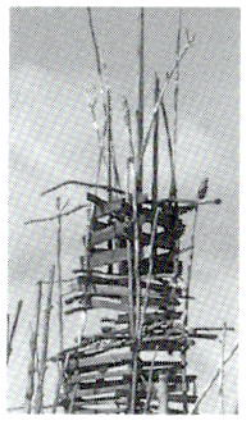

Texten och Textus

Barriären mellan människan och naturen är språket, i första hand det verbala eller skrivna språket. Språkets idé är att producera och kommunicera mening. Varat ligger utanför språkets domän, att någonting är till är meningslöst ur språklig synvinkel. Frågan om varför något är till blir den fortsättning som språkfloden ändå och förgäves söker sig. Att vara till eller att någonting är till är förnimmelsen av det fysiska universumet, ett vinddrag av en ickespråklig värld.

Med språket/texten blev den artikulerade självmedvetenheten möjlig. Men lika lite som det finns en naturlig konstens regim finns det ej heller någon för språket. Det tycks vara att vi i vår tid särskilt kommit att uppmärksamma att den medvetenhet som språket förmedlar blott visar oss ett spel av kombinationer. Texten kan varieras oändligt utan att kunna häva sig ur sin egen retorik.

Min skulptur "Textus" är en kommentar till språkets avstånd till varat, läsningens avstånd till det kroppsliga. Det är en framställning av läsningens ouppnåeliga löfte att samtidigt vara förmedlande och bokstavlig. "Textus" skall ge publiken möjligheten att röra sig i en textmassa som huvudsakligen består av det bokstavliga. Läsbar "trätext" i "Textus" är t ex den möbelsemiotiska kommentaren i markplanet och den inbyggda minimalistiska skulpturen i dess norra del.

Lars Vilks

Lars Vilks blev født i 1946. Han er kunstner og kunsthistoriker med eksamen 1973 og doktorgrad 1987 fra Lunds universitet og har siden 1988 været amanuensis ved Kunstakademiet i Oslo. Hans disputats havde den for ham karakteristiske titel "Konst & Konster". Han har arbejdet med såvel skulptur som maleri, film og Land Art. 1977 indleverede han sig selv som kunstværk til Vårsalonen, men blev refuseret.

De fleste af hans kunstneriske handlinger har været konceptorienterede, og i centrum står "Nimis", latin for "for meget", i et naturreservat på Kullaberg (Kullen), se s. 55. Bygningen begyndtes i 1980 og er idag over 100 m lang og op til 15 m høj. Siden 1991 er værket blevet udvidet med "Arx" en struktur af cement og sten og "Wotans Tårn", som er bygget ud i vandet. "Arx" har fået status af "bog" med "bestilling på 50 eksemplarer". *GKS*

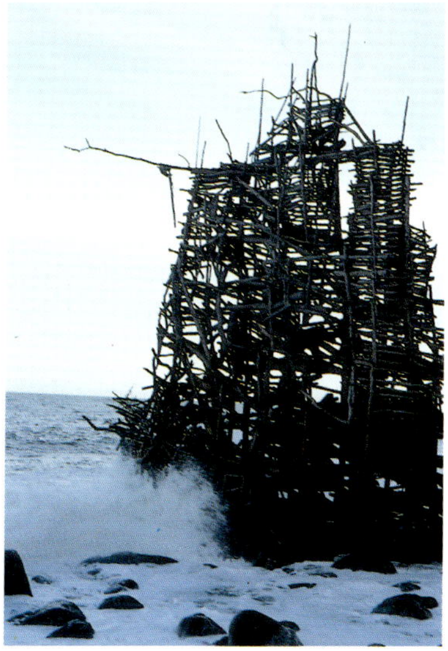

"WOTANS TÅRN", EN DEL AF NIMIS, KULLEN, SVERIGE

LARS VILKS

Lars Vilks was born in 1946. He is an artist and art historian who graduated in 1973 and took his doctorate in 1987 at the University of Lund. His doctoral thesis had the characteristic title »Konst & Konster« (Art & Arts, but also meaning Art & Tricks). He has worked with sculpture and painting, film and Land Art. In 1977 he submitted himself as a work of art to the Spring Salon, but was rejected. Most of his artistic actions have been concept-oriented, and at the centre stands "Nimis" (Latin = "too much") in a nature reserve at Kullaberg (Kullen) (see p. 67). The structure was begun in 1980 and is today over 100 metres long and up to 15 metres high. Since 1991 the work has been extended with »Arx«, a structure of cement and stone, and »Wotan's Tower«, which is built out into the water. »Arx« has been given the status of a "book" with "orders for 50 copies".

(Translated by JM)

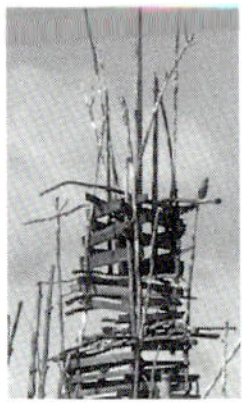

Text and Textus

The barrier between man and nature is language – in the first instance verbal or written language. The idea of language is to produce and communicate meaning. Being lies beyond the domain of language; that something *is* is meaningless from the linguistic point of view. The question of why something is becomes the continuation that the river of language ever seeks in vain. Being, or that something is, is the sense of the physical universe, a gust of wind from a non-linguistic universe.

With language/text articulate self-awareness becomes possible. But just as there is no natural law for art, there is none for language either. It would seem that in our age we have become more aware that the consciousness that language mediates only shows us a play of combinations. The text can be varied endlessly without rising above its own rhetoric.

My sculpture "Textus" is a comment on the distance from language to being, from reading to the body. It is a representation of the unfulfillable promise of reading to be both communicative and literal. "Textus" is meant to give the public the opportunity to move in a textual mass which mainly consists of the literal. The legible "wood text" in "Textus", for example, is the furniture-semiotic comment at ground level and the built-in minimalistic sculpture in its northern part.

(Translated by JM)

"TEXTUS", FASE 1. I ARBEJDE SIDEN 1993, TICKON, LANGELAND, DANMARK

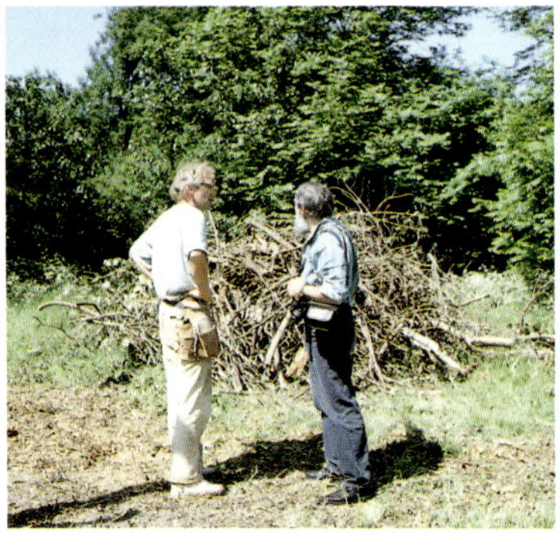

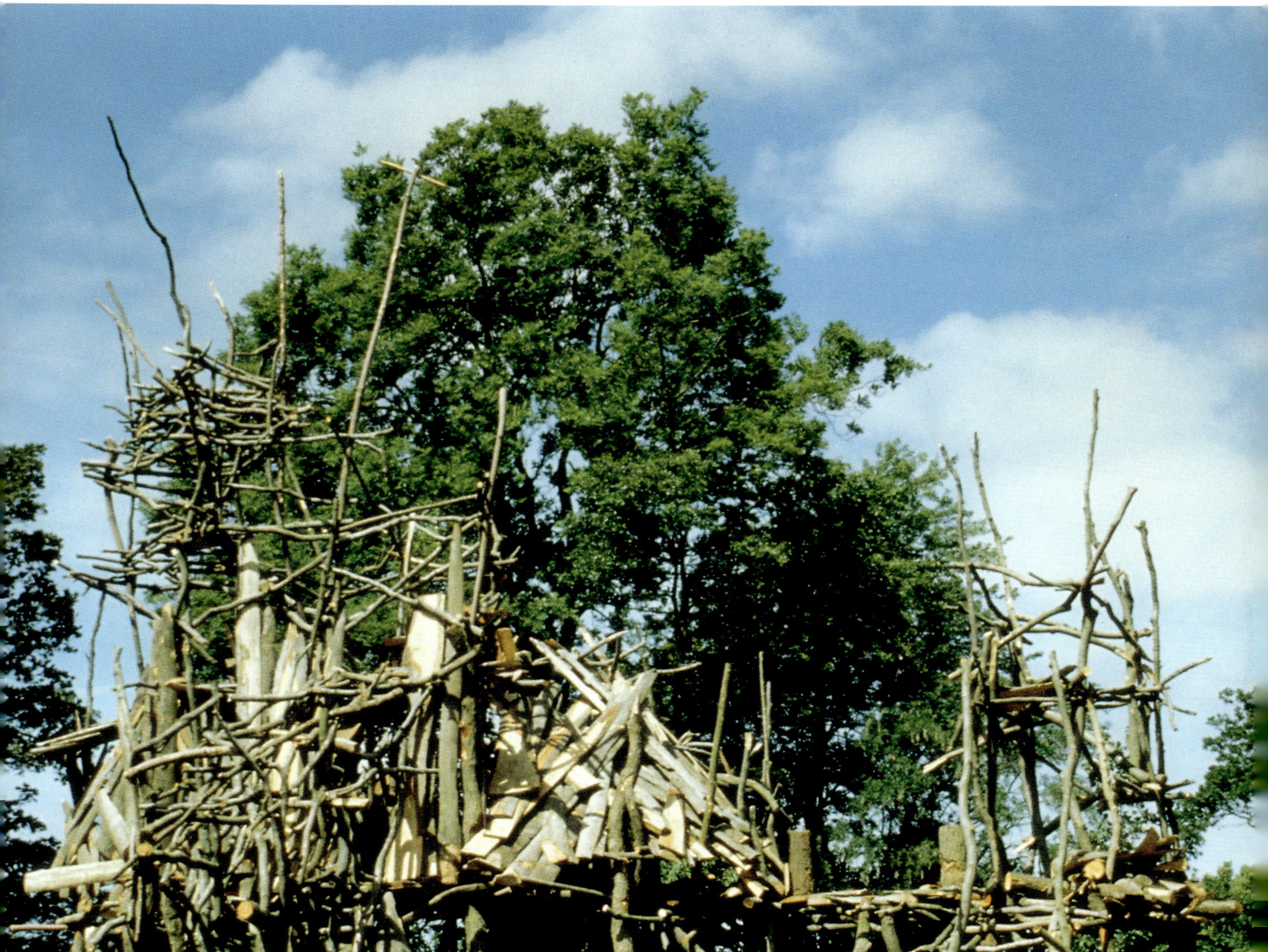

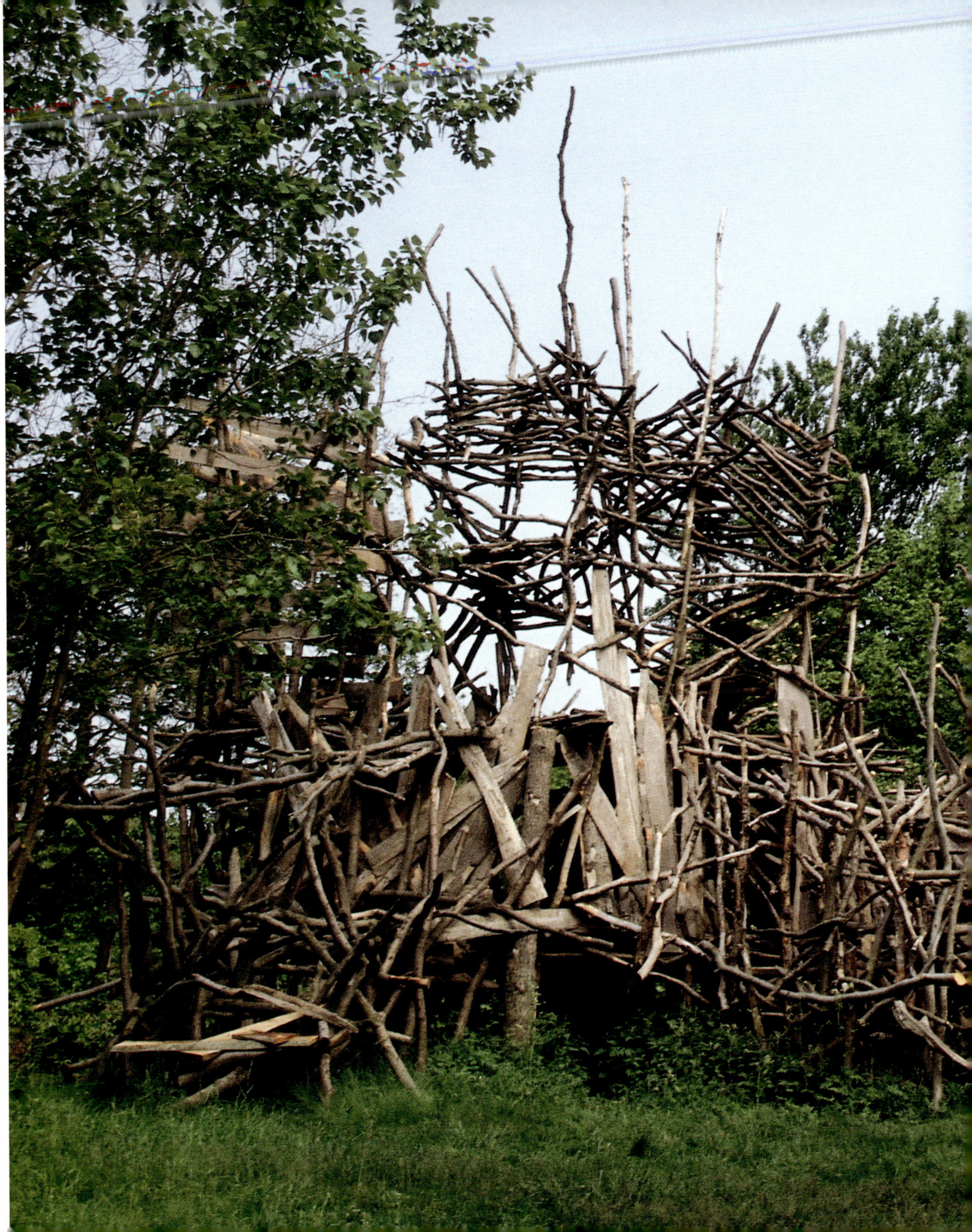

"TEXTLS", FASE 3. I ARBEJDE SIDEN 1993, TICKON, LANGELAND, DANMARK

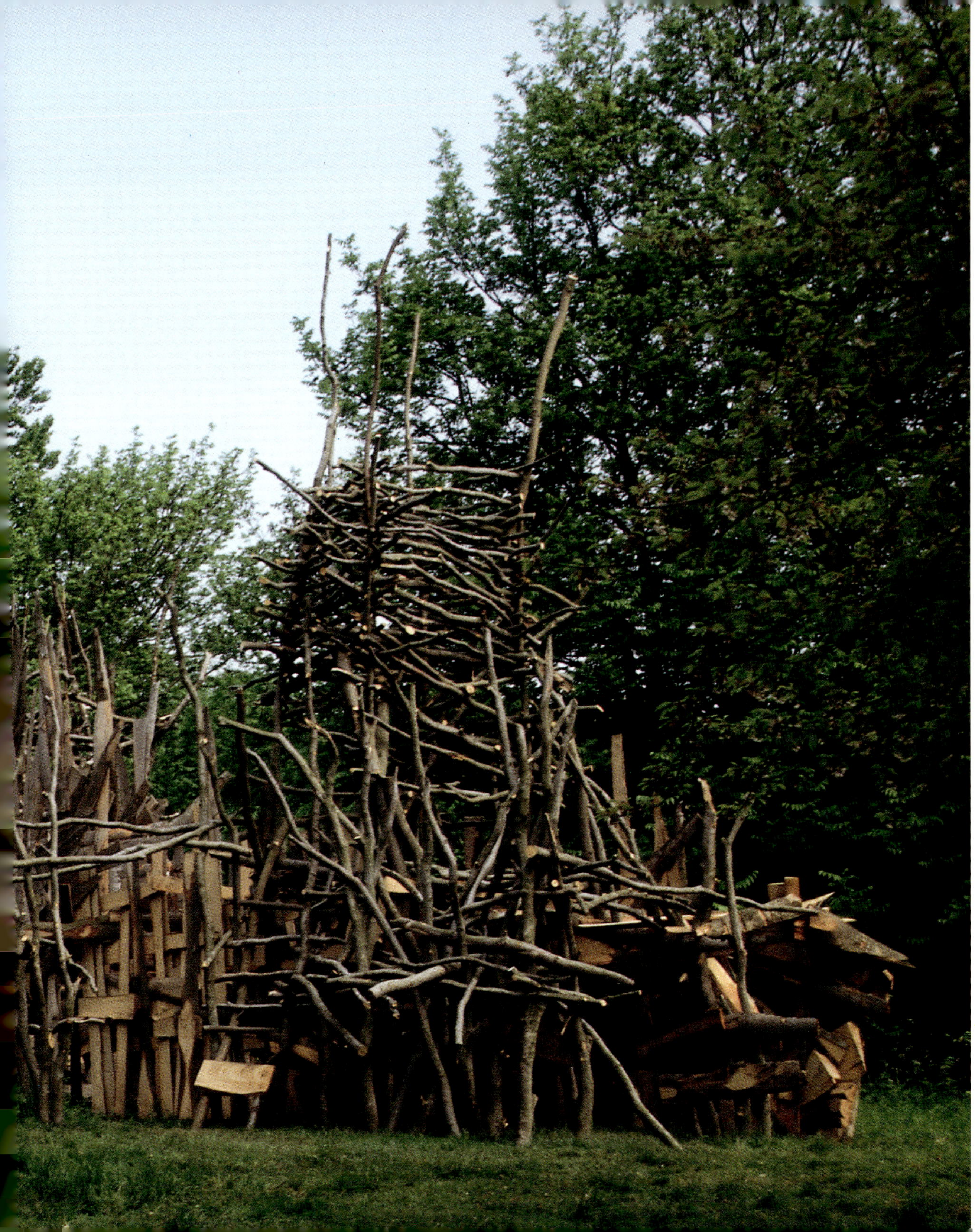

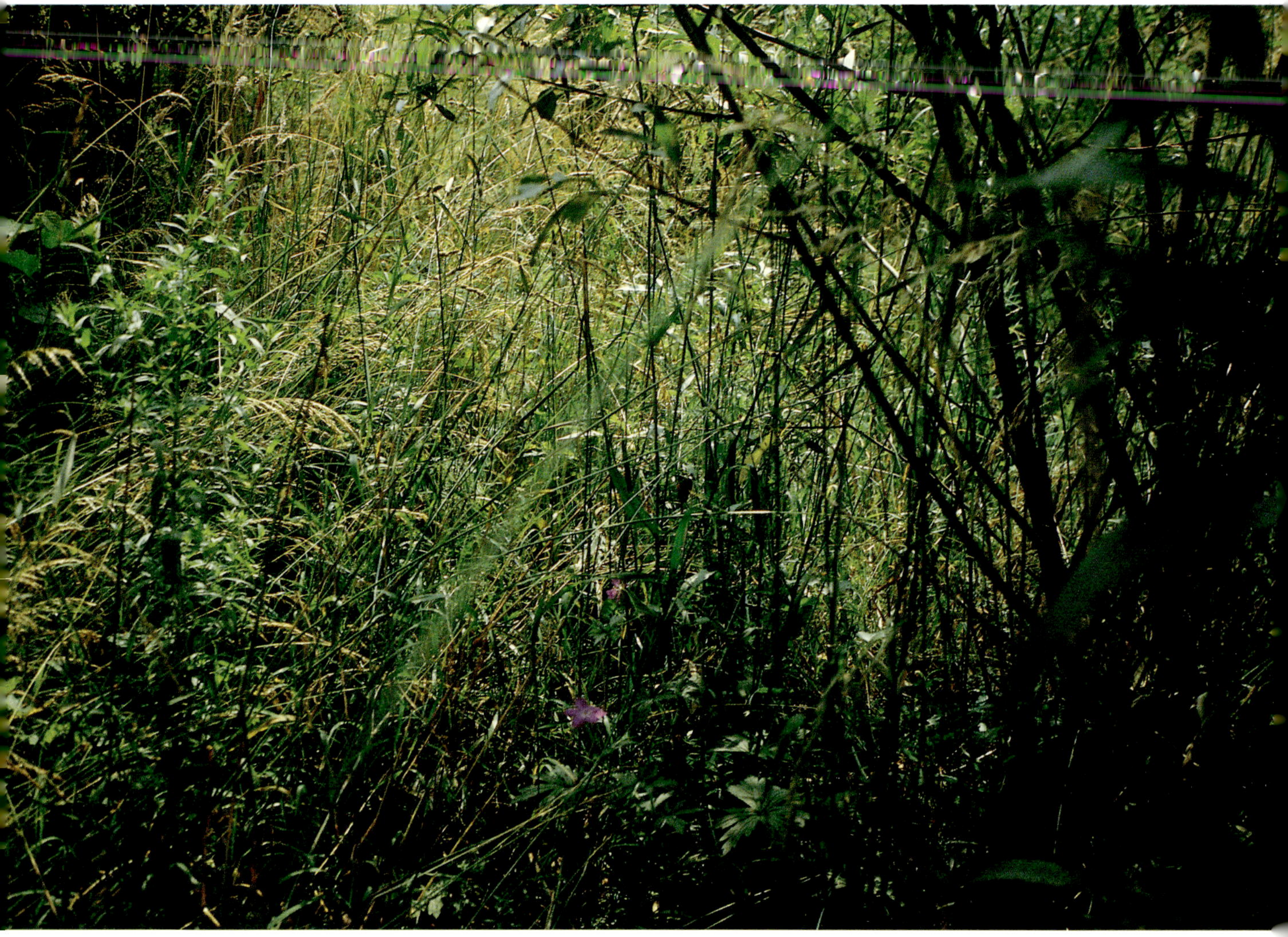

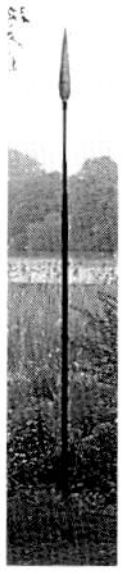

"THE MEADOW – PARADISE FIELD" 100 x 40 M, BEGUN 1986 (DETAIL), ESCHENAU, GERMANY

die form der landschaft ist ein zeugnis unserer kultur

"die art und weise, wie die gegenstände im sachverhalt zusammenhängen, ist die struktur des sachverhaltes.
die form ist die möglichkeit der struktur."
(ludwig wittgenstein, tractatus 2.032, 2.033)

landschaft ist eigentlich alles um uns herum: stadtlandschaft, kulturlandschaft, naturlandschaft. naturlandschaften gibt es kaum noch, alles ist vom menschen, von uns kultiviert, genommen.

wie prächtig sind vergessene oder verwahrloste grundstücke in den städten: dort beginnt die natur sich wieder zu entwickeln, beifuß, disteln, brennesseln, winden, brombeere, dann kleine bäume, wie birken, grauweiden, robinien, in den letzten jahren auch buddleija. solche städtische vegetation ist keine ursprüngliche natur im historischen sinn, sondern aktuelle natur, die sich nach den vorgegebenen möglichkeiten entwickelt.

parkanlagen sind keine natur, parks sind kultur, und als erfahrungsräume sind sie in der regel (aber nicht immer) im vergleich zu der natur, wie sie an diesen arten vorkommen kann oder sich hier früher befand, verarmt, der park als kulturell verarmte natur.

der botanische garten dagegen ist kunst: mit bewußtsein zusammengetragene elemente der natur (planzen, bäume), die sehr artenreich und damit erfahrungsreich sind, aber doch eindeutig kultur, denn ohne menschliche pflege kann sich der botanische garten nicht erhalten.

landschaft ist mehr, als wir mit sprache beschreiben können.

die landschaft, die kulturlandschaft, ist vielleicht der deutlichste und konkreteste ausdruck unserer kultur und ihrer geschichte. das ist es, was wir daraus gemacht haben, das ist es, worin unser leben seinen stärksten niederschlag findet, die kulturlandschaft ist in höheren maße, als es gebäude oder denkmäler sind, zeugnis unserer menschlichen entwicklung. natur gibt es in ihr in west europa bestenfalls noch marginal, aber diese natürlichen, halbnatürlichen oder bruchteil-natürlichen landschaftsbestandteile sind so wichtig für den erhalt unserer lebens-und erfahrungsgrundlagen, daß jede schmälerung einen verlust bedeutet.

herman de vries, who refuses to use capital letters, was born in 1931 in Alkmaar in Holland. He trained in horticulture, was a farm worker and became a botanist. His art began in an abstract and minimalist style, for example with the periodical *0* (zero), but in the course of the sixties moved towards conceptualism, with happenings like the exhibition "Young Danish Art" in the Charlottenborg basement in 1969, where he was arrested. Since then his commitment to botany has guided him in the direction of exhibitions of objects in natural materials. His knowledge of consciousness-altering plants and medicinal herbs is encyclopaedic, and his studies have taken him far and wide.
Since 1970 he has lived at Eschenau in Germany, where his studio is a forest and his work is a meadow torn out of the cultural landscape and restored with meticulous care to its natural condition.
Many museums – including Silkeborg Kunstmuseum in 1990 – have invited him to create exhibitions where the material often comes from his own herbarium. It is not regularity or uniformity he seeks, but variations and diversity within what he calls "natural relations", and which he has documented in a book of two thousand plants and commentaries. Language too is involved in his experiments. His most recent book is entitled "to be"; herman de vries is an observant traveller. *(Translated by JM)*

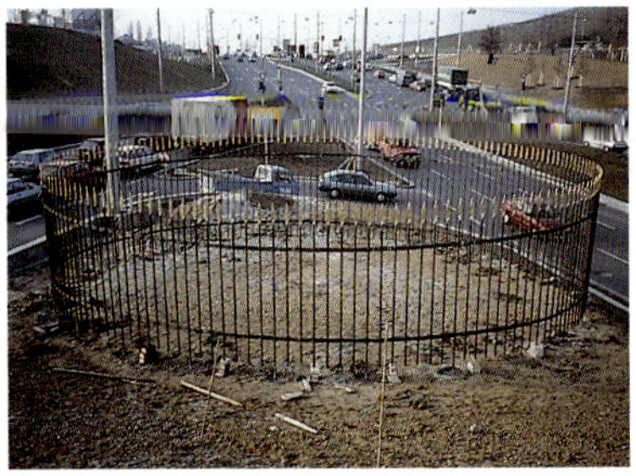

"SANCTUARIUM", 1993. PROTECTED AREA.
STUTTGART, GERMANY

in die natur, in eine naturlandschaft dürfen wir nicht mehr eingreifen, es sei denn, um sie vor einflüssen von außen zu schützen (das ist dann wieder kultur).

kunst in der natur ist völlig überflüssig! natur ist sich selbst genug und muß auch uns genug sein – mit kunst können wir die natur weder bereichern noch verbessern.

in eine kulturlandschaft darf man eingreifen, aber der charakter alter, gewachsener kulturlandschaften muß dabei respektiert werden. kunst in der landschaft kann heute nur funktionieren, wenn sie sich mit dieser landschaft zu einem zusammengehörigen ganzen vereinigt. so wie in der bildenden kunst, etwa in der malerei eines jackson pollock, die zentralperspektive abgeschafft wurde, um einen demokratischen bildverständnis platz zu machen, in dem alle bestandteile ihren eigenen, gleichen wert haben, ist das beherrschende monument, das den blick zentral auf sich zieht, heute nicht mehr zeitgemäßt. wir haben keinen bedarf mehr an hierarchien.

je mehr die landschaft gestört ist, desto mehr kann sie kunst gebrauchen, die landschaft heilen.

polder, heide, ackerfluren, flußauen sind einige beispiele für kulturlandschaften, die schon aus historischem verständnis für unsere erfahrung als kulturvolk von bedeutung sind. unsere aufgabe ist es, unser heutiges leben damit und mit der natur in einklang zu bringen, die landschaft nicht nach kurzfristigen bedürfnissen zu organisieren, sondern mit bewußtsein. so kann landschaftsplanung zu kunst werden.

in einer kulturlandschaft wieder natürliche bestandteile zu entwickeln, ist für mich eine künstlerische tat, denn kunst kommt von können und hängt mit bewußtsein und bewußtwerden zusammen.

herman de vries

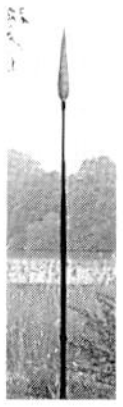

landskabets form
er vidnesbyrd om vor kultur

"den måde, tingene faktisk hænger sammen på,
er sammenhængets struktur.
formen er strukturens mulighed."
(ludwig wittgenstein, tractatus 2.032,2.033)

landskab er egentlig alt det, der omgiver os: bylandskab, kulturlandskab, naturlandskab.

naturlandskaber findes næsten ikke mere, alt er taget af mennesket, kultiveret af os.

hvor smukke er ikke de forladte og øde grunde i byerne: her begynder naturen at udvikle sig igen. bynke, tidsler, brændenælder, snerler, brombær. så kommer små træer som birk, gråpil, robinier, i de sidste år også buddeleja. disse vegetationer i byen er ingen oprindelig natur i historisk forstand, men aktuel natur som udvikler sig efter de givne muligheder.

parkanlæg er ikke natur. parker er kultur, og som erfaringsrum er de sædvanligvis (men ikke altid) forarmede i sammenligning med den natur, som kan dukke op på disse steder, eller som førhen var der.
parken som kulturel forarmet natur.

den botaniske have derimod er kunst: bevidst sammensatte elementer af natur (planter, træer), som er overordentlig mangeartet og derfor erfaringsrig, men dog entydigt kultur, thi uden menneskelig pleje kan den botaniske have ikke overleve.

landskab er mere end vi kan beskrive med ord.

landskabet, kulturlandskabet, er måske det mest tydelige og mest konkrete udtryk for vor kultur og dens historie. det er dét, vi har opnået, det er dét, vi har præget med vort liv. kulturlandskabet vidner i højere grad end bygninger og mindesmærker vidne om vor menneskelige udvikling. natur findes i Vesteuropas kulturlandskab kun marginalt. men disse naturlige, halv- eller delvis naturlige landskabselementer, er så vigtige for opretholdelsen af vort livs- og erfaringsgrundlag, at enhver indsnævring ville betyde et tab.

vi må ikke mere gribe ind i naturen, i et naturlandskab, bortset fra at beskytte det fra ydre påvirkninger (det er så igen kultur).

kunst i naturen er fuldstændig overflødig! natur er nok i sig selv og må også være nok for os – kunst kan hverken berige eller forbedre naturen.

man må godt gribe ind i et kulturlandskab, men de gamle, oprinde-

herman de vries, som fornægter de store bogstaver, blev født 1931 i Alkmaar i Holland. Han lærte havebrug, var landarbejder og blev botaniker. Hans kunst begyndte abstrakt og minimalistisk bl.a. med tidsskrift "0" (zero), men bevæger sig i løbet af 60'erne i retning af det konceptuelle, med happenings som f.eks. i udstillingen "Ung dansk kunst" i Charlottenborgs kælder 1969, hvor han blev arresteret.
Siden har hans engagement i botanik styret ham i retning af objektudstillinger af naturmaterialer.
Hans viden om rusplanter og lægeurter er encyklopædisk, og hans studier har ført ham vidt omkring.
Siden 1970 har han boet i Eschenau, i Tyskland, hvor hans atelier er en skov og hans værk en eng revet ud af kulturlandskabet og ved omhyggelig pleje ledt tilbage til naturen.
Talrige museer inviterer ham til at skabe udstillinger, hvor materialet ofte kommer fra hans eget herbarium. I 1990 udstillede han således i Silkeborg Kunstmuseum (katalog af Troels Andersen og tekst fra de vries' "natural relations"). Det er ikke ligheden eller det ensartede han søger, men variationer og forskellighed indenfor "natural relations", et tema han har illustreret i en bog med to tusind kommenterede planter. Også sproget inddrages i hans eksperimenter. Sidst udkomne bog har titlen:"to be"; herman de vries er en opmærksom rejsende.

GKS

lige kulturlandskabers egenart må respekteres. kunst i landskabet idag kan kun fungere, hvis den forener sig med dette landskab til ét sammenhørende hele.

på samme måde som centralperspektivet blev afskaffet i billedkunsten, f.eks. i Jackson Pollacks maleri, for at gøre plads til en demokratisk billedopfattelse, hvor alle dele har deres egen, men ligeværdig betydning, således er også det dominerende monument, som tiltrækker blikket, ikke mere relevant idag.

vi har ikke længere behov for hierarkier.

jo mere der gribes ind i landskabet, desto mere har det brug for kunst. det handler om at hele landskabet. (men med hvilken kunst?)

marsk, hede, agerland, vådområder er nogle få eksempler på kulturlandskaber, som på baggrund af den historiske forståelse for vor erfaring som kulturfolk er af betydning. det er vor opgave at skabe samklang mellem kulturlandskabet og vort liv idag samt naturen, ikke kortsigtet men ansvarsfuldt. på denne måde kan landskabsplanlægning blive til kunst.

at genudvikle de naturlige elementer i kulturlandskabet er for mig en kunstnerisk gerning, for kunst kommer fra at kunne og hænger sammen med bevidsthed og bevidstgørelse. *(Oversat af AJ)*

UDEN TITEL. GAMMEL EG OG SPYD, 1998.

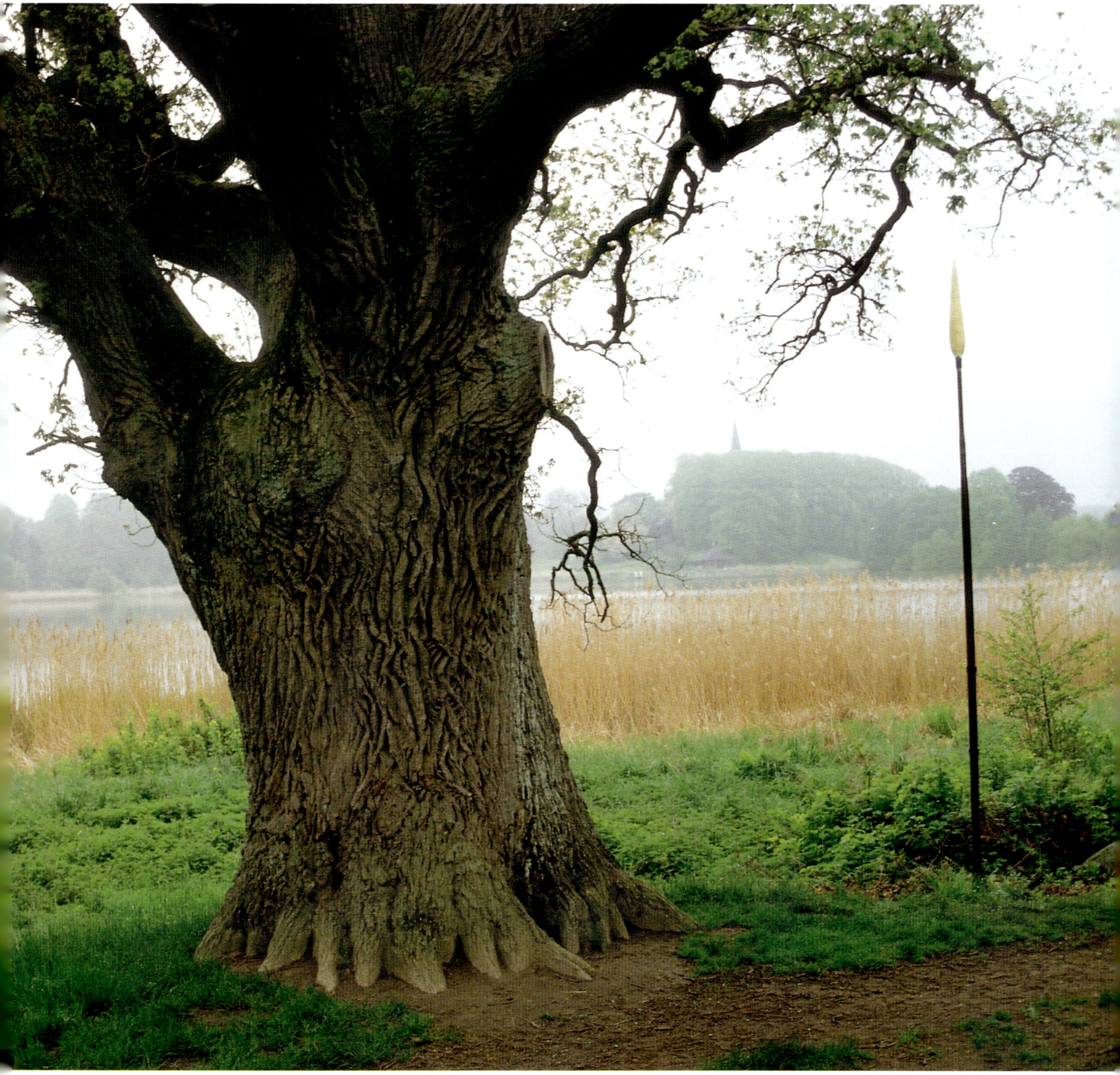

Bogen

I parken står en bog af sten,
ingen kan blade i, ingen kan læse.
Den indeholder en hemmelig Tora, alt det af
Tractatus, Wittgenstein ikke kunne skrive,
poesi fra Skabelsens første timer.

Bogens navn er IMMUNITY, det vil ikke vide af
grænser, ikke ordets, end ikke hymnens.
Dette værk er dæmpet tid, dets egen
ukrænkelige filosofi, en uimodtagelighed på hvilken
civilisation har monteret sin svedne grisehale.

Dyret

Der er altid uro i jeg'ets spejlkiste, i det
solipsistiske dyb,
hvorfra den evige flimren fra dyrenes rejser
registreres som i en drøm.

Det er kun når dyret henvender sig
at det tvinges til at efterligne mennesket:
vrikker med røven, tæller på knapperne og
danser selskabsdans.

Kaskelotterne på Rømø eller: Hvad naturen gav

Hør her, min fede engel,
jeg skærer mig en ordentlig bøf.
Man kan jo ikke stoppe
en hval i en fryser.
Jeg passer på med
ikke at foræde mig, men
vil du virkelig ikke have noget
af det selvdøde, men absolut
vaskeægte fra stranden?
Lille, fede engel,
den er større end din røv og
med citron og så en Elefant og
mundfuld efter mundfuld og på samme tid
mine dybe snit i kroppen i tv som
Meyer Meyer Meyer og
floder af blod i havet -
det er mig, Bruno fra Vråby, og
jeg er ikke død endnu, min
lille, flommefede engel i
rundbuestil, og det er
gratis, gratis!

Det manglende hoved

Chamisso skrev om en mand uden skygge.
Hoffmann skrev om en mand uden spejlbillede.
Jeg skriver om en mand uden hoved.

Hans øjne ligger i en sukkerskål.
Hans mund under måtten.
Hans næse i et næsefoderal.
Hans ører ude i handskerummet.
Og hjernen står på en stage skråt til venstre
for fjernsynet.

Alt hvad han har
ligger i hans trampen og
i fingrene som forvandler verden til aftrækkere og
tangenter for moll og bas.

Hvis han går ud for at elske naturen
sætter han sin hat på halsen og
holder kikkerten for røvhullet.

Men se:
dér har vi jo slank-lorier med store øjne,
der lever i Malaysias træer og
bevæger sig langsomt som mekanisk legetøj
der er ved at gå i stå.
Men pludselig slår de ud med en yndig næve: BOK!

Hvor håbløst dog at ramme en mand på næsen
når han intet hoved har.
Hvor håbløst for en lille halv-abe
at vække ham.

Og når manden atter får sit hoved,
når munden trækkes væk fra måtten
og sættes på plads,
når øjnene trilles hen for enden
af tårekanalerne,
er det for sent at le, for sent
at græde.

Kaspar Hauser

Det er ikke til at se naturen gennem dette filter,
det er ikke til at se naturen for vi er mennesker.
Vi sidder i mørket bag brændestabler,
vi leger med små træheste og drikker vand
med opium. Vi er alle gåden fra Nürnberg,
vi dukker op
fra dybet af en forbrydelse og plaprer:
Jeg vil gerne være sådan en rytter som far var,
jeg vil gerne være sådan en rytter som far var.
Vi kender ikke ordenes betydning, vi er helt åbne
og uden
bevidsthed og rede til at lade os fylde til briste-
punktet
af kemi og bedrag.
Vi er selv erobret natur efterladt som stivnet slots-
park:
Her dræbtes den ukendte af en ukendt.

Kometen

Engang skrev jeg et digt om
Halleys komet og mit barnebarn Kristoffer
fordi de ankom på samme tid, kometen ude fra det
svimlende firmament og drengen inde fra min
datters mave.

I nat betragter jeg en ny komet femten millioner
kilometer oppe over mit hoved og lidt til højre.
Mellem Halley og denne blev jeg bedstefar fire
gange
så jeg forventer mig ikke mere lige nu.

Dog tænker jeg på at åbne mit hjem for en komet-
kat
med lang, elektrisk hale, den skal
cirkle om min stol om aftenen inden den lægger sig
på
digtene i mit skød og spinder
som rigtige kometer gør hver gang de hengiver sig
til
drømme i det ubegribelige himmelrum.

Der går 172.050 år inden du lader dig se igen
med din hale af jubelsang fra nyfødte.
Der går 172.050 år – så er jeg vel nærmest jævn-
aldrende
med alle dem jeg elsker.

Der går 172.050 år så er digtet en runeskrift
på stjernekortet, indersiden af mit kraniums
himmelhvælving.

Langelandsk dadaisme, tidligt forår

Den ligger på langs, øen, og det bliver snart tø.
Hvis den lå på tværs
ville man ikke kunne komme gennem Storebælt.
Den ville strække sig fra Svendborg til Skælskør.
Men den ligger på langs, meget naturligt.
Den er et brev set fra kanten
stukket ned i en postkasse uden bund og
fyldt med vand.
Men hvis den lå på tværs
ville vandet stige i postkassen
og isflager sætte sig fast i sprækken
som returnerede breve fra midvinters mørke.
Men den ligger på langs, meget naturligt.
Det er kun menneskene der ligger på tværs.
I Bagenkop ligger de så meget på tværs
at de aldrig har været i Lohals.
Nu ryster øen som en kompasnål, nu smelter sneen,
nu roterer den omkring Simmerbølle
og hamrer Nakskov i nakken.
Nu gør øen oprør og lægger sig på tværs
ind gennem Smålandsfarvandet mellem Omø og
Vejrø
og får således langelænderne til først at ligge på
langs,
men straks derefter hulter til bulter,
meget naturligt.

*

Det lille menneske siger:
Jeg tegner verden
Så enkelt at kaste et blik og
gribe en blyant eller min
hånd og hive mig væk fra den
slagne vej, ind i tykningen,
gennem det højeste græs,
jeg bliver våd, ind mellem træerne,
rifterne svier
Der ligger et dyr under jorden
– det har hun set
og alt det jeg ikke kan se
kan hun tegne
Det er så let, den smule
der rager frem og kræver et
blik. Selv dét var jeg
ikke klar over mere at jeg besad
Jeg vidste at fødder kan flyttes og
dermed flytter den vedhængte krop
Jeg vidste at øjnene ser man med
Men blikket der udvider, havde jeg glemt,
der borer sig
ned gennem jorden og ser det
skjulte, den smule
der mangler, så lidt, at anstrenge
sig og se hele dyret,
det hele.

1996

Tickon-parken

En tak til de træer, som står her
til dem, som har plantet træer
De knejser i hvirvler af sne
og oplader al slags vejr

Engang var Europa dækket af skov
der vrimled af vilde dyr
Alt skete blandt træer og på bjerge
det kan høres i Grimms eventyr

Tiden var langsom, var træernes tid
ikke bilens, elektronikkens
Rytmen var ikke metronomens
monotoni – men musikkens

Var årstider. Nymåne, fuldmåne, østligt
svindende dybrødt segl
Alt var forskelligt fra mennesker
ikke et hemmeligt spejl

Der var ikke storbyer, motor-
veje – og flader med korn
men stier, ulve, gevirer
og glimt af et enhjørningshorn

Alt dette erindrer træerne om –
så langsom du bliver ved dem
Du vandrer landskabet op i dit sind
og oplever stedet som hjem

17. marts 1996

Fra Angkor Thom til Tickon

Vandringer i Tranekær Slotspark og
fra strand til strand på Langeland, marts 1996

Mellem bakterierne og kometen –
hvor kommer kunsten ind?
Hvorlænge sov vi,
hvornår vågnede vi
mellem unge og ældgamle træer?
Vi vidste så lidt om tiden,
for det som sover på Jorden
er en gåde for sig selv,
uforbundet med formerne
som det vender sig i og overskrider
uden at ændre dem.
Da vågnede det og strakte sig,
greb efter løv og frugt,
målte sine armes længde,
og hænderne greb efter lyset
mellem liv og død,
træet og stenen.
Lys faldt på dem,
men om en skygge lukkede de sig.
Så stod det ved vandet
og havde fundet en ny målestok
for sin lidenhed:
det fremmede, flytbare men formløse
som alene udgør
en enhed på Jorden.
Men da de flokkedes flere ved vandet
og efter mange øvelser
havde skænket hverandre
lydene og sangen,
målte de deres alder
med solen, månen og stjernerne.
De ville slette ensomheden ud,
men vandet slettede
sin egen formelskrift på bredden.
Ensomheden vendte tilbage til dem
som en hest uden rytter.
Var de i slægt med skyerne, stenene,
de vingede, finnede, firfodede,
med rod eller svævende frø,
blomstens og fluens ottedages sommer?
De gav ikke op
overfor summen af deres udregninger.
De besteg højene for at se
hvor meget vand der findes,
hvor dybe skove,
hvor lange dale og brede stepper,
om afstandene
ville komme dem i møde
eller de selv måtte gå.
De bøjede sig ned
hvor ris og hvede stak frem
mellem slangehoved og lilje,
bøjede sig dybere
og byggede altre for lægedom,
for ilden, mætheden og forudsigelserne.
Det som bor i træet
ville de indsætte i stenen,
derfor bekransede de den,
overmålte den med rødt,
svøbte den i guld,
gav den mund - men øjne?
Hvordan afbilde øjnene
de følte stirre på sig? -
og bundtede foran dens mund
deres første grøde.
De havde brændt sig på lynet,
revet sig på torne,
flået fødderne til blods
på stierne som endte blindt i fjældet,
lagt deres døde
i huler og grave

og sagt: dette er et skød,
døden er ikke til.Men de frygtede den,
for dèr var igen
den grå viser cirklende omkring dem,
den mørke frugt i deres hænder.
Alligevel rankede de sig,
rejste varder for dem der i tågen
skulle søge deres spor,
steg to og to, varmet ved hver sin ild,
tilfældigt sammenbragte men besluttede på
aldrig at slippe hinanden,
højere op for at se
om det var rigtigt at Jorden er rund,
også havet rundet,
om der længst ude var et samlende punkt,
hvor mange vinger luften kunne bære,
fra hvilke retninger råstof måtte hentes
til broer, både, læ mod stormene
og hvor talrige hjorderne af kvæg
de kunne tyvmalke,
dræbe, æde og skære sig forklædning af.
Mennesket forklædte sig
som dyr, som træ, som gud,
gjorde sig lille, gjorde sig stort,
undertiden meget stort for de små,
meget lille, dertil spagt
for de store
som målte deres sang med fuglenes,
deres klage med gamle stammers
og udhulede knoglers vindjammer,
deres skæbnes vægt med metallerne,
deres favn med det hele.
Forklædningen blev tilbage
som trippende trin
over ismark og ørken,
fortvivlelsens og håbets næsten usynlige flag
plantet sekund for sekund
under vældige spring
hvor ingen modstand er,
intet vand,
i æonernes urværk.
Forklædningen blir tilbage lidt endnu
med sin ærefrygt, sit oprør,
rædslen, sorgen, glæden
og kroppens tak.
Resten blæstes omkuld.
slugte dyrene, skjulte rødderne,
nedbrød og ombyggede bakterierne
til det havde glemt alt
og vågnede,
forundret over at vågne,
solblændet, missende
som vand
ved en langsomt vigende vinters rand.
Kometen, skabt
eller udstødt af det skabte,
er unægtelig et mesterstykke
men gør ikke andet end gløde og afkøles,
gløde og afkøles, følge sin bane.

Paradisets børn

Der står han i sin hvide dragt
klovnen, din barndoms klar-
hed
og synger stumt om altings opsyn
din daglige findelykke
så du kan tænke som en tolv årig
og atter mærke glæden

*

Dette grænseløse afsæt
mellem lys og forsvinden
denne opblussen af dig selv
i din lune seng
hvor du vækket af viden
pludselig ved alting
og i et tidløst syngende
spring kommer til alle steder

Du er en flyvende indsigt
en heftigt standset dykken
som du baglæns genkender
fra din skoletid
kraftspringet som du altid
frygtede og undveg
indtil du brat gennemførte det
og stod genskabt på to ben

Sådan har du det, klovn
i din glemselsseng
uddrevet af dig selv
din frihed og din grænse
ser du i din lyse svæven
at alt som er liv
kommer af dit gennembrud
og dine skjulte kræfter

Du indser ikke mere
gennem sammenligning
dine svar er fuglefrie
og årsager har en fuglesti
du er et horn af glimt
som hugger gennem
tvivlens grå junglelove
og din egen følsomhed

Således er du gibbonabe
skovenes Pan og Lilith
du står ved et verdensbord
og ved du er på vej
fundet af fortid er du
trævlerod og pælerod
og kommer til et nu
som giver dig dit mod

Og du er et træskonæb
og Søren Kierkegaard
på et øde omsust sted
samles alle billeder
jeg mener de små ord
som i et vulkanudbrud
forvandler frygt og gru
til et simpelt svar

Således Billie Holiday
og Pierrot og Albert Dam
skal vor verden, denne fange
blive fri igen
med èt er vi atter alting
dyr og træ og gudinde
som fra et samlingssted
sprænger umuligheden

Lys og bortfald mødes altid
foran søvnhavets porte
så længe du sover og drømmer
begynder alt med dig
her er du altid begynder
og midt i skaberøjet
alt som sker efter dig
sker på grund af dig

Mens kometen Hyakutake
himmelsk spermatozo
sejler kaotisk ind i æggets dyb
og blir der i 17 tusind år
ser du dit eget kaos
ordnet bryde sammen
ingen angst kan bære vand
mod kærligheden

Som kometens uimodståelighed
er vor barnlige godhed
som kometens forudsigelighed
overlever lysets viden
ingen kosyge eller virus
ingen istid eller griskhed
er vældigere end barnet
der vækker os i sengen

Jamen, så bliv dig selv
både nyfødt, ung og olding
træd trygt som abeunge
og Billie Holiday
ud i lyset, sammenhængen
for et gammelt sted
mellem Hyakutake og ægget
at være kærligheden

Vær menneske og træskonæb
    vær barn og Albert Dam
spring som sjælens næsehorn
    ud i en saltomortale
vær Kierkegaard og Pan og Pierrot
    sig det som Lilith ved
at kun den som er sin fortid
    får lov at blive her

*

Han tier, den stumme hvide klovn
    og vender sig i hjertet
Du er din egen sammenhæng
    og vilje til at lytte
Du er dit eget paradis
    og vilje til nødvendigheden

1. maj 1996

I skaberens have

Grevinden kender mig ikke.

På den anden side af søen rejser jeg et skævt tårn af strå, der vildt rækker ud mod slotstårnets lodrette murværk, hvor hun står med sin buede mund bag de runde vægge, og tårnets ruder presser hun en efter en den mund imod.

Efter syv dage står det der; tættere kommer jeg ikke grevinden, og jeg kan sige til vinden: "Flå", og "Værsgo" til regnen.

Først skal jeg forsvinde, så skrider måske mit tårn, jordslået, opløst, i søen; næsten det intet jeg kom fra og går til.

I natten efter den syvende dag står jeg, uset, en ingen, blandt nedstyrtede bikuber og stirrer mod slottet, hvor grevinden drevet af min tanke (om ikke at være til som enhver) må vandre fra værelse til værelse for bag hver eneste rude at tænde et lys.

En time før daggry den ottende dag er også hun færdig og allerede forsvundet mod syd i sit mørkerøde automobil.

En umådelig mængde lys blafrer. Dem må grevindens mand slukke; det gør jeg så.

Mellem botanik og landskabsæstetik

MARGRETHE FLORYAN

"Det er rigtigt med greben at jagte Naturen … Vi fremelsker lunden mellem marmorsøjler i alle farver, og vi priser de huse som er placeret højt i det vidtstrakte agerland." (Horats)

I det første århundrede før Kristi fødsel levede i Rom en rigmand, som brugte en stor del af sin formue til at understøtte kunstnere. Hans navn var Maecenas, og blandt de kunstnere, som især fremkaldte hans begejstring og kontante opmuntring, var digterne Vergil og Horats.

Haver var et vigtigt motiv i deres digtning. Vergil og Horats priste den romerske antiks fornemste landskaber og haveanlæg, og Horats nød endda det privilegium at bo i en villa i Sabinerbjergene, med tilhørende urtegård, frugthave og lund – altsammen finansieret af Maecenas. I sikker afstand fra byens fortravlede liv kunne Horats her, som han selv formulerede det, "nyde lundene, deres skygge og ro" og lade muserne inspirere sin digtning.

Siden Maecenas' vellykkede sponsorgerninger er ordet *mæcen* gledet ind i mange sprog til betegnelse af en person, som økonomisk eller praktisk støtter kunstens udøvere. Det gælder også havekunsten, selvom den per definition er nært forbundet med dyrkningen af forskellige former for nytteafgrøder og traditionelt trives side om side med skov- og landbrug.

Haven ved Tranekær Slot er i den henseende typisk. Marker og skov udgør sammen med Borre Sø rammen om dette anlæg, og haven har traditionelt både været til nytte og til pryd. Tranekær har i mange generationer tilhørt Ahlefeldt-Laurvig-slægten, og medlemmer af slægten har på forskellig måde selv og, indirekte, gennem deres valg af havekunstnere og gartnere i høj grad sat deres præg på havens historie.

Idag er det billedkunstnernes økologisk-æstetiske omgang med og indstilling til naturen, som udgør Tranekær-havens program. Med lensgreve Preben Ahlefeldt-Laurvig som vært skabes der inden for landskabshavens gammelkendte kulisser anderledes scenarier og nye, betydningsmættede rum.

Margrethe Floryan er lic.phil, museumsinspektør og forfatter til "Gardens of the Tsar", Århus & New York, 1996

Til sammenligning bliver andre historiske haver – delvis under indflydelse af den også på internationalt plan voksende interesse for vore grønne omgivelsers historie – genskabt i overensstemmelse med, hvad arkæologien og kilderne kan fortælle om de oprindelige planer, potter og plantelister. Hvad det botaniske angår, værnes der på Tranekær i høj grad om de gamle træer og planter, som haven frembyder. Mange af disse vækster stammer fra de initiativer til en landskabeligt inspireret omlægning af haven, som gennemførtes i sidste århundrede.

Fra midten af 1800-tallet er der også vidnesbyrd om en frugthave på Tranekær, og til forsøg blev der omkring århundredeskiftet plantet ca. 150 æble- og pæresorter foruden andre frugtarter og nødder. I samme periode blev der i haven også viet roser stor opmærksomhed. Skiftende generationer af Tranekærs gartnere har også været optaget af at eksperimentere med både væksthusenes og lysthavens mange sjældne, herunder også eksotiske arter. Sådanne var ikke alene på mode i de år. I århundreder havde oversøiske arter hørt hjemme i større haver og plantesamlinger – ikke kun i de egentlige botaniske haver.

Overalt på Tranekær var der til den daglige pasning og pleje behov for særdeles kompetente folk, og fra Det Kongelige Danske Haveselskabs arkiv på Frederiksberg ved vi, at landskabsgartneren Henrik Flindt (1822-1901), en af sin tids absolut førende, mest produktive og indflydelsesrige specialister, havde udarbejdet planer for beplantningen. Arkivet rummer således en planteliste til Tranekær, dateret 1856 og signeret af Flindt. Materialet viser, at Flindt også gav udkast til plæne- og terrasseanlæg.

I Haveselskabets arkiv findes samme type materiale fra Flindts hånd med henblik på en landskabeligt præget omlægning af endnu en have i Ahlefeldt-Laurvig-slægtens eje, nemlig Eriksholm ved Bramsnæsvig på Sjælland. I årenes løb var Flindt tilknyttet mere end 200 herregårdshaver. Få var skolet så internationalt som han; i sine unge dage havde han, foruden i Tyskland og Frankrig, virket i England og Skotland. Og få skulle som Flindt sætte sit personlige præg på så mange private og offentlige haveanlæg. Side om side med sit virke som privat praktiserende beklædte Flindt igennem 34 år og med Frederiksberg som base også stillingen som haveinspektør ved de offentlige lysthaver. Haveselskabets arkiv – Flindt tegnede iøvrigt selskabets demonstrationshave – rummer også talrige kilder til denne del af hans virke.

Men i det omfang Flindt idag overhovedet har et navn uden for landskabsarkitekters, hortonomers og havehistorikeres kreds, skyldes det hans bidrag til et af Københavns største og mest imponerende anlæg, Botanisk Have. Flindts buste står idag i administrationsbygningen til Botanisk Have, og i anlægget lige uden for kan hans næsten virtuose gartnerkunst ses og studeres. I samarbejde med havens direktør, botanikeren Johan Lange og slotsgartner Tyge Rothe udarbejdede Flindt planerne for universitetets nye botaniske have (indviet 1874).

Fra kilderne ved vi, at Flindt gennemarbejdede skitserne til havens mange planteskemaer med professor Lange, ligesom han fra de mange rejser rundt i landet vedblev at indberette sine botaniske iagttagelser til Lange. De har været fælles om en videnskabelig tilgang til materialet, men Flindt har i egenskab af havekunstner også været meget interesseret i planternes og det gamle voldterræns æstetiske kvaliteter.

Under inspiration fra de engelske landskabshaver var der fra midten af 1700–tallet sket store forandringer i det europæiske havescenario, og det, der i første omgang var mode, skulle siden blive et slags internationalt gældende skema i gartneres og havearkitekters arbejde med terræn, beplantning og bygninger, med rum, lys og farver. Flindt var uddannet inden for denne tradition, og han vidste at omsætte den til dansk grund, i tidens nye haver og parker såvel som i de talrige projekter til omformning af historiske anlæg, som han var involveret i.

De i Haveselskabets arkiv opbevarede skitser og opmålinger til Botanisk Have viser, hvordan Flindt gennem sin behandling af de forhåndenværende terrænforhold, variationerne i beplantningen, tilrettelæggelsen af havepromenadens forløb og brugernes synsmæssige oplevelse af havens billeder har tilstræbt at skabe spændende og dog harmoniske rum (se side 6-7). Gennem et par strategisk anbragte synslinier formåede Flindt ligeledes at forbinde centrale motiver i Botanisk Have med både den omgivende storby og monumentale naboer som bl.a. Observatoriet.

Fra begyndelsen af 1870erne spillede brygger J. C. Jacobsen en yderst vigtig rolle, både praktisk og økonomisk, i planlægningen af dette anlæg, der skulle erstatte Universitetets gamle Botaniske Have bag Charlottenborg. Det er endda mæcenen selv, som har signeret en af tegningerne i Botanisk Haves arkiv. Tegningen viser væksthuset med det Palmehus, der om noget er blevet havens emblem.

Spredt rundt i Botanisk Have har der siden 1909 permanent været opstillet en række bronzeskulpturer – ligesom i de øvrige have- og parkanlæg på hovedstadens gamle voldterræn. Også skulpturerne skylder brygger Jacobsen deres plads imellem anlæggets bede, busketter, plæner og snoede stiforløb. Emnerne er hentet fra antikken og dens dyrkelse af naturens, skønhedens og jagtens mytologi – suppleret med portrætter af visse af den botaniske videnskabs hovedpersoner. Dette program var ikke på nogen måde udtryk for en markant ændring af Botanisk Haves udtryk. Skulpturerne kunne i princippet have været integreret i anlægget fra begyndelsen, eftersom den grundlæggende harmoniske opfattelse af forholdet mellem menneske og natur, som de antikke figurer synliggjorde, også var at genfinde i Flindts landskabsæstetiske fortolkning såvel som, mere generelt, i både 1700- og 1800-tallets landskabeligt inspirerede haveanlæg.

Foruden at fungere som samling, forsøgsstation og stemningsrum har Botanisk Have altså længe haft en betydning som ramme omkring billedkunstneriske udtryk, og der bliver løbende iværksat nyt. Til sammenligning er både grevefamiliens gæster og siden Tranekærs brede publikum traditionelt også blevet budt på tidssvarende musikalske, poetiske og billedkunstneriske oplevelser. På det botaniske felt adskiller proportionerne og ambitionerne i Botanisk Have og Tranekær sig dog selvsagt fra hinanden. Alligevel er der et fælles mønster i holdningen til det at bevare og over for havernes publikum at lade det gamle plantemateriale mærke med numre og data. Denne skik følges begge steder, altimens den landskabelige æstetik får os til at opdage havernes mangfoldighed af scener og tillader os, med Horats, at "nyde lundene, deres skygge og ro".

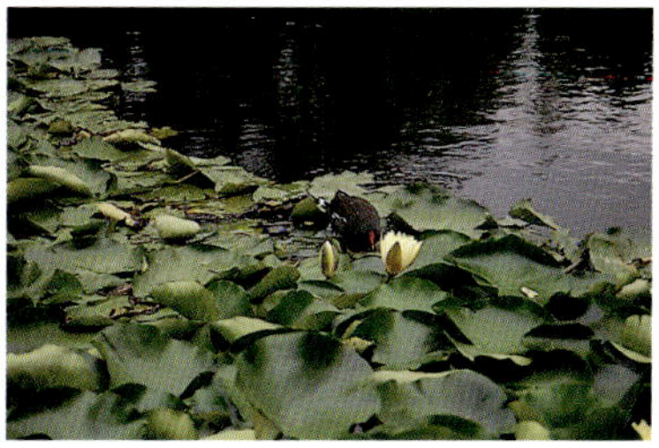

ÅKANDER I BOTANISK HAVE / BOTANICAL GARDENS, KØBENHAVN, DANMARK. FOTO ALFIO BONANNO

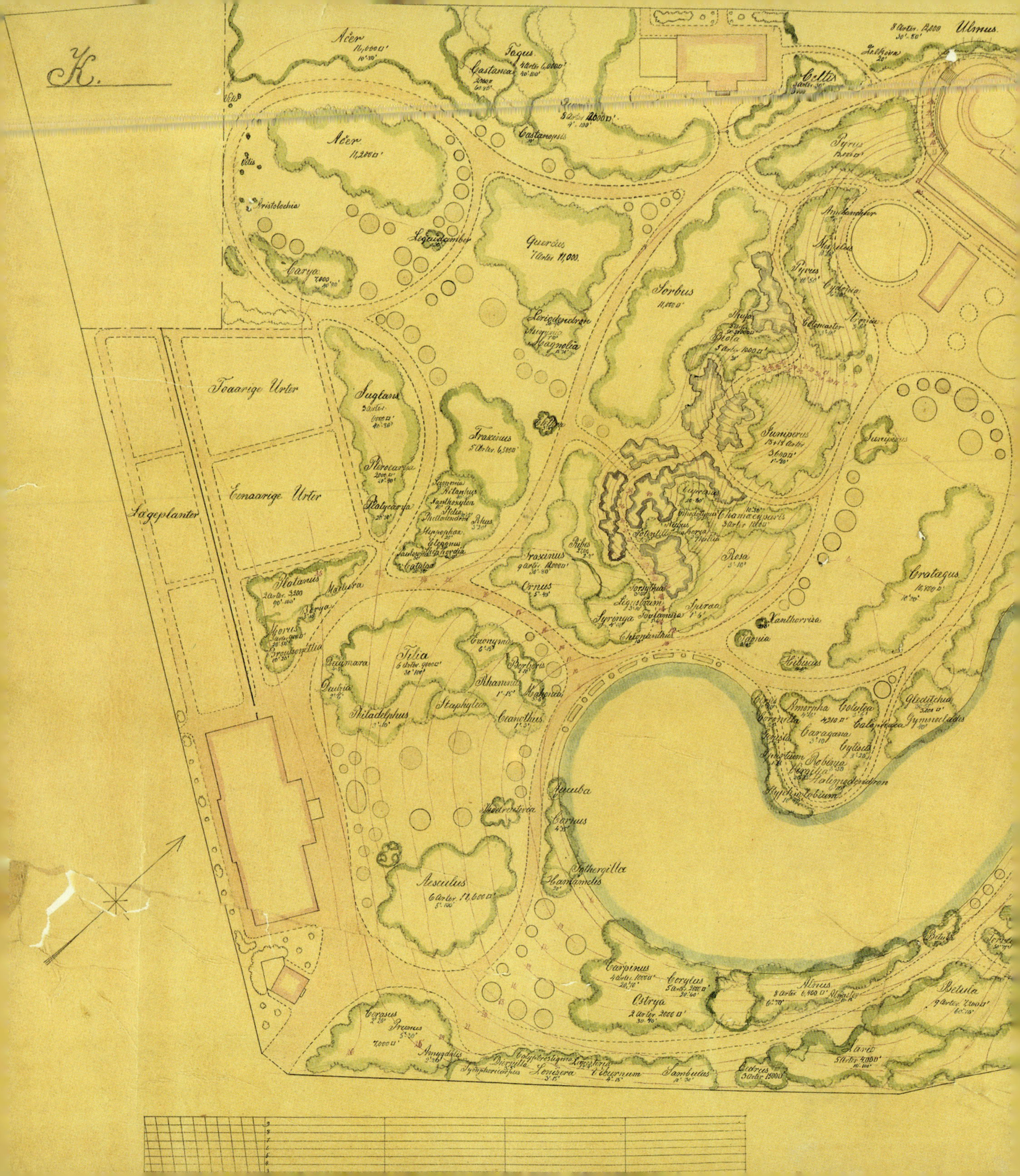
K.
Acer
Fagus
Castanea
Ulmus
Celtis
Zelkova
Acer
Quercus
7 Arter 11,000
Sorbus
Pyrus
Carya
Liquidambar
Aristolochia
Liriodendron
Magnolia
Juglans
Pterocarya
Platycarya
Fraxinus
Toaarige Urter
Enaarige Urter
Juniperus
Chamaecyparis
Rosa
Crataegus
Platanus
Morus
Tilia
Euonymus
Rhamnus
Philadelphus
Staphylea
Ceanothus
Aesculus
Ribes
Cornus
Syringa
Ligustrum
Spiraea
Xanthorriza
Hibiscus
Gleditschia
Amorpha
Colutea
Caragana
Robinia
Aucuba
Fothergilla
Hamamelis
Carpinus
Corylus
Ostrya
Alnus
Betula
Larix
Cedrus
Cerasus
Prunus
Amygdalus
Lonicera
Viburnum
Sambucus

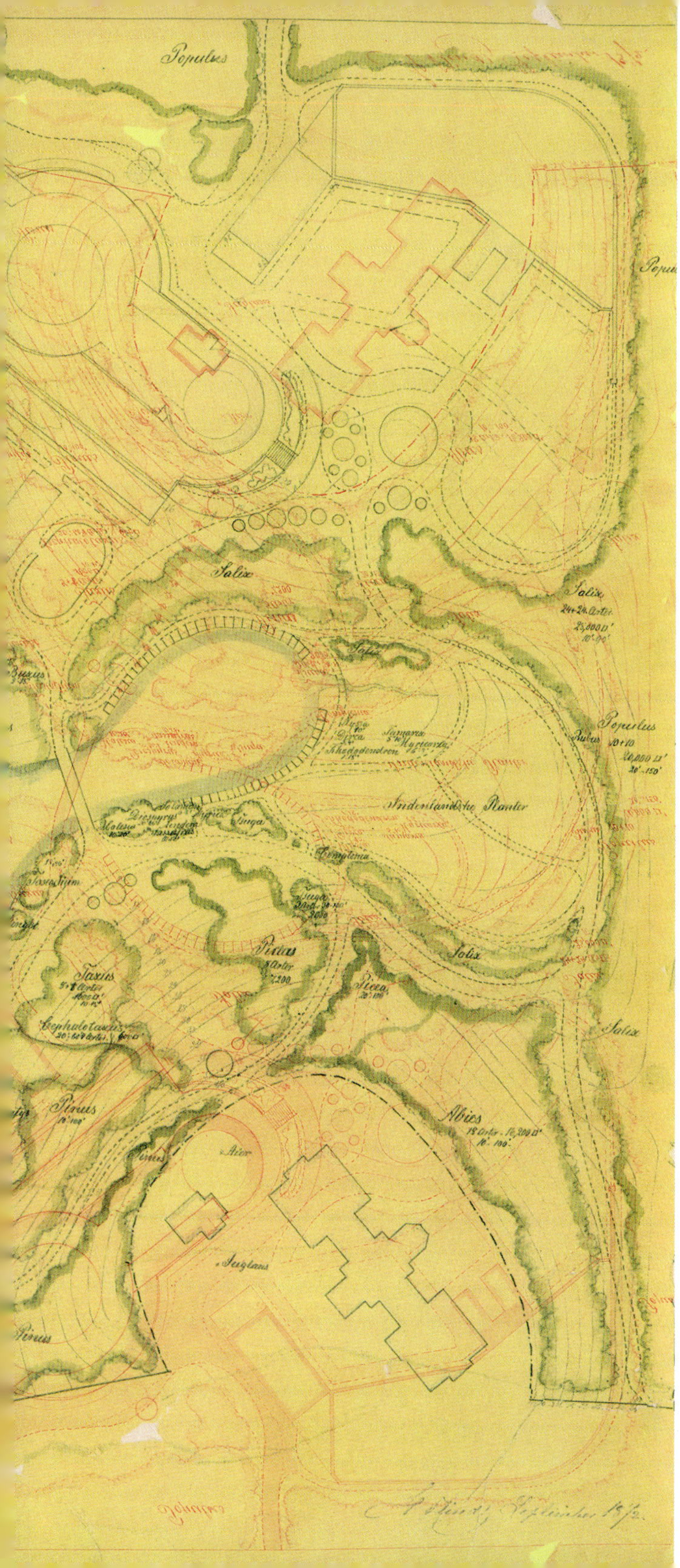

HENRIK FLINDT: PLAN OVER BOTANISK HAVE / BOTANICAL GARDENS. SIGNERET OG DATERET 1871. DET KONGELIGE DANSKE HAVESELSKABS ARKIV. FOTO HANS PETERSEN

Københavns Universitets fjerde Botaniske Have, blev åbnet for publikum den. 1. juni 1874.

Denne plan, dateret 1871, har Flindt udført på baggrund af de krav, komiteen bag havens anlæggelse stillede med hensyn til den botaniske ordning. Havens plantekvarterer er indtegnet, og navnene på de enkelte familier er angivet.

Samtidig er det lykkedes Flindt at værne om markante aspekter af de terrænforhold, der var betinget af havens beliggenhed på byens gamle voldanlæg. Stadsgraven blev kun delvist fyldt op, da den skulle være hovedmotiv i havens store delparti. Herfra hæver terrænnet sig temmelig stejlt op imod Observatoriebakken og den nuværende Øster Voldgade, mens det til de andre sider breder sig ud i store flader.

De karakteristiske væksthuse blev placeret i havens nordlige del, og næsten midt i haven ses stenhøjen, anlagt på en dobbelthøj der var resultatet af en omformning af en af det gamle fæstningsværks bastioner.

The fourth Botanical Gardens of the University of Copenhagen, opened to the public on 1st June 1874.

This plan, dated 1871, was drawn up by Flindt on the basis of the requirements as regards the botanical arrangements specified by the committee for the foundation of the Gardens. The plant regions of the Gardens are drawn in, and the names of the individual families are given.

At the same time Flindt succeeded in preserving striking features of the terrain due to the location on the old city ramparts. The city moat was only partly filled in, as it was to form the main motif in the large section intended for the Gardens. From here the terrain rises rather steeply up to the Observatory Hill and the present street Øster Voldgade, while to the other sides it spreads out in large flat areas.

The characteristic hothouses were placed in the northern part of the Gardens, and almost in the middle of the gardens we see the rockery, laid out on a double hill resulting from the remodelling of one of the bastions of the old fortifications.

Between Botany and Landscape Aesthetics

"It is right to prod Nature with the fork ... We coax forth the grove between marble pillars of all colours, and we praise the houses placed high in the wide-ranging farmland." (Horace)

In the first century BC there was a rich man who lived in Rome and spent much of his fortune supporting artists. His name was Maecenas, and among the artists who particularly aroused his enthusiasm were the poets Virgil and Horace.

Gardens were an important motif in their poetry. Virgil and Horace praised the finest landscapes and gardens of Roman antiquity, and Horace even enjoyed the privilege of living in a villa in the Sabine Hills, with its own garden, orchard and grove – all funded by Maecenas. At a safe distance from the busy life of the city Horace was able here, as he put it himself, to "enjoy the groves, their shade and calm" and to let the Muses inspire his poetry.

Ever since Maecenas' successful "sponsorship" the word *Maecenas* has become synonymous in many languages with financial and practical patronage of the arts. And this includes the horticultural arts, although by definition they are closely associated with the cultivation of various kinds of utility crops, and traditionally thrive side by side with forestry and agriculture.

The gardens of Tranekær are typical in this respect. Fields and woods, along with the lake Borre Sø, form the setting for these historic manorial gardens, and the gardens have traditionally combined the useful and beautiful. Tranekær has been owned for many generations by the Ahlefeldt-Laurvig family, and members of the family have in various ways, directly or indirectly through their choices of landscapers and gardeners, very much left their mark on the history of the gardens.

Today it is the visual artists' ecological and aesthetic approach to nature which is on the programme in the Tranekær gardens. With Count Preben Ahlefeldt-Laurvig as host, new scenarios and spaces loaded with meaning are being created amidst the familiar scenery of the landscape garden.

Similarly, other historic gardens – partly under the influence of the growing interest here and abroad in the history of our green surroundings—are being recreated in accordance with what archaeology and other sources can tell us about the original plans, pots and plant lists. As for the botanical aspect, much is done at Tranekær to protect the old trees and plants that grace the garden. Many of these originate in

Margrethe Floryan, Ph.D., museum curator, author of "Gardens of the Tsar", Århus & New York, 1996

the initiatives for a landscape-based restructuring of the grounds that was carried out in the last century.

From the mid-nineteenth century we have reliable evidence of an orchard at Tranekær, and around the turn of the century, as an experiment, about 150 varieties of apple and pear trees were planted, as well as other types of fruit and nut trees. In the same period great attention was also given to roses in the gardens. Succeeding generations of Tranekær gardeners have also been preoccupied with experiments with the many rare and exotic species in both the hothouses and the pleasure garden. Such things were not only fashionable then. For centuries overseas species have found a home in the larger gardens and plant collections—not only in the botanical gardens proper.

Everywhere at Tranekær particularly able staff were needed for the everyday care and cultivation of the gardens, and we know from the archives of the Royal Danish Horticultural Society at Frederiksberg that the landscape gardener Henrik Flindt (1822-1901), one of the leading, most productive and influential specialists of his age, had drawn up plans for the planting. For example the archives include a plant list for Tranekær, dated 1856 and signed by Flindt. The material shows that Flindt also made drafts for the lawn and terrace complexes.

In the archives of the Horticultural Society one finds the same type of material from Flindt with a view to a landscape-based restructuring of another garden in the possession of the Ahlefeldt-Laurvig family – Eriksholm at Bramsnæsvig, Zealand. Over the years Flindt was associated with more than 200 manorial gardens. Few gardeners were as internationally trained, and few were to set their personal stamp as he did on so many private and public gardens. In his own time he was regarded as the leading figure in the landscape gardening style in Denmark. For 34 years, alongside his work as a private landscape gardener, Flindt also held the post of inspector of the public pleasure gardens, with Frederiksberg as his base. The archives of the Society – Flindt incidentally designed the Society's own demonstration garden – also have innumerable sources for this part of his activity.

But to the extent that Flindt is known at all today outside the circle of landscape architects, horticulturalists and garden historians, it is thanks to his contribution to one of Copenhagen's biggest and most impressive garden complexes, the Botanical Gardens. His bust stands in the administration building there, and in the grounds just outside

Flindt's almost virtuoso gardening art can be studied. Flindt drew up the plans for the University's new Botanical Gardens (inaugurated in 1874) in collaboration with the Director of the Gardens, the botanist Johan Lange, and the Head Gardener Tyge Rothe.

We know from the sources that Flindt worked out the plans for the placing of the garden's many plant formations in great detail with Professor Lange, and that he continued to send his botanical observations back to Lange from his many journeys around the country. They shared a scientific approach to the material, but as a garden artist Flindt would also have been interested in the aesthetic qualities of the plants.

With inspiration from the English landscape gardens, great changes occurred in the European garden scenario from the mid-eighteenth century; and what was at first a fashion was later to become a kind of international pattern for the work of gardeners and landscape architects with terrain, plants and buildings, space, light and colours. Flindt had trained in this tradition and knew how to transplant it to Danish soil, in the new gardens and parks of the age as well as in the innumerable projects for remodelling the historic complexes with which he was involved.

The sketches and measurements for the Botanical Gardens kept in the archives of the Horticultural Society show how Flindt, in terms of his treatment of the available terrain, his variations in plant types, the organization of the course of the garden promenade and the visual experience of the garden scenery by the users, attempted to create intriguing yet harmonious spaces (see p. 6-7). By means of a couple of strategically placed lines of vision, Flindt was also able to connect up central motifs in the Botanical Gardens both with the surrounding city and with monumental neighbours like the Observatory.

From the beginning of the 1870s, the brewer and patron of the arts Carl Jacobsen played an extremely important role, both practical and financial, in the planning of the park that was to replace the old Botanical Gardens of the University behind Charlottenborg. It was in fact this "Maecenas" himself who signed one of the drawings in the archives of the Botanical Gardens. It shows the hothouse with the Palm House that more than anything has become the emblem of the gardens.

Since 1909, scattered through the grounds of the gardens, a series of sculptures have been on permanent exhibit – here and in the other garden and park areas of the old city walls and moats. The bronze figures owe their placing among the beds, shrubberies, lawns and winding paths of the gardens to Brewer Jacobsen. The subjects are taken from classical antiquity and reflect its cultivation of the mythology of nature, beauty and the hunt – supplemented by portraits of the major figures of the science of botany. This programme in no way meant a striking change in the expressive appearance of the Botanical Gardens. In principle the sculptures could have been integrated in the complex from the beginning, since the basic, harmonious view of the relationship between man and nature brought out by the classical figures could also be found in Flindt's interpretation of the landscape aesthetics and, more generally, in the landscape-inspired gardens of both the seventeenth and eighteenth centuries.

As well as functioning as a collection, research station and atmospheric surroundings, the Botanical Gardens have thus long had a significance as a setting for artistic expression, and new projects are constantly being set in motion. At Tranekær, as a comparison, the guests of the Count, and later too the general public, have traditionally been offered a contemporary spectrum of musical, poetic and artistic experiences. In the botanical field, of course, the proportions and ambitions of the Botanical Gardens and Tranekær differ. All the same, there is a common pattern in the attitude to preservation, and to labelling the old plant material with numbers and data for the visiting public. This custom is observed in both places, while the landscape aesthetics allow us to discover the gardens' multiplicity of scenes, and, with Horace, "to enjoy the groves, their shade and calm". *(Translated by JM)*

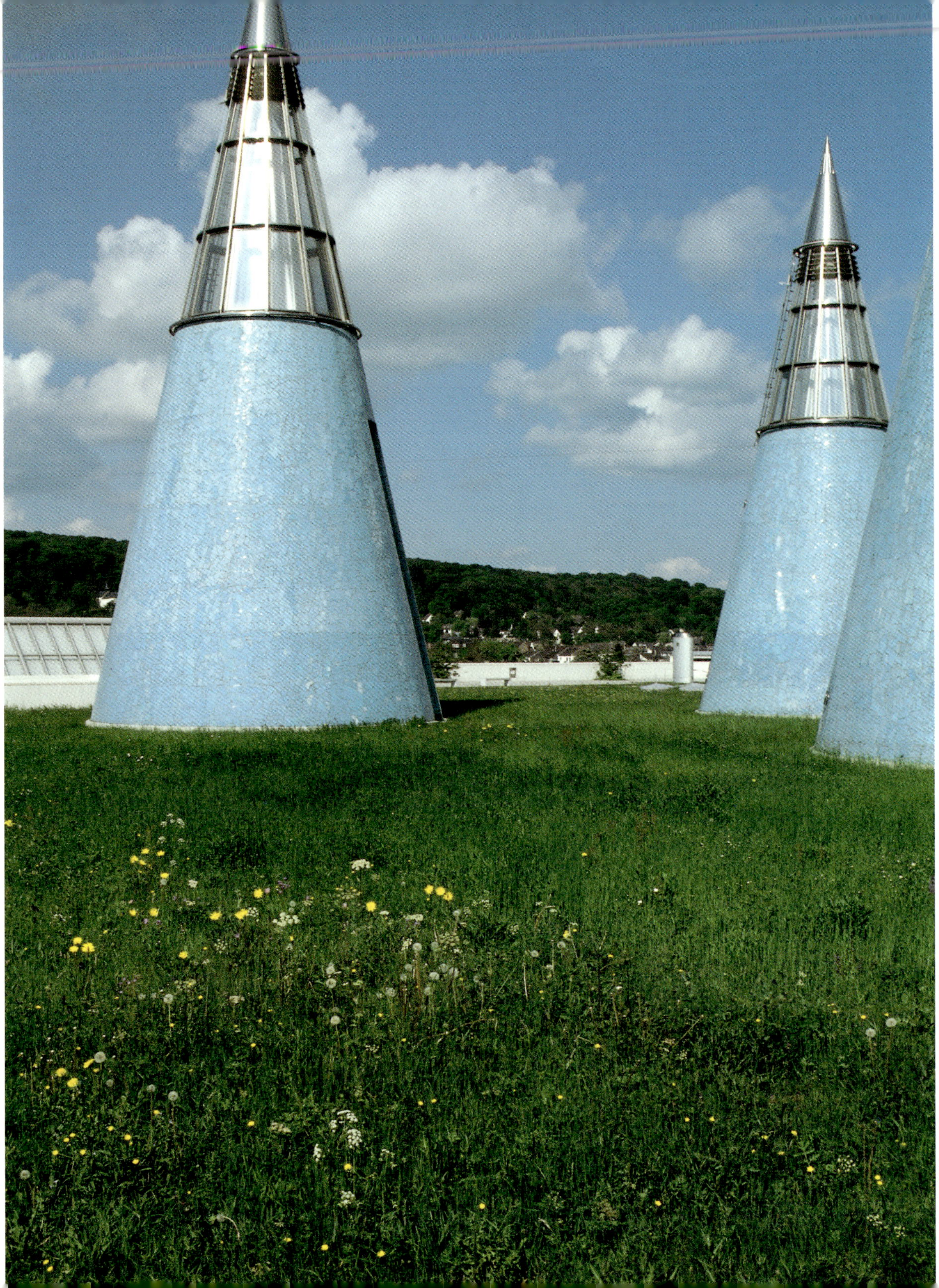

FUTURE GARDEN, PART 1, THE ENDANGERED MEADOWS OF EUROPE (FREMTIDENS HAVE, 1. DEL. EUROPAS TRUEDE ENGE). MEADOW PHOTO, IN PROCESS (FOTOGRAFI AF ENG UNDER UDVIKLING),1996. FOTO PETER OSZVALD

Five Recent Works in Transaction with the Cultural Landscape

HELEN MAYER HARRISON & NEWTON HARRISON

"Our work begins when we perceive an anomaly in the environment that is the result of opposing beliefs or contradictory metaphors. Moments when reality no longer appears seamless and the cost of belief has become outrageous offer the opportunity to create new spaces – first in the mind and thereafter in everyday life."[1]

For us, everything started with the decision made in the late 1960's to deal exclusively with issues of survival and biodiversity as best we could perceive them. We began working first with earth, then with portable farming systems as museum installations, then with discrete ecosystems and biotopes. While we were on a search for a hardy creature that could live under museum conditions for an installation, we received a Sea Grant, usually reserved for oceanographers and biologists, in order to decode the mating behaviour of a Southeast Asian crab, Scylla Serrata Forskal. That event was transformed into a story as part of the complex narrative of the "Second Lagoon", or chapter, of the "Lagoon Cycle", a 350 foot long narrative mural in sixty or so parts which will be shown again this October at La Villette in Paris.

Being artists, we typically expressed our concerns in the language of art, even if it meant that at times we had to attempt to reinvent parts of the artist's language while at the same time extending the subject matter avaible to art. The expression of the eco cultural concerns that emerged in the Lagoon Cycle required us to employ text and image in extended narrative formats. By

1. Quote reprinted from an interview by Tom Sokolowski, for an exhibition of our work, "Nobody Told Us when to Stop Thinking", at the Gray Gallery of New York University, New York, NY in 1987.

Helen Mayer Harrison and **Newton Harrison** have both been professors at the University of California, San Diego. Their life-long commitment to the artistic and practical work of restoring the natural surroundings has resulted since 1972 in numerous exhibitions at museums and institutions all over the world. Along with the architect Vera Westergaard and Gabriel Harrison they formed the Harrison Studio in 1993.

the early seventies we began to use the strategies of poetry in these written discourses, as we found that these strategies permitted both lucid expression and compression of information simultaneously.

Each body of work sought, over these 27 years, a larger or more comprehensive framing, or perhaps better understanding, of what such notions might mean, and how we, as artists, might express them. That meant that our work became collaborative and multi-disciplinary. We found ourselves sharing concerns with ecologists, architects, landscape architects, planners, engineers, scientist, political scientists and politicians.

We hold that every place tells the story of its own becoming and is in ongoing, if often unspoken, discourse about its well-being and its future. We can only join this discourse by invitation as we need to be networked into a community in order to understand the issues it is engaged with. Our work then can propose and, if our vision sparks community agreement, sometimes enact, an alternative future, a new history of place. ("Baltimore Promenade"; "Devil's Gate: A refuge for Pasadena"; "California Wash" for Santa Monica; "Disappearing Path" for Newport; "Atempause für den Save Fluss" for the former Yugoslavia).

We understand the universe as a vast possibly infinite conversation taking place simultaneously in trillions of voices and billions of languages, most of which we could not conceive of even if we knew they existed. Of those voices whose existence has impinged upon our own to the degree that we can become aware of them, we realize that our understanding is imperfect at best. Therefore, it seems to us that the casual and wanton destruction and disruption of other living systems, whose relationships to ourselves and to each other we know so little about, requires extraordinary hubris. Therefore, our work often is about the saving of terrain, the increase of biodiversity, the respect for human diversity. It addresses the endless issues emerging from the continuously stressed cultural landscape.

For instance, one of our recent works, "The Serpentine Lattice", commissioned by the Art Gallery of Reed College, Portland, Oregon, began a consideration of the North American temperate coastal rain forest in that area. The temperate rain forest has been over 90% destroyed. Our investigation led us to make a proposal that calls for the regeneration of this North American Coastal Rain and Fog Forest which extends from Northern California to Southern Alaska along about 2000 miles of coastal range. The proposal "The Serpentine Lattice" begins a reconception, a new history as it were, for this almost destroyed forest. It calls for rethinking priorities and developing an eco-security system to match our social security system. After all, since our gross national product is produced by taxing the gross national ecosystem, why not tax the gross national product to help restore the ecosystem?

The installation employs three projectors to cast a 3 meter by 11 meter slowly dissolving set of images. A 57 panorama array portrays the destruction of the forest, from Northern California to Southern Alaska. Within the array of images are some of the few remnants of intact forests of giant trees which are among the largest and oldest on earth, showing the clear cutting mindlessly destroying of trees, forest floor and rivers, an ecosystem that had survived for many thousands of years. The installation also includes a thirty foot long map, texts and several sculptural elements which convey the text of our proposal.

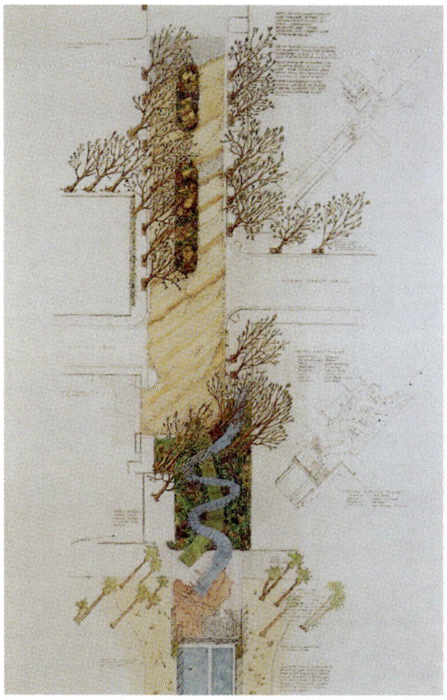

CALIFORNIA WASH. ARTISTS RENDERING (KUNSTNERNES TOLKNING), 1993. INK AND COLOR PENCILS ON BROWN PAPER (BLÆK OG FARVEBLYANT PÅ BRUNT PAPIR), 80 × 240 CM

Another just completed work, "California Wash", commissioned by the City of Santa Monica, California, a public art project which, bridging an outfall, created a new public space. This public space covers a 1,600 square meter section of the end of Pico Boulevard, ending on the Santa Monica Beach Promenade. The concrete pavement is colored and textured to represent the striations of the coastal cliffs. There are several newly installed median strips enclosing coastal rocks and native plantings and sycamore lined sidewalks. The work memorializes the vanishing California wash ecosystem. A curving path offers wheelchair access to the beach promenade through a garden replete with indigenous rocks and pebbles, native grasses, flowers and trees. A series of bronze sculptural plaques depicts the animals once found in abundance. A mural lies atop the bridge covering an outfall and reflects the altered path that water now takes through drainage pipes to reach the sea and a sculptural element, "Wave

Fence", both reflects and overlooks the water as it flows into the ocean. The work bespeaks the transformation of the site, the inevitable outcome of urbanization. It is a reminder of the original life web of the Pico watershed, and of the disappearance of biodiversity and the region's most precious resource, its water.

Another new work has recently opened in Bonn. Commissioned by the Kunst- und Ausstellungshalle in Bonn, Germany. It will be a two year long installation. Entitled "Future Garden, Part I: The Endangered Meadows of Europe", it encompasses, in a long narrative, a series of stories about these meadows. It is also a work of representational sculpture, a continuously changing, living, color field that will cover about 3600 square meters on the center of the rooftop of the Kunst- und Ausstellungshalle der Bundesrepublik Deutschland. This work sets out to transform the roof into a field upon which a complex drama is acted out. The drama begins with the decision to save a 400 year old meadow from the Eifel, transplanting it to the roof instead of letting it be torn up and replaced by a housing project. This decision sets the stage. Thereafter, sections of other endangered meadows, a wet meadow, a dry meadow and a stone meadow, are combined to make a diverse ensemble. A series of conversations, between the artists, scientists and meadow masters, is represented in text form and bespeaks the history and cultural function of meadows. Photographic images of meadows from other parts of Europe and texts interwoven with fencing structures all together frame, confront and co-join, presenting, this drama which unfolds when walking or promenading the meadow perimeter. The installation as a whole comprises approximately an acre.

The meadow lands of Europe are a recent phenomena from an ecological point of view. Developed over several centuries as a result of forest clearing, they are maintained by the grazing of livestock and/or the annual or semi-annual cutting of hay. The intact meadow ecosystem supports microscopic life, invertebrates and insects, various plants, reptiles, amphibians, mammals, and avians, as well as the livestock that graze it and the farmers who cut it and bring in the cows. It is, in fact, the cutting of the meadows annually, or semi-annually, that maintained the system and prevents the natural succession forest from returning. Thus, all participate in giving balance and stability to this specific ecosystem. Here the harvest preserves two systems, one cultural and the other ecological, each helpful to the other's well-being.

This remarkable element in the cultural landscape is rapidly disappearing in many parts of Western Europe as a result of over cutting, over grazing and the mechanization of agriculture so that, in the end, a biodiverse system is becoming a monoculture. Paradoxically, even as it is being destroyed and replaced, the meadow as it has evolved is, and will continue to be, a valuable model for future survival. We, the artists see this collaborative model speaking across time, offering choices, posing questions and functioning as a potential model for future man-nature collaborations. Thinking about this we as artists begin to imagine a future forest, a future estuary, a future lake. In fact, we imagine monoculture Europe as transformed into a future garden, a biologically diverse system, with the meadow as the model.

Another recent work is a proposal to reclaim and restore vast areas of eastern Germany that have been devastated by open pit mining. Thus, "The Shape Of Turned Earth, A Brown Coal Park for Südraum Leipzig".

We were invited by the Cultural Foundation of the Free State of Saxony and the Cultural Program of the Siemens Corporation to travel to the borders of Poland, the Czech Republic and Germany to look at the brown coal open pit mines with the idea of seeing how artists might respond to that environment. This was known terrain for us, having been concerned with such ideas and worked with such spaces at the Academy in Prague and at Bauhaus Dessau. We were yet again struck by the size and the number of these vast excavations, situated both close to each other and close to the borders of the three countries. Above all we were struck by the absence of any comprehensive vision for closure of these mines which thus appeared to be done mine by mine. We began looking at this excavation fragmented terrain searching for a grouping that wanted to or needed to or could become one place.

Such a grouping emerged for us south of Leipzig in the vast

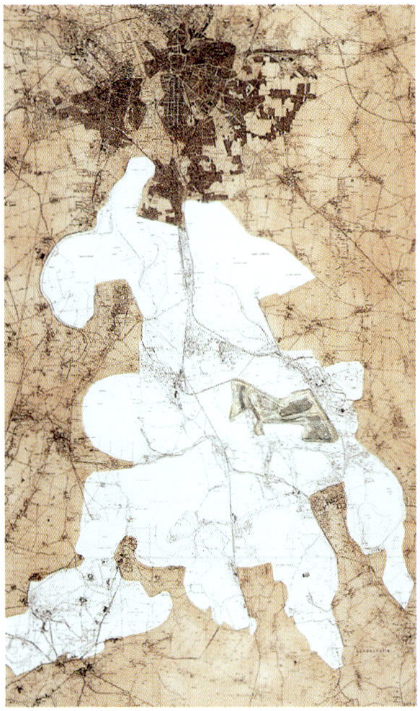

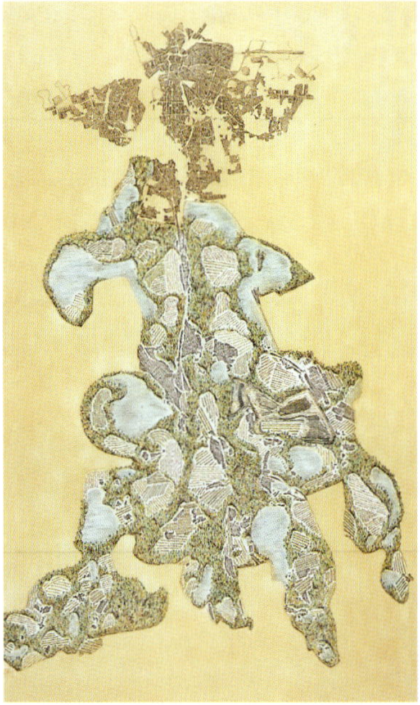

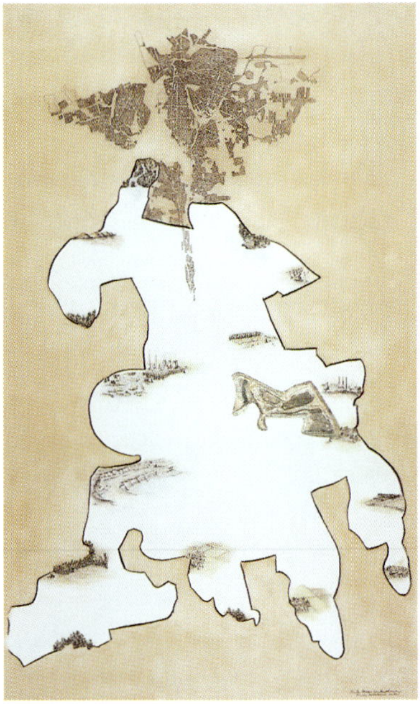

THE SHAPE OF TURNED EARTH, A BROWN COAL PARK FOR SÜDRAUM LEIPZIG (FORMEN AF VENDT JORD, BRUNKULS PARK FOR SÜDRAUM LEIPZIG). PEN, GRAPHITE AND OIL ON VELLUM, 1996. 90 × 160 CM

open pit mining operations that had happened and were still happening there.

We were at a meeting at the Ecology Station at Borna. Many were there, invited by our hosts from Siemens and the Kulturstiftung Sachsen, community planners, ecologists, politicians and mining engineers. The work was actually initiated at this meeting by an invitation by the MBV to us to submit an artist's concept for the ten square kilometer Tagebau Witznitz, near Borna south of Leipzig. They knew of our earlier work and felt comfortable taking this much of a chance with us. We responded by proposing to rethink two of the edges of the Tagebau, leaving the other edges as the engineers designed them. The two edges of the Witznitz Tagebau we wished to redesign would meet engineering standards but, by folding the topology in different ways at, above and below the water line, the variation in possible habitats would be greatly increased. Therefore, a far more bio-diverse, species rich domain would come into being than normal engineering design would permit. Although these new edges would be somewhat more expensive than normal engineering designs, we believed the public interest would be better served.

Thereafter, influenced by and informed by the Tagebau redesign experience and requests from local mayors, community members and even a few curious planners, we broadened our perspective from that of a single Tagebau into that of a design for the restoration of the entire land area of Südraum Leipzig. This land has been so turned over and worked over by the process of mining that it is, in the main, bereft of topsoil and can no longer be returned to its original state. In an area of almost 300 square kilometers, almost 50 square kilometers of pit are already filled, or remaining to be filled, or planned to be filled, with water, and about 70 square kilometers are farm and about 35 square kilometers are town, road and industry, and about 145 kilometers are open for discussion. Once knowing this, it was not difficult to think this work in broad outline – "The Shape of Turned Earth: A Brown Coal Park for Südraum Leipzig". The exterior conditions of the mines are imagined as a path, approximately 140 linear kilometers, encircling the entire area. Actually it becomes a historical walk composed of materials recycled from the process of mining.

And we see the interior of the brown coal walk becoming a unique park retaining the existing manufacturing and commercial structures and the village and farm life with almost all other areas, those in the public domain, about 145 square kilometers, becoming water, wetland, meadow and forest or park and/or ecological preserve. All ecological structures would be developed to touch each other so that a continuous interlocking ensemble of biotopes could form over time. And under these conditions a new and singular eco-urban landscape would emerge where cultural activity would become a figure within a biodiverse field. And the biodiverse field itself would become a memorial, a visible icon and a new cultural landscape emerging from excavations and turned earth.

Finally there is our proposal for a "Vision for the Green Heart of Holland" finished in 1995. At the request of the Cultural Council of South Holland, we undertook a consideration of the

Green Heart. Beginning with an appreciation of the appropriateness of the metaphor embedded in the naming “Green Heart”, we searched for its meaning and its identity. The Green Heart can be seen as a vast farm centering a ring of cities. Its land forms represent the history of Holland. It is a landmark by which the rest of the world recognizes Holland. It can be seen as a great central park for this ensembles of cities which in turn are an economic and cultural center in Europe. But the Green Heart is now facing encroachment from with out and development from within. Its value is being debated, its identity questioned, its very existence threatened.

In responding to this, and in order to present our ideas, we constructed a series of images – part ceramic tile, part map, part drawing, part video and part poems that propose a new vision for the Green Heart and the Randstad and possible new boundary conditions that would clarify the roles of the urban, the ecological and the farming communities which altogether comprise a major part of the Dutch landscape.

“A Vision for the Green Heart of Holland“ is on exhibition in the Kunsthallen Brandts Klædefabrik in Odense. The introductory text of the installation, “On the Urgency of the Moment”, seems a reasonable conclusion to the questions posed to us by the exhibition and conference designers, which simply put are, "What are you doing? Why are you doing this and how do you go about it?"

Looking at the map of Holland
Seeing it as the expression of a moment
In 1200 years of contested history
About who will command the land
And why
And how
Seeing it as a metaphor
For yet another contest
As to who will shape the future
Of this physical terrain
Understood to be the Randstad and the Green Heart

Where in a ten year moment
Less than 1%
Of the time of its whole history as a civilization
The people on this ground must construct a response
In physical terms
To intense population pressure
Coupled to an expansion committed economic engine
In such a way
That these two self-reproducing forces
Mutually energizing and interrelated
Will consume much of the lands available
In the Green Heart
Which do not have specific ecological,
Or historical
Or other civic designation
Or until
And unless
A new direction is set in place
An alternative consensus agreed upon
By governmental
And economic
And civic institutions
On limiting growth

For
In the absence of
Such an alternate consensus
Clearly expressed on the ground
The outcome for the Green Heart,
The Randstad
And the low lands of Holland
Appears to be
Unfortunate in the extreme
Mostly unnecessary
But mostly inevitable.

Fem nyere projekter i vekselvirkning med kulturlandskabet

"Vort arbejde begynder, når vi opdager en uregelmæssighed i omgivelserne, som er resultatet af modstridende holdninger og modstridende metaforer. Øjeblikke, hvor virkeligheden ikke længere forekommer helstøbt og troens pris er blevet uforsvarligt høj, giver mulighed for at skabe nye rum, først i sindet og derefter i hverdagen."[1]

For vort vedkommende begyndte det hele med den beslutning, der blev taget først i tresserne, og som gik ud på udelukkende og efter bedste evne at beskæftige os med spørgsmål om overlevelse og biodiversitet. Først arbejdede vi med jorden, dernæst med transportable landbrugssystemer som museumsinstallationer, og derefter med isolerede økosystemer og biotoper. Mens vi til en af vore installationer var på udkig efter et hårdført væsen, der kunne leve under museumsforhold, modtog vi et Sea Grant-legat, som normalt er forbeholdt oceanografer og biologer, med det formål at fortolke parringsadfærden hos en sydøstasiatisk krabbe, "Scylla Serrata Forskal". Denne begivenhed blev til et afsnit af den komplekse fortælling om "The Second Lagoon", som var et kapitel af "The Lagoon Cycle", et 350-fod langt fortællende vægmaleri i ca. 60 dele, som vil blive vist igen i oktober i år på La Villette i Paris.

Som kunstnere brugte vi typisk kunstens sprog til at udtrykke det, vi havde på sinde, selvom det betød, at vi undertiden måtte genopfinde dele af det kunstneriske sprog, mens vi samtidig udvidede kunstens motivkreds. For at udtrykke de økokulturelle holdninger, der kom frem i "The Lagoon Cycle", måtte vi anvende tekst og billeder i udvidede fortællerammer. I begyndelsen af halvfjerdserne begyndte vi at bruge poetiske strategier i disse skrevne diskurser, idet vi fandt, at sådanne strategier på samme tid muliggjorde et klart udtryk og en komprimering af informationen.

I løbet af disse 27 år har vi ved hvert projekt søgt en større eller mere omfattende ramme, eller måske en bedre forståelse for, hvad sådanne forestillinger kunne betyde, og hvorledes vi som kunstnere kunne udtrykke dem. Det har betydet, at vi har måttet samarbejde over

Helen Mayer Harrison og **Newton Harrison** har begge været professorer ved University of California, San Diego. Deres livslange engagement i det kunstneriske og praktiske arbejde med genopretning af natur har siden 1972 udmøntet sig i talrige udstillinger i museer og institutioner over hele verden. Sammen med arkitekterne Vera Westergaard og Gabriel Harrison dannede de i 1993 Harrison Studio.

1. Citat fra et interview med Tom Sokolowski i forbindelse med en udstilling af værket »Nobody Told Us when to Stop Thinking« på Gray Gallery, New York University, New York, NY, 1987.

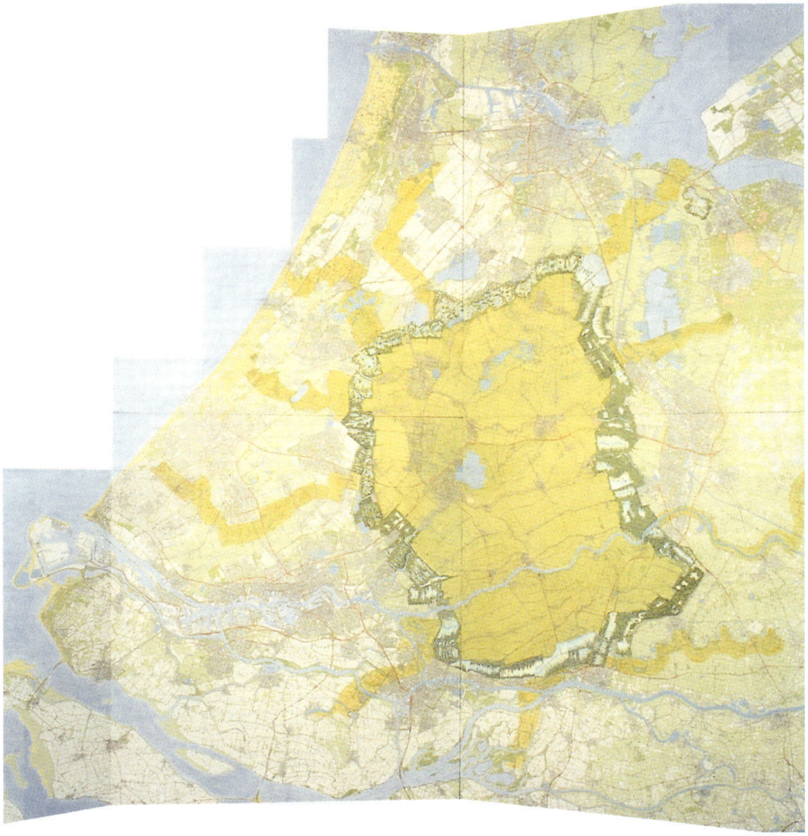

A VISION FOR THE GREEN HEART OF HOLLAND (EN DRØM OM DET GRØNNE HJERTE I HOLLAND). INSTALLATION PHOTO. 1995. OIL, INK, AND GRAPHITE ON MAP-PAPER 380 × 380 CM

grænserne for de forskellige discipliner. Vi befandt os i en situation, hvor vi delte interesser med økologer, arkitekter, landskabsarkitekter, planlæggere, ingeniører, videnskabsmænd, politologer og politikere.

Vi mener, at hvert sted fortæller historien om sin tilblivelse, og indeholder en vedvarende, dog ofte uudtalt, beretning om sin trivsel og sin fremtid. Vi kan kun tage del i denne diskurs hvis vi er indbudt, da vi må inddrages i et fællesskab for at forstå de emner, der optager folk. Først da, og kun hvis vore visioner udløser enighed hos fællesskabet, kan vort arbejde påpege og undertiden inspirere en alternativ fremtid, en ny stedets historie ("Baltimore Promenade"; "Devil's Gate: A Refuge for Pasadena"; "California Wash" til Santa Monica; "Disappearing Path" til Newport; "Atempause für den Save Fluss" til eks-Jugoslavien).

Vi forstår universet som en kæmpemæssig, måske uendelig samtale, der simultant finder sted med trillioner af stemmer, på billioner af sprog, som vi for de flestes vedkommende ikke ville være i stand til at opfatte, selvom vi vidste, at de eksisterede. Vi indser, at vor forståelse i bedste fald er ufuldstændig – selv af de stemmer, der har gjort så meget indtryk på os, at vi kan erkende deres eksistens. Derfor virker det på os, som om den tilfældige og tøjlesløse ødelæggelse og forstyrrelse af andre levende systemer, om hvis forhold til os selv eller til hinanden vi ved så lidt, forudsætter en umådelig hybris. Vores arbejde drejer sig således ofte om bevarelsen af et terræn, om forøgelsen af biodiversitet og om respekten for menneskelig mangeartethed. Det beskæftiger sig med den uendelige strøm af problemstillinger, der opstår på grund af den vedvarende belastning af kulturlandskabet.

For eksempel satte en af vore seneste arbejder, "The Serpentine Lattice", bestilt af Art Gallery of Reed College, Portland, Oregon, gang i overvejelser omkring Nordamerikas tempererede kystregnskov i det pågældende område. Over 90% af denne regnskov er blevet ødelagt. Vores undersøgelse fik os til at stille et forslag, der gik ud på at genskabe denne nordamerikanske regn- og tågeskov, der strækker sig fra Nordcalifornien til Sydalaska langs et ca. 3500 km kystområde. Forslaget "A Serpentine Lattice" indleder en nytænkning – en ny historie, kunne man sige – for denne næsten ødelagte skov. Det kræver en omprioritering og udviklingen af et "økosikkerhedsnet" på linie med vort sociale sikkerhedsnet. Bruttonationalproduktet er jo skabt ved at belaste det nationale økosystem, så hvorfor ikke beskatte bruttonationalproduktet for at genskabe økosystemet?

Installationen kræver et 3 × 11-meter billede projiceret af tre apparater. En række af 57 panoramaer gengiver ødelæggelsen af skoven fra Nordcalifornien til Sydalaska. Billedrækken viser nogle af de få rester af intakte skove med kæmpetræer, der er blandt de største og ældste på jorden. Man ser træfældningen, der hovedløst ødelægger træer, skovbund og floder, et økosystem, der havde overlevet i mange tusinde år. Installationen indeholder også et tredive fod langt kort, tekster og adskillige skulpturelle elementer, som meddeler teksten til vores forslag.

Et andet nylig fuldført projekt, "California Wash", bestilt af byen Santa Monica i Californien, er et offentligt kunstprojekt, der danner bro over et vandløb og derved skaber et helt nyt offentligt område, som dækker et areal på 1600 m^2 for enden af Pico Boulevard og slutter ved Santa Monicas strandpromenade. Betonfortovet er farvet og struktureret så det forestiller kystklippernes lagdelingsstriber. Der er adskillige nye midterrabatter, der danner ramme for kystklipper, oprindelige beplantninger og platanbevoksede fortove. Arbejdet er til minde om det forsvindende California Wash økosystem. En snoet sti giver kørestolsadgang til strandpromenaden gennem en have fuld af oprindelige klipper, småsten, karakteristiske græsarter, blomster og træer. En række billedtavler i bronze afbilder dyrene, der engang fandtes i overflod. Et murmaleri kroner broen over vandudløbet og gengiver vandstrømmens nu ændrede løb gennem afløbsrør ned til havet. Et skulpturelt element, "Wave Fence", både rager op over og spejler vandet som løber ud i havet. Værket fortæller om stedets transformation, urbaniseringens uundgåelige resultat. Det er en påmindelse om Pico-vandskellets oprindelige levende netværk, om biodiversitetens forsvinden og om regionens mest dyrebare ressource, dens vand.

Et andet nyt værk er netop blevet offentliggjort i Bonn. Det er bestilt af Kunst- und Ausstellungshalle i Bonn, Tyskland. Det bliver en toårig installation. Titlen er: "Future Garden, Part I: The Endangered Meadows of Europe", og den vil i en lang fortælling omfatte en række historier om disse enge. Det er også et stykke virkelighedstro skulpturarbejde, et stedse skiftende, levende farveområde, som vil dække ca. 3600 m^2 midt på taget af Kunst- und Ausstellungshalle der Bundesrepublik Deutschland. Formålet med dette arbejde er at gøre taget til et område, hvorpå et komplekst drama udfolder sig. Dramaet begynder med beslutningen om at redde en 400 år gammel eng fra Eifelsletten, ved at overflytte den til taget, istedet for at se til mens den flås op og erstattes af et stort boligbyggeri. Denne beslutning danner rammen. Herefter bliver dele af andre truede enge – en våd eng, en tør eng og en steneng – tilføjet for at give et sammensat hele. En række samtaler blandt kunstnere, videnskabsmænd og engkyndige er fremlagt i tekstform og fortæller om engenes historie og kulturelle funktioner. Fotografier af enge fra andre dele af Europa og tekster indflettede med hegnsstrukturer går sammen om at indramme, konfrontere, sammenbinde, og iscenesætte dette drama, der udfolder sig, når man går eller promenerer rundt om engen. Hele installationen fylder ca. 0,4 ha.

Europas englandskaber er et nyere fænomen, set fra en økologisk synsvinkel. De har udviklet sig over adskillige århundreder, som resultat af skovrydning. De vedligeholdes af græssende husdyrhold og/eller af det årlige eller halvårlige høslæt. Det intakte eng-økosystem understøtter mikroskopisk liv, hvirvelløse dyr og insekter, adskillige planter, krybdyr, padder, pattedyr og fuglearter samt husdyrene, der græsser dér og bønderne, der passer engen og bringer kvæget med sig. Det var faktisk den hel- eller halvårlige slåning af engene, der vedligeholdt systemet og forebyggede at den naturlige skov vendte tilbage. Således deltager alle i at bibringe dette specielle økosystem balance og stabilitet. Her bevarer høsten to systemer, det ene kulturelt og det andet økologisk. De bidrager til hinandens trivsel.

Dette bemærkelsesværdige element i kulturlandskabet er på hurtigt tilbagetog i mange dele af Vesteuropa, som resultat af overbeskæring, overgræsning og landbrugets mekanisering, således at det biodiverse system tilsidst bliver til en monokultur. Paradoksalt nok er og forbliver engen, sådan som den har udviklet sig, en vedvarende og værdifuld model for fremtidig overlevelse, samtidig med at den er ved at blive ødelagt og erstattet. Som kunstnere hører vi denne samarbejdsmodel tale gennem tiden, stille os overfor valg og spørgsmål og tilbyde en mulig model for fremtidens samarbejde mellem mennesket og naturen. Med dette i tankerne begynder vi at forestille os en fremtidig skov, en fremtidig flodmunding og en fremtidig sø. Faktisk forestiller vi os det monokulturelle Europa forvandlet til en fremtidig have, et biologisk mangfoldigt system, med engen som model.

Et andet nyere arbejde er et forslag, der går ud på at genvinde og genskabe kæmpemæssige områder af Østtyskland, som er blevet ødelagt af åben grubedrift. Derfor: "The Shape of Turned Earth, A Brown Coal Park for Südraum Leipzig". Vi blev af Kulturstiftung Sachsen og af Siemenskoncernens Kulturprogram inviteret på en rejse til grænserne mellem Polen, Tjekkiet og Tyskland for at se på de åbne brunkulsminer. De ville se hvorledes kunstneren ville reagere på de omgivelser. Dette var velkendt terræn for os, da vi før havde beskæftiget os med den slags ideer og arbejdet med den slags steder ved Akademiet i Prag og ved Bauhaus Dessau. Vi blev endnu engang slået af størrelsen og antallet af disse enorme udgravninger, der var anbragt både tæt på hinanden og tæt på grænsen til de tre lande. Fremfor alt blev vi slået af mangelen på en sammenhængende vision for lukningen af disse miner, som derfor syntes at blive lukket enkeltvis. Vi begyndte at undersøge dette skamferede terræn for at finde en gruppering, som krævede, trængte til eller kunne blive til ét sted.

En sådan gruppering dukkede op i det sydlige Leipzig i det kæmpestore område af åbne gruber, som gravedes og fortsat graves dér.

Vi var til møde med Økologistationen i Borna. De mange tilstedeværende var indbudt af vore værter fra Siemens og Kulturstiftung Sachsen: lokalplanlæggere, økologer, politikere og mineingeniører.

Arbejdet blev i virkeligheden indledt på dette møde, da MBV bad os om at fremlægge et kunstnerisk koncept for den 10 km^2 store Tagebau Witznitz nær Borna, syd for Leipzig. De kendte til vort tidligere arbejde, og følte sig trygge ved uden videre at overlade os arbejdet. Vi svarede igen ved at foreslå, at vi tog de to af Tagebaus sider op til fornyet overvejelse og lod de sidste to sider være som ingeniørerne havde konstrueret dem. De to sider af Witznitz Tagebau, som vi ønskede at ændre på, skulle opfylde de ingeniørmæssige krav, men ved at folde topologien på forskellige måder over og under vandlinien ville vi kunne øge den mulige habitatvariation væsentligt. Således ville vi skabe et langt mere biologisk mangeartet domæne og en større dyrerigdom end en konventionel ingeniørkonstruktion ville have tilladt. Skønt disse nye sider ville blive noget dyrere end ingeniørernes oprindelige udkast, mente vi, at de i højere grad ville tjene den offentlige interesse.

Påvirket og belært af oplevelsen med Tagebaus omformning og af forespørgsler fra lokale borgmestre, byrådsmedlemmer og endda enkelte nysgerrige lokalplanlæggere, udvidede vi vort perspektiv fra en enkelt åben grube til at omfatte et udkast for hele Südraum Leipzig. Dette stykke land er i den grad blevet vendt og bearbejdet af gravearbejder, at det stort set er uden muldlag og ikke længere kan bringes tilbage til sin naturlige tilstand. I et område på omkring 300 km^2 består 50 km^2 af gruber som allerede er fyldt eller skal fyldes med vand, ca. 70 km^2 er landbrugsjord, ca. 35 km^2 er by, vej eller industri, og ca. 145 km^2 ligger åbent for diskussion. Da vi først fik det at vide, var det ikke svært at formulere et bredt udkast for dette arbejde: "The Shape of Turned Earth, A Brown Coal Park for Südraum Leipzig". Vi forestiller os minernes ydre omgivelser lavet om til en sti på ca. 140 kilometer (lineært), som omkredser hele arealet. Det bliver faktisk en historisk promenade, bestående af minedriftens genbrugte materialer.

Og vi forestiller os arealet indenfor brunkulspromenaden som en enestående park, hvor de industrielle og kommercielle strukturer bibeholdes sammen med landsby- og landbrug, mens næsten alle andre områder, fællesområderne, ca. 145 km^2, bliver til vand, mose, eng og skov eller park og/eller økologiske reservater. Alle økologiske strukturer skal udvikles så de rører ved hinanden, således at en sammenhængende helhed af biotoper med tiden vil dannes. Og under disse forhold vil et nyt og enestående øko-urbant landskab komme til syne, hvor kulturel aktivitet bliver en figur på den biodiverse grund. Og selve den biodiverse grund vil blive et mindesmærke, et synligt sindbillede og et nyt kulturlandskab som vil vokse frem af gravearbejderne og den vendte jord.

Endelig er der vort forslag til "Vision for the Green Heart of Holland", der blev færdigt i 1995. På foranledning af Sydhollands Kulturråd påtog vi os en undersøgelse af Hollands "Grønne Hjerte". Med udgangspunkt i erkendelsen af sandheden i den metafor, der lå i navnet "Det Grønne Hjerte", ledte vi efter dets betydning og dets identitet. Det Grønne Hjerte kan beskrives som et enormt landbrugsområde omgivet af en ring af byer. Dets landskabsformer fortæller Hollands historie. Det er et vartegn, der symboliserer Holland for den øvrige verden. Det kan ses som en stor, central park for denne samling af byer, som til gengæld er et økonomisk og kulturelt centrum i Europa. Men Det Grønne Hjerte står nu overfor indtrængen udefra og udvikling indefra. Man diskuterer områdets værdi og sætter spørgsmålstegn ved dets identitet, selve dets eksistens er truet.

Som modtræk til dette og som præsentation af vore ideer, skabte vi en billedserie, dels af keramikfliser, dels af kort, tegninger, video og digte, som foreslår en ny vision for Det Grønne Hjerte og "Randstaden", og evt. nye grænsebetingelser, som ville definere rollerne for de bymæssige, de økologiske og de landbrugsmæssige beboelser, der tilsammen udgør størstedelen af det hollandske landskab.

"Vision for the Green Heart of Holland" udstilles for øjeblikket i Kunsthallen Brandts Klædefabrik i Odense. Den indledende tekst til installationen, On the "Urgency of the Moment", synes at være et rimeligt svar på de spørgsmål, der blev stillet os af udstillings- og konferencearrangørerne, som enkelt udtrykt er: "Hvad gør I? Hvorfor gør I dette og hvordan gør I det?"

Ser på et kort over Holland
Ser det som billedet af et øjeblik
I 1200 års omstridt historie
Om hvem der skal herske over landet
Og hvorfor
Og hvordan
Ser det som en metafor
For endnu en strid
Om hvem der skal forme fremtiden
For dette fysiske terræn
Der forstås som Randstaden og Det Grønne Hjerte

På et ti-års øjeblik
Mindre end 1%
Af tiden for hele dens historie som civilisation
Må folkene på denne jord konstruere et svar
På fysiske vilkår
På intenst befolkningspres
I forening med en økonomisk maskine indstillet på ekspansion
På en sådan måde
At disse to selvreproducerende kræfter
Gensidigt energiopladende og interrelaterede
Vil fortære meget af det tilgængelige land
I det Grønne Hjerte
Som ikke har nogen særlig økologisk
Eller historisk
Eller anden borgerlig betegnelse
Eller indtil
Og medmindre
En ny retning fastsættes
En ny enighed vedtages
Af regeringsmæssige
Og økonomiske
Og borgerlige institutioner
Om begrænset vækst

For
I mangel af
En sådan alternativ enighed
Tydeligt udtrykt på Jorden
Vil udfaldet for det Grønne Hjerte,
Og Randstaden
Og det hollandske lavland
Tilsyneladende være
Yderst uheldigt
For det meste unødvendigt
Men for det meste uundgåeligt.

(Oversat af MM)

Botanisk Have, Københavns Universitet

JETTE DAHL MØLLER

Der findes rundt om i verden ca. 1600 botaniske haver. De ældste findes i Italien, i Toscana, og blandt de mest kendte er den botaniske have i Pisa, som blev oprettet i 1543, men flyttet få år efter. Haverne i Padova fra 1545 og i Firenze fra 1550 ligger derimod stadig på det sted, de blev anlagt, og er således de ældste. De første Botaniske Haver var medicinske urtehaver, som i høj grad tilgodeså den medicinske videnskab. Det samme gjaldt den første botaniske have i København, 'Hortus Medicus', som Christian 4. lod anlægge så tidligt som 2. aug. 1600. Den lå tæt op til Universitetet i ca. 150 år, hvorefter haven blev flyttet først til et område tæt ved det nuværende Kunstindustrimuseum, og siden til Nyhavn, ved Charlottenborg indtil 1874, hvor den nuværende Botaniske Have blev oprettet. I takt med flytningerne ændredes også havernes formål. Fra at være medicinske urtehaver blev de til egentlige samlingshaver, evt. med planter fra kolonierne, for Danmarks vedkommende bl.a. fra Nicobarerne. Den nuværende Botaniske Have, blev anlagt 1871-74 på 10 ha af det tidligere voldterræn. Som et kuriosum kan nævnes, at flere planter fra den gamle have ved Charlottenborg tilbage fra midten af 1800-tallet, blev overført til den nuværende have og stadig vokser i drivhusene.

Plantesamlingerne

Botanisk Haves 10 ha store areal har repræsentanter fra stort set alle klimaområder overalt på jorden. Takket være byens varmende nærhed, og havens beskyttede placering, kan selv mindre hårdføre arter overleve på friland. Endvidere er der i drivhusene mulighed for at skabe alle typer af klima og haven rummer således flere specielle plantesamlinger. I alt tæller samlingen 22.000 forskellige numre fordelt på ca. 13.000 arter. Der dyrkes således

Jette Dahl Møller er cand.scient. og lektor ved Botanisk Have. Hun er vedanatom og kurator for Arboretet.

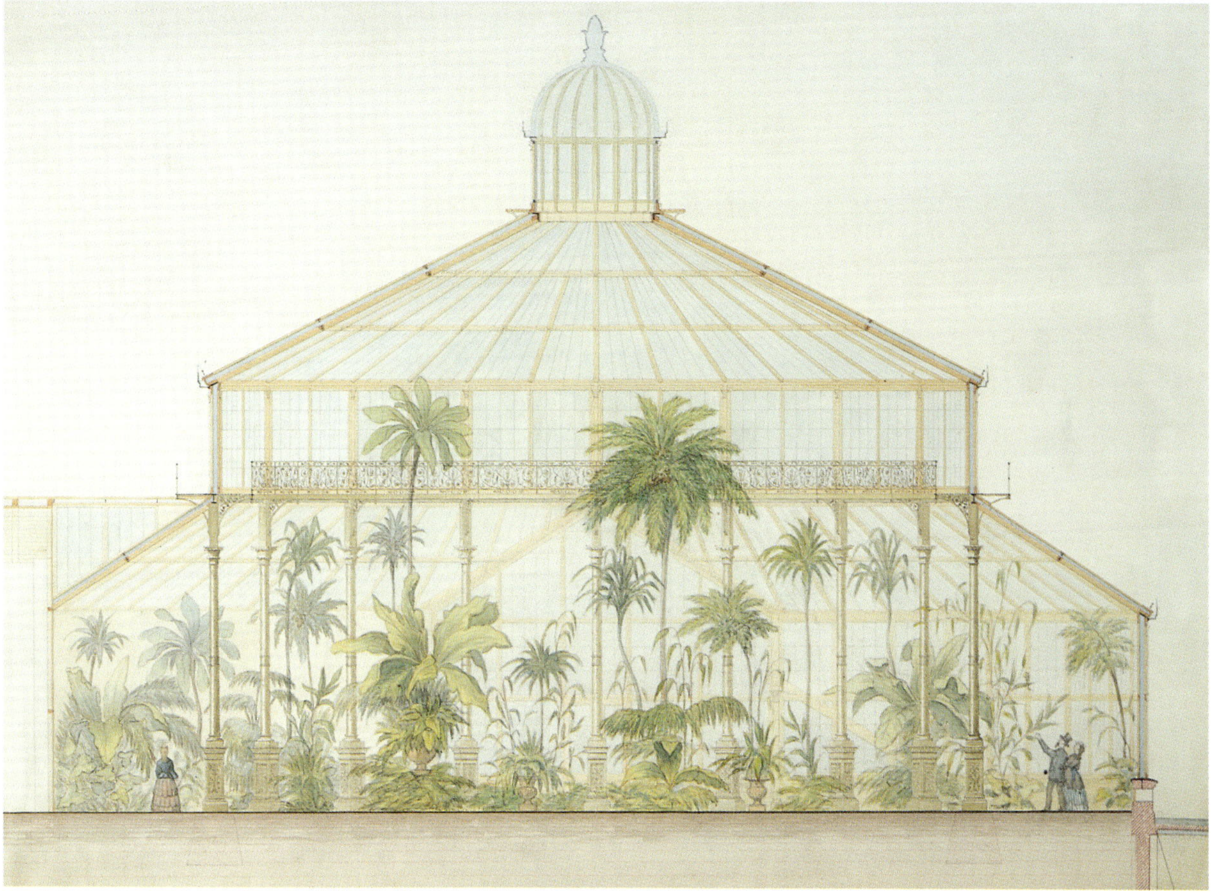

DET ORIGINALE PALMEHUS, 1870. BOTANISK HAVE, KØBENHAVN, DANMARK

flere arter i Botanisk Have end der tilsammen findes i hele Europa, hvor der er 11.000 arter. Set i den sammenhæng er Danmarks flora meget artsfattigt, idet der kun er 1.200 arter oprindeligt hjemmehørende i Danmark, hvortil kommer et betydeligt antal forvildede plantearter.

Blandt havens 13.000 arter er de **danske** naturligvis rigt repræsenteret, og det giver publikum lejlighed til at lære både de almindelige, men også de mere sjældne danske planter at kende. Dertil kommer et meget stort antal **Grønlandske og arktiske arter**. Disse planter er blevet indsamlet af forskere, som i lange

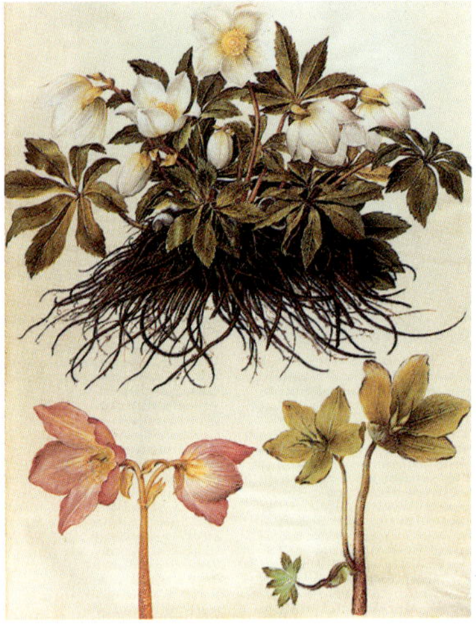

H. S. HOLTZBECKER, GOTTORFER CODEX, GOUACHE, 17. ÅRH.S MIDTE. JULEROSE, HELLEBORUS. DEN KGL. KOBBERSTIKSAMLING

perioder hvert år har deltaget i ekspeditioner på Grønland, og det er helt naturligt, at Botanisk Have i København føler en særlig forpligtelse til at vise disse arter, der nu er plantet på stenhøjene, hvor de trives fint.

En af havens interessante samlinger er de ca. 1000 forskellige arter af **etårige planter**, som dyrkes på friland i et særligt kvarter. De kan ikke overleve vinteren, derfor høstes der hvert år frø, som sås næste forår. På denne måde kan vi vise planter, der har deres naturlige udbredelsesområde i varmere klimaer, f.eks. Middelhavslandene, Sydafrika, V. Nordamerika og Kaukasus-området. Frøene overvintrer i Botanisk Haves frøbank, hvor de tilbringer hvileperioden under forhold, der er langt mildere end vores vinter.

De **flerårige planter**, stauderne, er repræsenteret ved ca. 1.500 arter i staudekvarteret. Karakteristisk for stauderne er, at de overjordiske dele visner bort om efteråret, men de spirer hvert forår fra de underjordiske dele. Især samlingen af Iris på c. 40 arter er seværdig i det tidlige forår.

Botanisk have vedligeholder sin store plantesamling til dels ved at foretage bestillinger fra de mange frøkataloger, vi får tilsendt hvert år fra andre haver. Endnu vigtigere for plantesamlingen er tilførsel fra de omhyggelige indsamlinger, der foretages på ekspeditioner verden over. Disse planter er indsamlet i naturen, og er derfor højst sandsynligt en karakteristisk art. Planter og frø fra andre haver, viser sig ofte efter mange års dyrkning at være krydsninger, og disse planter kasseres.

En af havens mest værdifulde plantesamling fra naturen består af **orkideer**, der er indsamlet i Thailand. Det er netop et af de områder, hvor ødelæggelser af den naturlige bevoksning er foregået i vor tid. Derfor er orkidesamlingen blevet endnu mere værdsat, idet man formoder, at flere af samlingens arter ikke mere findes i naturen. Specielt for orkideer gælder, at de er uhyre følsomme overfor ændringer i deres miljø. Mange af disse planter er epifytter, de gror oppe i trækronerne. Samtidig er deres bestøvningsforhold meget komplicerede, idet deres blomster er så forskellige, at der til en art ofte kun er et bestemt insekt, der er i stand til at foretage bestøvningen. Med ødelæggelse af skoven og dens variation af insekter følger naturligt nok også en tilsvarende indskrænkning af antallet af orkideer – og omvendt.

Udforskningen af **Grækenlands bjergflora** har dannet grundlag for endnu en værdifuld natursamling. Mange af disse bjergplanter er samlet på det kendte bjerg Olympos, og i Botanisk Have, på stenhøjen, er der skabt et mini-Olympos, hvor disse planter gror. På denne måde er en af de bastioner, som tidligere indgik i Københavns forsvarsværker, nu blevet invaderet af planter fra Grækenland.

En meget vigtig del af frilandsarealets plantesamling udgøres af **træerne**, hvoraf mange blev plantet i forbindelse med havens anlæggelse, d.v.s. for mere end 120 år siden. Disse træer har efterhånden nået deres maksimale alder, mange er gennem årene blevet kraftigt beskåret for at give plads til nye, og netop i disse år fældes mange af de gamle træer af hensyn til publikums sikkerhed. Specielt ved søen findes flere gamle træer, bl.a. **Sumpcypres**, med ånderødder, der stikker op over vandoverfladen tæt ved søbredden, **Tempeltræ** (Ginkgo), som har fået fornyet aktualitet p.g.a. sine medicinske egenskaber, og endelig den store Pil, der danner portal ved broen over søen.

Palmehuset

Det store palmehus er et af Københavns vartegn. Det var i 1872, da det blev bygget, et brud med hidtidig arkitektur, idet de lette konstruktioner i træ og glas dengang var usædvanlig. Projektets foregangsmand, kaptajn, brygger I. C. Jacobsen, menes at have fået inspiration til palmehuset ved at se Crystal Palace, der blev bygget til verdensudstillingen i London, 1851. Grundplanen til huset har bryggeren gengivet på et stykke pap, som stadig findes på havens kontor. Arkitekten, som tegnede Crystal Palace, var gartneren Paxton, og han benyttede kæmpeåkandens blade som konstruktionsprincip. Ligheden kan man forvisse sig om ved at studere Kæmpeåkanden, der dyrkes i det første af de fem væksthuse, som udgør palmehuset.

Palmehusets 5 huse har hver sit karakteristiske klima, så man får et ganske godt indblik i jordens klima og planteverden, ved blot at spadsere de 94 m, som er palmehusets længde. I det første hus, med Kæmpeåkanden (Victoria cruziana) fra Amazonområdet, er der yderligere en fin samling af mangrovetræer, som repræsenterer det ypperste hvad angår planternes tilpasning til miljø. Et par gange dagligt bliver mangroven i naturen oversvømmet af tidevand. Planterne skal kunne holde sig fast i havbunden, men de skal samtidig tilføre ilt til rødderne. Det sker ved hjælp af ånderødder, som rager vinkelret op over vandoverfladen fra havbunden, eller ved støtterødder, der udgår fra træets stamme, og således har dobbeltfunktion, at støtte og at tilføre ilt. Fra huset med disse tropiske vand- og sumpplanter kommer man ind i et andet klima i næste hus. Luftfugtigheden er betydeligt lavere. Blandt de mange planter her kan især nytteplanterne fremhæves. Her er en stor gruppe af citrustræer. De har en betagende duft i blomstringstiden, og ikke mindre betagende er det at se resultatet af blomstringen, citrus-frugterne, især de store Pompelmus-frugter. Der findes ialt 12 arter af Citrus-slægten. De stammer fra det østlige Asien, og de har været krydset indbyrdes, både tilfældigt og systematisk. Deraf er opstået de værdsatte sorter af Appelsin, Citron, Mandarin, Grapefrugt m.v. Her er endvidere Kaneltræ, Tebusk, Kaffebusk og Daddelpalme.

I det store, centrale væksthus, med en luftfugtighed på op til 90-100, dyrkes planter fra den tropiske regnskov. Også her er der kendte nytteplanter som Banan, Mango, Papaya, Kakao, der alle sætter frugt. Mindre kendt er Koglepalmerne, der er en gammel plantegruppe, der opstod tidligt i jordens udviklingshistorie. De er meget primitive, fordi de ligesom nåletræer har frøene frit eksponeret, de er ikke tildækkede. De vokser langsomt, en af disse planter, Dioon edule, stammer fra en indsamling i Mexico i 1842, og den er kun lidt over en meter høj.

Samlingen af palmer er efterhånden blevet reduceret meget. Der er 20 m op til det øverste punkt af væksthuset, men kun ca. 10-15 m i størstedelen af huset. Palmernes livslængde er derfor nøje afmålt, de tåler ikke beskæring, fordi de kun har een stamme, og ikke kan danne sideskud.

Fra det midterste hus kommer man ind til et næsten lige så varmt, men mere tørt klima. Her vokser bl.a. Kalabastræ og Tyggegummitræ.

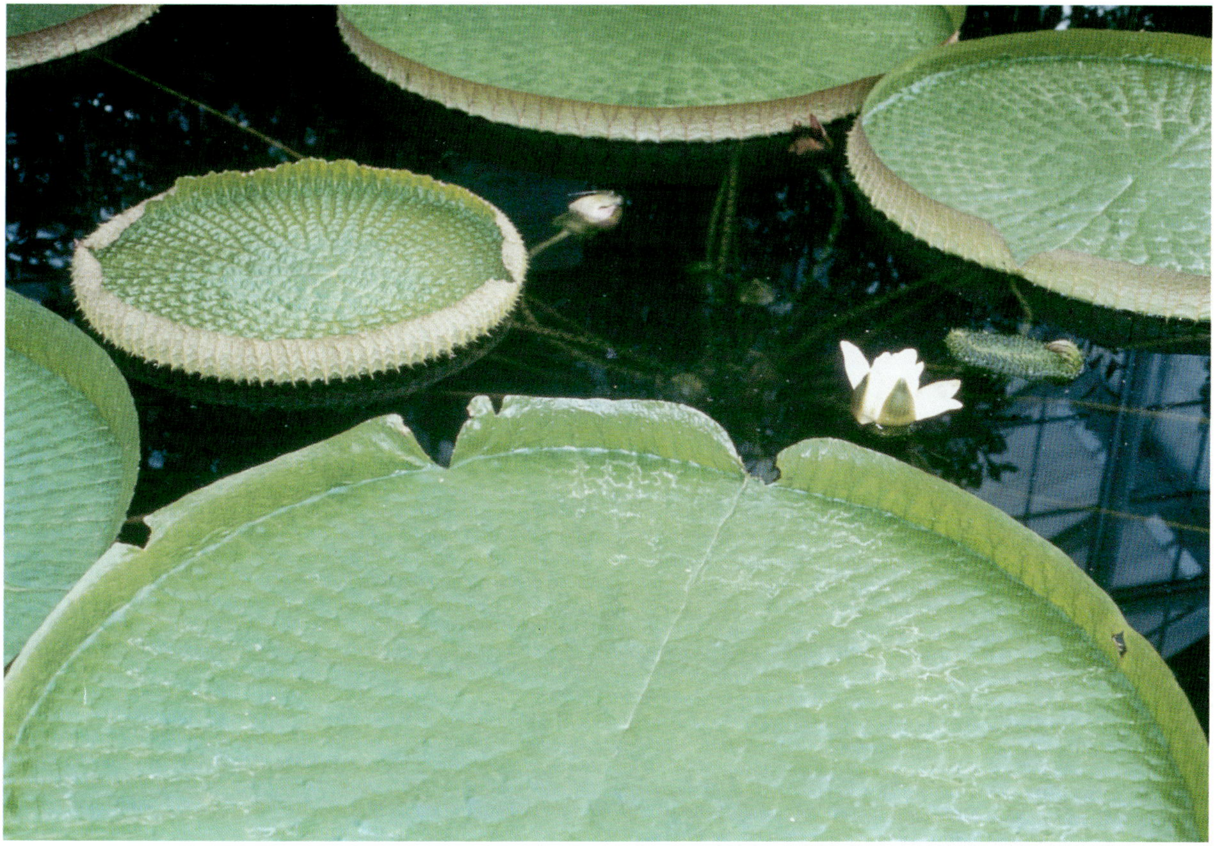

KÆMPEÅKANDE, VICTORIA CRUZIANA. BOTANISK HAVE, KØBENHAVN, DANMARK

Planter fra Middelhavsområdet, Sydafrika og New Zealand findes i det sidste, runde hus. Huset holdes så køligt som muligt, men temperaturen må om vinteren helst ikke gå under 5-10°C. Her findes Kork-eg og andre egearter, Akacia, Myrte m.v.

Det, som karakteriserer Københavns Botaniske Have, og adskiller den fra andre parker, er den omhyggelige registrering, der er foretaget af planterne. Overalt er planterne forsynet med skilte, der oplyser om deres latinske og evt. danske navn. Men derudover har planterne et "tilgangsnummer", der også står opført på skiltene. Det giver umiddelbart oplysning om, hvornår planten kom til haven, men derudover giver det mulighed for i havens arkiv at søge oplysning om, hvorfra og hvorledes netop denne plante, eller evenntuelt frø, kom til haven. Ligeledes registreres det, hvis en plante dør.

Botanisk Haves rolle

Samfundets interesse i den botaniske videnskab afspejler sig i de opgaver, som Botanisk Have har udført i de snart 400 år haven har eksisteret i København.

Fra år 1600, hvor den medicinske urtehave blev oprettet, havde læger mulighed for her at studere de lægeplanter, der var den vigtigste del af medicinen. Med den videnskabelige udforskning af de nye verdener i 1700 og 1800 tallet kom nye og ukendte planter til vor verdensdel. Selv om der blev fokuseret på planternes økonomiske muligheder som nytteplanter, var grunden til samlingernes hastige vækst nok snarere den videnskabelige interesse for planterne. De blev beskrevet og fik et latinsk navn. Ikke mindst navngivningen var nært forbundet med forskernes videnskabelige ambitioner. Der var endvidere et ønske om at kunne fremvise så mange fremmede og eksotiske planter som muligt fra alle egne af verden.

Som følge af vor tids voldsomme udnyttelse af naturen har de botaniske haver fået en ny opgave med at bevare og formere sjældne og truede arter. I nogle tilfælde kan dette arbejde resultere i en genetablering på plantens oprindelige voksested. Samtidig er medicinalindustrien igen blevet interesseret i planternes medicinske muligheder. Nu er 60% af verdens befolkning afhængig af traditionel plantemedicin, i nogle lande er procenten højere, f.eks. Indien og Kina er 80-90% . Ofte er det blandt naturfolkenes lægeplanter, man finder nyhederne til den vestlige medicinindustri. Med de store plantesamlinger har Botanisk Have nu igen fået en rolle som en medicinsk urtehave, hvor industrien indenfor et begrænset område kan hente planter fra hele kloden.

The Botanical Gardens, University of Copenhagen

There are about 1600 botanical gardens throughout the world. The oldest are in Italy, in Tuscany, and among the best known is the botanical garden in Pisa, founded in 1543, but relocated a few years later. The gardens in Padua from 1545 and in Florence from 1550 are however still on the sites where they were first laid out, and are thus the oldest. The first botanical gardens were medicinal herb gardens highly oriented towards the requirements of medical science. The same was true of the first botanical garden in Copenhagen, the *Hortus Medicus* which King Christian IV established as early as 2nd August 1600. It lay adjacent to the University for about 150 years, then it was moved first to an area close to the present Kunstindustrimuseum (Museum of Applied Arts), and afterwards to Nyhavn, near Charlottenborg, until 1874, when the present Botanical Gardens were founded. With each relocation the function of the gardens also changed – from a medicinal herb garden to a repository of true botanical collections, for example with plants from the colonies, e.g. in the case of Denmark from the Nicobar Islands. The present Botanical Gardens were established in 1871-74 on 10 hectares of the old city ramparts area. As a curiosity it can be mentioned that several plants from the old gardens at Charlottenborg in the mid-nineteenth century were transplanted to the present gardens and still grow in the hothouses.

The plant collections

The ten hectares of the Botanical Gardens have representatives of well nigh all the climatic areas of the globe. Thanks to the relative warmth of the surrounding city and the sheltered location of the gardens, even the less hardy species can survive in the open air. In the hothouses, moreover, it is possible to create all kinds of climates, and the gardens thus have several special plant collections. The whole collection comprises 22,000 different numbers spread over about 13,000 species. More species are thus cultivated in the Botanical gardens than grow naturally in the whole of Europe, where there are 11,000 species. Viewed on this scale, Denmark's own flora is very poor in species, since there are only 1200 species originally native to Denmark, as well as a considerable number of plant species which have been introduced and have run wild.

Among the 13,000 species of the gardens, the **Danish species** are of course richly represented, and this gives the public the opportunity to get to know both the ordinary and the rarer Danish plants. In addition there are a number of **Greenlandic and Arctic species**. These plants have been collected by researchers who have spent long periods of the year on expeditions to Greenland, and it is quite natural for the Botanical Gardens in Copenhagen to feel a special obligation to display these species, which have now been planted in rockeries where they thrive.

One of the most interesting collections in the gardens is the various species – about 1,000 in number – of **annual plants**, which grow in the open air in a special area. They cannot survive the winter, so every year seeds are harvested and sown again the next spring. Thus we can exhibit plants which have their natural habitat in warmer climates like the Mediterranean countries, South Africa, Western North America and the Caucasus region. The seeds winter in the seed bank of the Botanical Gardens, where they "hibernate" in conditions that are much milder than our winter.

The **perennials** are represented by about 1,500 species in their own section. It is characteristic of the perennials that the parts above ground wither away in the autumn, but new shoots appear every year from the underground parts. The collection of irises, of about forty species, is particularly worth seeing in the early spring.

At the Botanical Gardens we maintain our large plant collection partly by ordering from the many seed catalogues we receive every year from other gardens. Even more important for the plant collection is the supply from the careful collection work done on expeditions all over the world. These plants are collected in their natural surroundings and are therefore very probably characteristic natural species of their regions. Plants and seeds from other gardens often prove, after the many years of cultivation, to be hybrids, and these plants are rejected.

One of the most valuable plant collections from nature is the **orchids** collected from Thailand. This is one of the areas where there has been widespread destruction of the natural plant life in our time. The orchid collection has therefore become all the more precious, since it is assumed that several of the species in the collection are no longer extant in their natural habitat. The orchids in particular are extremely sensitive to changes in their environment. Many of these plants are epiphytes – they grow up in the tops of trees. At the same time their pollination process is extremely complex, since their flowers are so different that for a given species there is often only one insect species that is able to pollinate it. The destruction of the forest and its variety of insects naturally leads to a corresponding reduction in the number of orchids – and vice versa.

The exploration of the **mountain flora of Greece** has formed the basis of yet another valuable natural collection. Many of these mountain plants were collected on the famous Mount Olympus, and in the rockeries of the Botanical Gardens a mini-Olympus has been created where these plants grow. In this sense the bastions that once formed part of the fortifications of Copenhagen have now been invaded by plants from Greece.

A very important part of the plant collection in open air areas is the **trees**, many of which were planted for the foundation of the gardens, i.e. more than 120 years ago. These trees have now reached their maximum age, and many have over the years been cut back to make room for new ones. At present many of the old trees are being felled for reasons of public safety. By the lake in particular there are many old trees, e.g. the **Swamp cypress**, with its pneumatophores (breathing roots) projecting above the surface of the water close to the lakeside, the **Ginkgo maidenhair tree**, which has become topical again thanks to its medicinal properties; and finally the great **Willow** which forms a portal by the bridge across the lake.

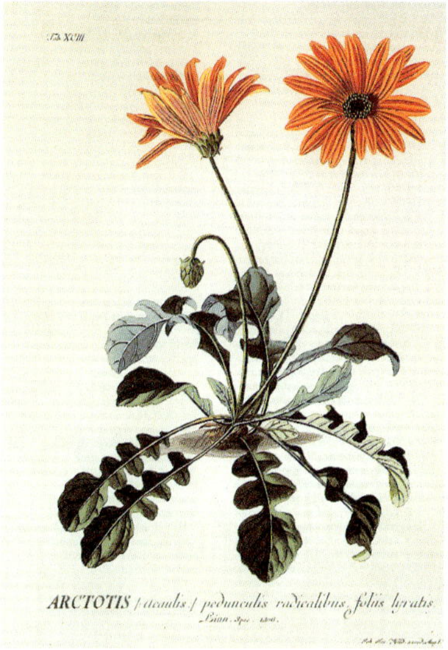

CHRISTOPH JACOB TREW, PLANTAE SELECTAE, NÜRNBERG 1750-73. ARCTOTIS ACAULIS. ILL. AF GEORG DIONYSIUS EHRET. BOTANISK CENTRALBIBLIOTEK

The Palm House

The large Palm House is one of the landmarks of Copenhagen. It was built in 1872, and was a departure from previous architecture, unusual for its time with its light structures of wood and glass. The pioneer of the project, the captain and brewer I. C. Jacobsen, is thought to have taken the inspiration for the Palm House from Crystal Palace, which was built for the Great Exhibition of 1851 in London. The brewer drew the ground plan for the building on a piece of cardboard which is still preserved in the offices of the gardens. The architect who designed Crystal Palace was the former gardener Paxton, and he used the leaves of the giant water-lily as his structural principle. The similarity can be confirmed by studying the giant water-lily growing in the first of the five hothouses which make up the Palm House.

Each of the five sections of the Palm House has its characteristic climate, so one gets a very good impression of the climates and plant life of the Earth just by sauntering through the 94 metres that make up the length of the Palm House. In the first section, with the giant Santa Cruz water-lily *(Victoria cruziana)* from the Amazon region, there is also a fine collection of mangrove trees, one of the foremost examples of the adaptation of plants to their environment. In its natural surroundings the mangrove is inundated by tidal swells twice a day. The plants must be capable of keeping a firm grip on the sea bed, but at the same time they must maintain a supply of air to the roots. This is done by means of pneumatophores or breathing roots which project from the sea bed at right angles above the surface of the water, or by means of so-called prop-roots which issue from the trunk of the tree and thus have a dual function: to support the tree and to supply it with oxygen. From the section with these tropical water and swamp plants one moves into a different climate in the next section. The air humidity here is considerably lower. Among the many plants here it is worth singling out the utility plants. There is a large group of citrus trees. They have a captivating scent when they are in bloom, and it is no less fascinating to see the result of the blossoming, the citrus fruits – especially the large shaddock fruits. There are a total of twelve species of citrus. They originate in eastern Asia, and they have been cross-bred, both randomly and systematically. This has led to the highly valued varieties of orange, lemon, mandarin, grapefruit etc. Here too we find the cinnamon tree, tea shrub, coffee bush and date palm.

In the large central hothouse, with an air humidity up to 90-100, grow plants from the tropical rain forest. Here too there are familiar utility plants like banana, mango, papaya, cacao (cocoa), all of which bear fruit. Less well known are the cycas palms, an ancient plant group that arose early in the evolution of the earth. They are very primitive, because like the conifers they have exposed seeds without coverings. They grow slowly: one of these plants, *(Dioon edule),* was collected in Mexico in 1842, and it is still only slightly above a metre high.

The collection of palms has over time been greatly reduced. It is 20 metres up to the highest point of the hothouse, but only about 10-15 metres in most of the building. The lifetime of the palms is therefore carefully measured; they will not tolerate polling because they only have one trunk and cannot form side shoots.

From the middle section one comes into a climate that is almost as

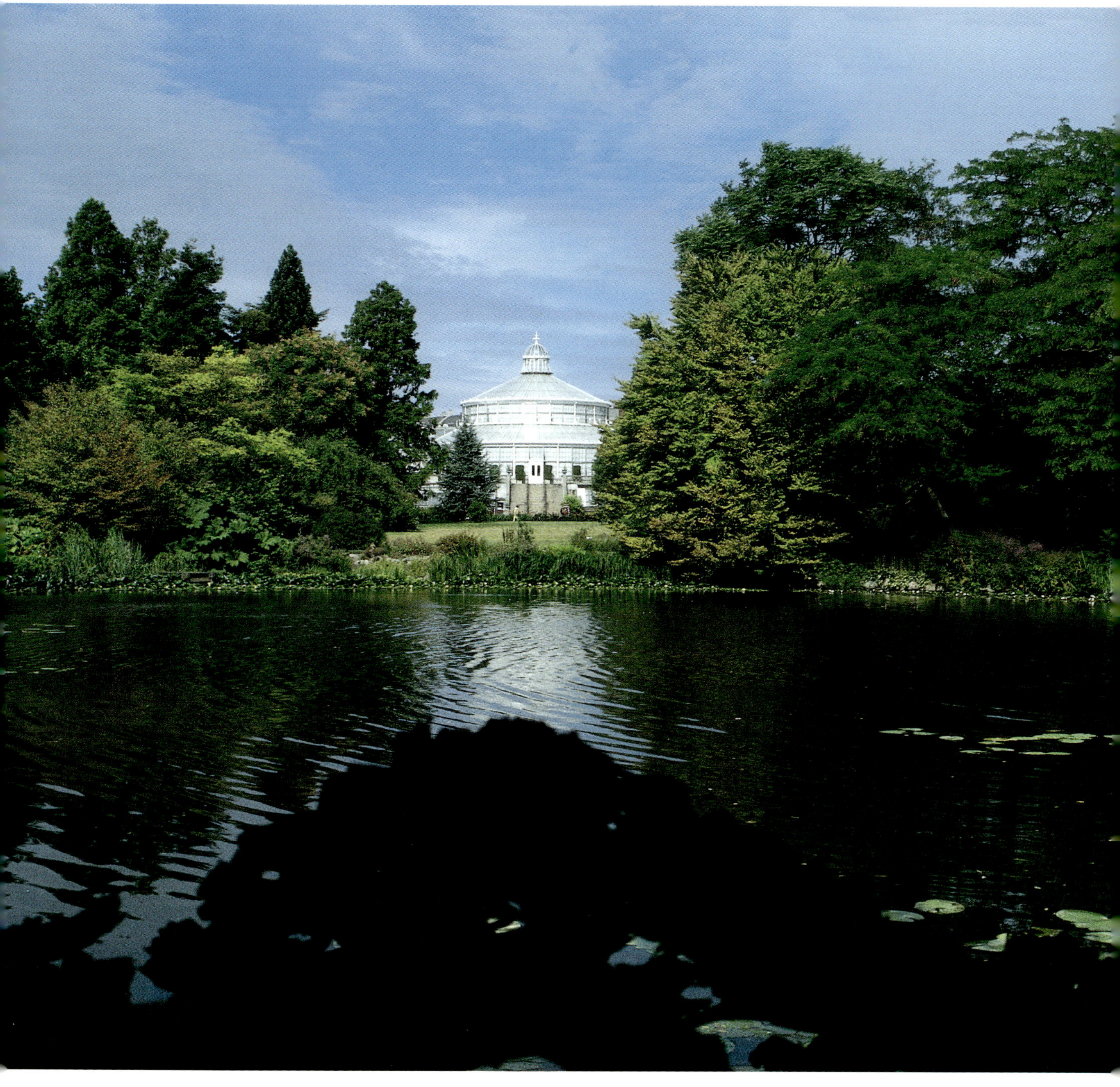

warm, but drier. The plants here include the calabash tree and the sapodilla or "chewing-gum tree".

Plants from the Mediterranean area, South Africa and New Zealand can be found in the last, circular section. This is kept as cool as possible, but in winter the temperature should preferably not be less than 5-10°C. Here we find cork and other oak species, acacia, myrtle etc.

What characterizes the Copenhagen Botanical Gardens and distinguishes it from other parks is the meticulous registration of the plants. Everywhere, the plants have labels showing their Latin names and their Danish ones if they have them. But in addition the plants have an "accession number", which is also on the label. This provides immediate information on when the plant came to the gardens, but also makes it possible to find information in the archives on where this particular plant, or its seed, came from and how it came to the gardens. The death of plants is also registered.

The role of the Botanical Gardens

The interest of society in general in botany is reflected by the tasks of the Botanical Gardens throughout the almost 400 years of its existence in Copenhagen.

After 1600, when the medicinal herb garden was established, doctors were able to study the herbs that were the most important element in medicine. With the scientific exploration of the New World in the eighteenth and nineteenth centuries, new and unfamiliar plants came to our continent. Although there was a focus on the economic potential of the plants, the reason for the rapid growth in the collections was still their scientific interest. They were described and given a Latin name. The naming was particularly closely connected with the scientific ambitions of the botanists. And there was also a desire to be able to display as many foreign and exotic plants as possible from all regions of the world.

As a result of our own age's relentless exploitation of nature, the botanical gardens have assumed a new function as repositories and breeding grounds for rare and endangered species. In some cases this work may result in a re-establishment of the plant in its original habitat. At the same time, the pharmaceutical industry has again begun to take an interest in the medicinal properties of plants. Some 60% of the world's population still relies on traditional herbal medicine, and in some countries the percentage is higher – for example in India and China, where it is 80-90%. Among the medicinal plants of tribal peoples one can often find new products for the western pharmaceutical industry. With its large plant collection the Botanical Gardens has once more taken on a role as a medicinal herb garden, where industry can obtain plants from all over the planet in one relatively small area.

(Translated by JM)

BOTANISK HAVE Kunstnerne
THE BOTANICAL GARDENS The artists

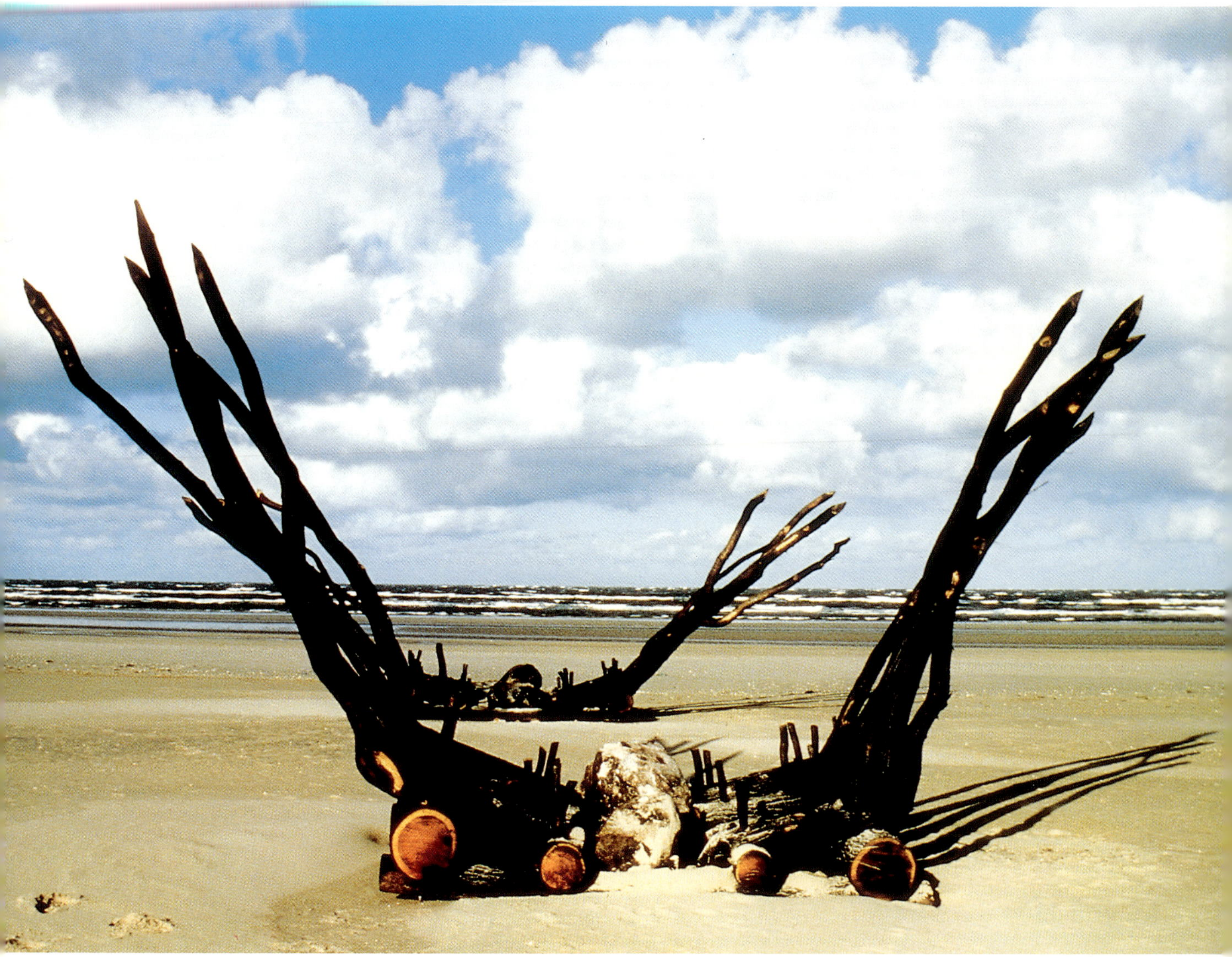

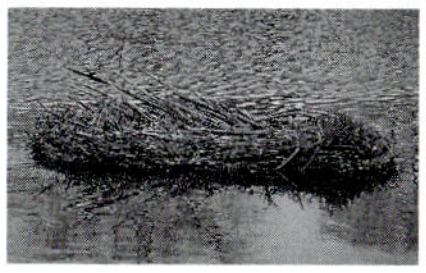

På en af mine ture til Botanisk Have sidste år lagde jeg mærke til at søens eneste ø, skabt af to flydende træstammer var "overbefolket".

Øen var helt klart hvilested og tilflugt for mange slags vandfugle – og for skildpadder. En af havens vagter fortalte, at der kunne være op mod et halvt hundrede skildpadder i søen, og alle udsat af folk, som var blevet trætte af deres kæledyr. Denne "tradition" har skabt ikke så få problemer for havens stab, for det er ikke altid folk vælger søen, men derimod bassinet i det store drivhus. Her begynder dyrene så at tage for sig af de kostbare vandplanter. Et mareridt for vegetation og botanikere.

Tidligt om morgenen søger søens skildpadder op på stenene langs bredden for at varme sig i solen inden havens publikum skræmmer dem tilbage til det våde element.

Skildpadderne interesserede mig, og jeg besluttede at gå igang med at bygge flydende øer til søens dyr.

På grund af den tætte bevoksning og havens mange gæster kunne jeg ikke arbejde ved søen men måtte bygge mine øer på havens parkeringsplads mellem biler og to store kontainere til det grønne affald, som gartnerne leverede i fulde trillebøre.

Det viste sig at være det helt ideelle sted, for efter få dage blev jeg klar over, at de planterester som passerede forbi, var netop hvad jeg havde brug for som fyld i mine øer.

Her var planter med sære navne: Sapiudus Saponaria – Scalecia Peduculata – Luzula – Equistum – Streblus Asper – Alectryon Subcinereum – Ephedra – navne, som stimulerer fantasien, og det ikke mindst efter at jeg fandt ud af, at en af disse planter kom fra Galapagosøerne. Tanken om de store havskildpadder blev for mig, her midt på parkeringspladsen, et inspirerende forbindelsesled til mit projekt og de Rødørede Terrapin sumpskildpadder i søen.

Jeg udformede rammerne til øerne af frisk pil og ahorn og fyldte dem med plantemateriale blandet med jord. Og det er mit håb, at pilen, når den bliver søsat, vil begynde at vokse. Blæsten, fuglene og insekterne vil sørge for tilsåning af overfladen, og pilens rødder vil, når de vokser ned mod bunden, forhåbentlig

Alfio Bonanno er maler og billedhugger, født 1947 på Sicilien. Familien udvandrede til Australien og det var her han fik sin uddannelse som maler. Efter nogle år i Rom og kontakt med "Arte Povera" flyttede Bonanno i 1975 til Langeland. Mere end nogen anden har han siden 1980 arbejdet med og i den danske natur, både med store konstruktioner med sten og træstammer og ved konceptuelle handlinger, som f.eks. ved et snit i fingeren at blande blod med en frisk afskåret gren. Han har udstillet og skabt installationer bl.a. i Houston, USA. 1973, i Mirò Museet, Barcelona 1985 og Fredsskulptur på den danske Vestkyst 1995 samt udført natur-skulpturer til Louisiana Museums Sydhave 1994, AMU-skolen, Svendborg 1995 samt i "The Wilderness Sanctuary, Shelter Project", Irland 1996 (sammen med Chris Drury). Det var på hans initiativ og med ham som formand, at Tranekær Internationale Center for Kunst og Natur blev skabt i 1990. *GKS*

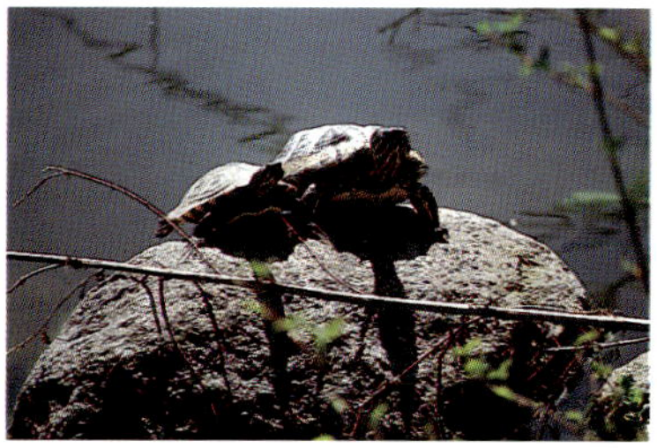

skabe en attraktiv biosfære, som vil tiltrække søens fisk, frøer og insekter.

I de tre uger arbejdet varede boede jeg i et loftsværelse i den Botaniske Have. Hver dag efter lukketid havde jeg haven helt for mig selv. Næsten daglig kom en hejre flyvende for at hente sin middag af friske fisk og de mange ænder samledes i grupper på plænerne omkring søen. Med hovedet under vingen afbrød de kontakten med verden udenfor, men var stadig på vagt, og med god grund. Det forlød, at der boede en ræv i haven og at dens diæt var ænder og skildpadde-ben og hoveder.
En aften skød en levende skygge over stien foran mig. Det var en pjusket og mager ræv. Mange andre af dens artsfæller har tilpasset sig bylivets biler, støj og lys, folk og affald. Og hvad skulle det gøre, at den tager nogle få ænder, ligesom hejren tager fisk og fuglene insekter – og hvad med os selv? I haven er der i alt fald ingen grund til at nogen skulle sulte.

I forårsaftenerne fik haven en næsten Præ-Raphaellistisk atmosfære af frodighed og duft, mens fuglesangen i denne grønne oase blandedes med byens lyde og de sidste solstråler ramte byens grønne spir. Det var i sandhed livsbekræftende at bebo dette refugium.

Oplevelser af denne art er uløseligt forbundne med at arbejde med og i naturen. Og i den situation føler jeg det nærmest irrelevant at tale om, hvorvidt det jeg gør handler om kunst, ja, jo mere jeg arbejder på den måde, des mindre behov har jeg for KUNST. Det er faktisk bedst at glemme kunsten – eller i alt fald ikke at satse for meget på den – og bare tage fat, iagtage, koncentrere sig og involvere sig i processen. Resultatet behøver ikke at være noget afsluttet, men en igangsat proces i et skiftende landskab.

For mig er det væsentlige ikke æstetik – skildpadderne, fuglene og fiskene er aldeles ligeglade med om noget er smukt og kunstnerisk. De øer jeg bygger skal være funktionelle, brugbare for søens dyr. Det er målet.

Synet af de flydende øer og væksten på dem vil ændre sig med

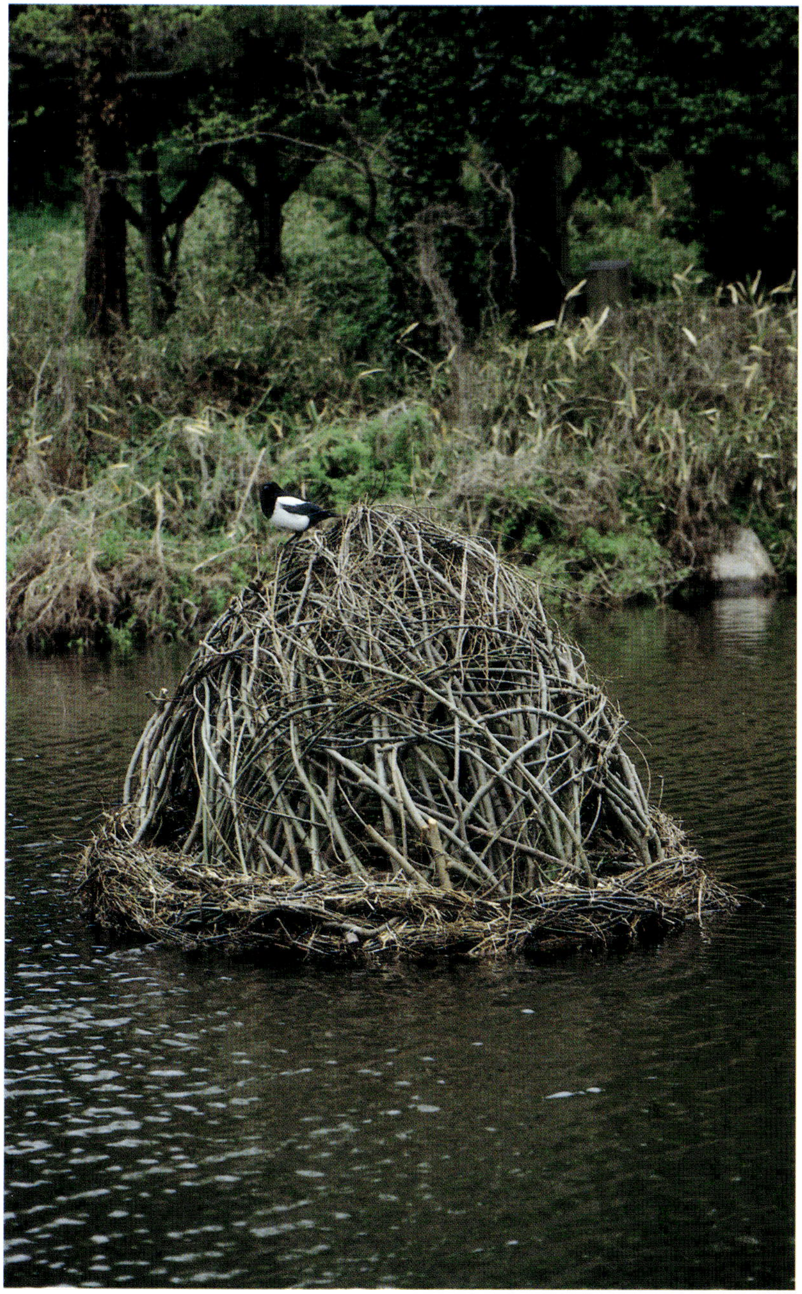

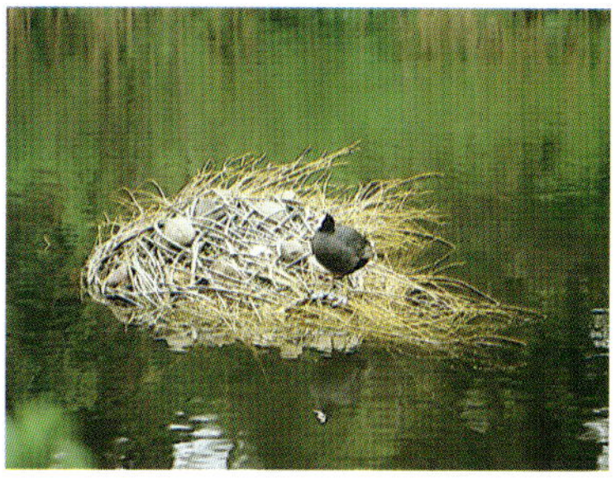

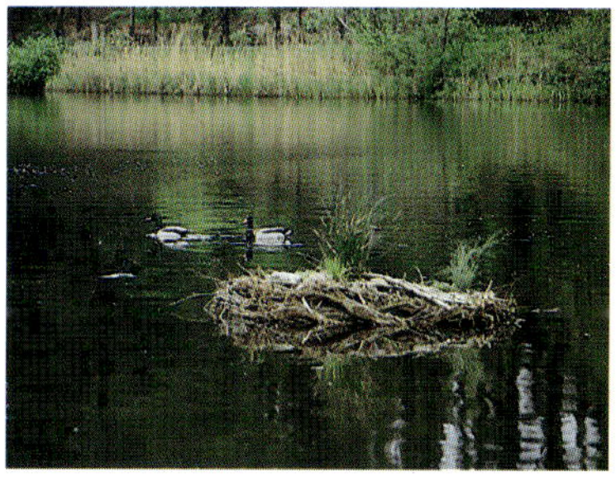

"FLYDENDE ØER", 1996. BOTANISK HAVE, KØBENHAVN, DANMARK. FOTOS ALFIO BONANNO

Alfio Bonanno is a painter and sculptor, born in 1947 in Sicily. His family emigrated to Australia and that was where he trained as a painter. After a few years in Rome, and an association with "Arte Povera", Bonanno moved in 1975 to Langeland. More than anyone, he has worked since 1980 with and in the Danish natural landscape, both with large structures of stones and tree trunks, and with conceptual acts – for example by cutting his finger and mixing his blood with a freshly-cut branch. He has exhibited and created installations in many places including Houston, Texas in 1973, the Miró Museum in Barcelona in 1985 and nature sculptures for the South Garden of Louisiana Museum in 1994, the Peace Sculpture on the Danish west coast for the AMU School in Svendborg in 1995, the and "The Wilderness Sanctuary" in Ireland in 1996 with Chris Drury. It was on his initiative, and with him as chairman, that the Tranekær International Centre for Art and Nature (TICKON) was created in 1990.

(Translated by JM)

"SØNDERBORG PROJEKT", 1994. DANMARK.
FOTO ALFIO BONANNO

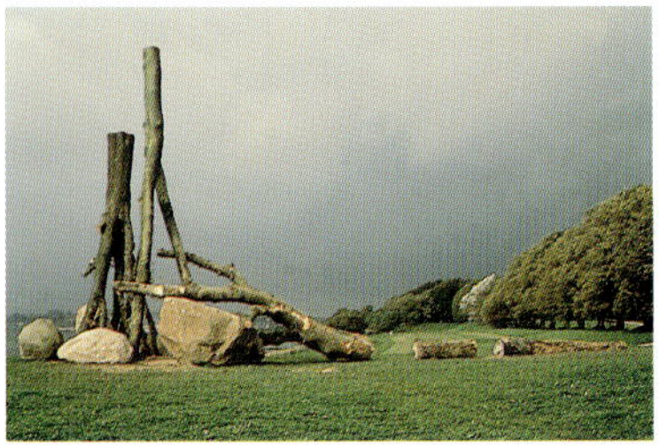

tiden og indgå i samspil med den natur, de er en del af. Jeg håber inderligt at de vil være et sted, hvor skildpadderne trygt kan solbade, fuglene bygge rede, fisk og insekter finde føde og mennesker vil opleve et naturligt kredsløb. *Alfio Bonanno*

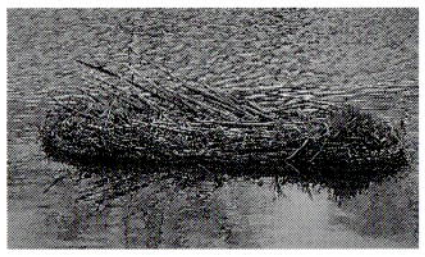

On one of my trips to the Botanical Gardens last year I noticed that the only island in the lake, formed by two floating tree trunks, was "overpopulated".

The island was quite clearly a resting-place and refuge for many kinds of water birds – and for terrapins. One of the attendants of the Gardens told me that there could be as many as fifty terrapins in the lake, all put there by people who had got tired of their pets. This "tradition" has created quite a few problems for the staff of the Gardens, for people do not always choose the lake; sometimes they choose the pond in the big hothouse. And there the animals start helping themselves to the expensive water plants – a nightmare for the vegetation and the botanists.

Early in the morning the terrapins of the lake climb up on the rocks along the banks to bask in the sun before the visitors to the gardens frighten them back into the water.

The terrapins interested me, so I decided to start building floating islands for the animals of the lake.

Because of the dense vegetation and the many visitors to the Gardens, I could not work by the lake, but had to build my islands in the car park of the Gardens between cars and two large containers for the green waste that the gardeners came with in barrowfuls.

This proved to be the ideal place, for after a few days I realized that the plant remains that were wheeled past me were exactly what I needed as filler for my islands.

There were plants with strange names: *Sapiudus Saponaria, Scalecia Peduculata, Luzula, Equistum, Streblus Asper, Alectryon Subcinereum, Ephedra* – names that stimulated the imagination, especially after I found out that one of these plants comes from the Galapagos Islands. For me, there in the middle of the car park, the thought of the great sea turtles was an inspiring link with my project and the terrapins in the lake.

I made the frames of the islands from fresh willow and sycamore, and filled them with plant material mixed with earth. And I hope that the willow, when launched, will begin to grow. The wind, the birds and the insects will take care of the sowing on the surface; and I hope that the roots of the willow, when they grow down to the bottom, will create an attractive biosphere for the fish, frogs and insects of the lake.

For the three weeks that the work lasted I lived in an attic in the Botanical Gardens. Every day after closing time I had the Gardens all to myself. Almost every day, a heron flew in to pick up its dinner of fresh fish, and the many ducks gathered in groups on the lawns around the lake. Heads under wings, they simply shut out the world outside, but remained alert – and not without reason. It was said that a fox lived in the Gardens, and that its diet was ducks, and terrapin legs and heads.

One evening a living shadow shot over the path ahead of me. It was a mangy, skinny fox. Many others of its species have grown accustomed to the cars, noise, light, people and waste of the city. And what was the harm if it took a few ducks, as the heron takes fish and the birds the insects – and what about ourselves? In the Gardens, at any rate, there is no reason why anyone should starve.

On spring evenings the Gardens had an almost Pre-Raphaelite atmosphere of lushness and heavy scent, while the birdsong in this green oasis blended with the sounds of the city and the last rays of the sun struck the green spires. It was truly life-affirming to live in this sanctuary.

Experiences of this kind are inextricably associated with working in and with nature. And in such a situation I feel it is almost irrelevant to talk about whether what I do is about art – indeed, the more I work in this way, the less need I have for ART. It is best in fact to forget art – or at least not to think too much about it, and simply to get down to it, observe, concentrate and get involved in the process. The result does not have to be something finished; it can be a process initiated in a changing landscape.

For me the important thing is not aesthetics – the terrapins, the birds do not care one bit whether something is beautiful and artistic. The islands I build must be functional, usable by the animals of the lake. That is the goal.

The appearance of the floating islands and what grows on them will change in time, and they will interact with the nature of which they are a part. I sincerely hope that they will be a place where the terrapins can bask safely, the birds can build nests, fish and insects can find food and people will experience a natural cycle. *(Translated by JM)*

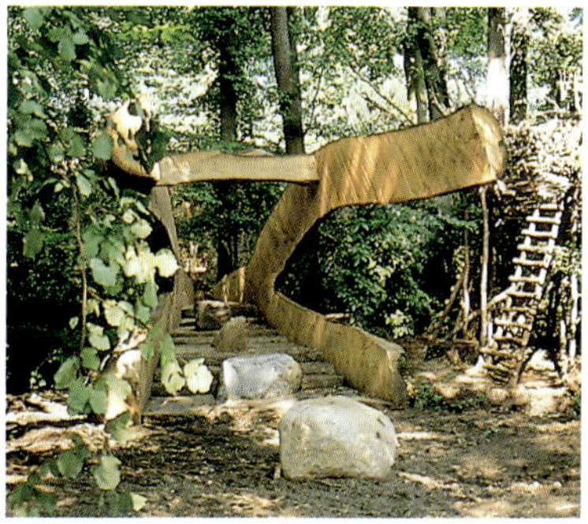

"BROEN OVER HUMLEBÆKKEN", 1994, SYDHAVEN I LOUISIANA MUSEUM FOR MODERNE KUNST, DANMARK. FOTO ALFIO BONANNO

Natural Selection

I planned a sculpture for the Copenhagen Botanical Gardens which contrasts the towers of Copenhagen visible beyond the treetops of the Botanical Gardens with a kind of natural tower grown from its site with the energy of early spring. Made from tree branches, the sculpture contrasts formal architecture with ancient methods of construction, methods still employed by many other species. For me, it is both a threshold and a kind of mother figure which engenders feelings about childhood and fleeting memories of prehistory.

Patrick Dougherty

Naturlig udvælgelse

Jeg planlagde en skulptur for Københavns Botaniske Have. Den står i kontrast til de københavnske tårne, der er synlige over trætoppene i Botanisk Have, ved at være et naturligt tårn, fremvokset af sit grosted med det tidlige forårs energi. Lavet af grene, danner skulpturen med sine gamle konstruktionsmetoder kontrast til den formelle arkitektur. Disse metoder bliver stadig brugt af mange andre dyrearter. For mig er det både en tærskel og en slags moderfigur, som fremkalder følelser omkring barndommen og flygtige forhistoriske minder.

(Oversat af MM)

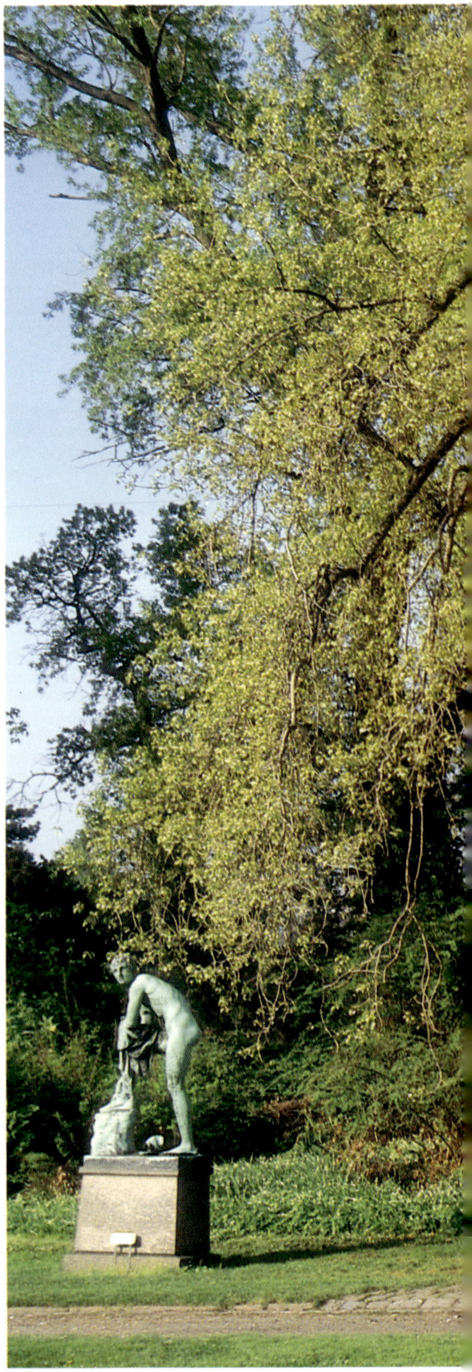

Biography, see p. 101.
Biografi se s. 103.

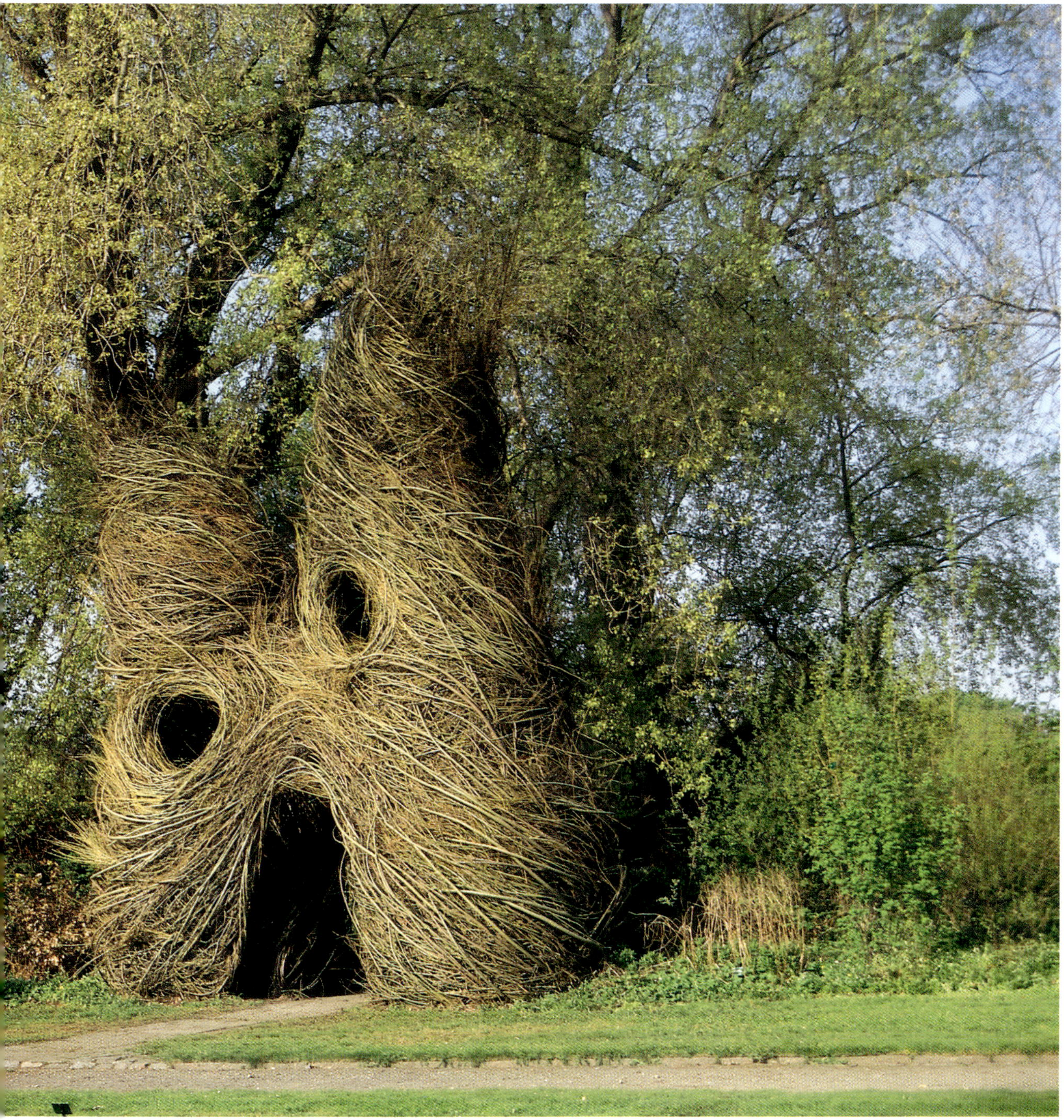

PATRICK DOUGHERTY

"NATURAL SELECTION", PIL, 1996. BOTANISK HAVE, KØBENHAVN, DANMARK. FOTO ALFIO BONANNO

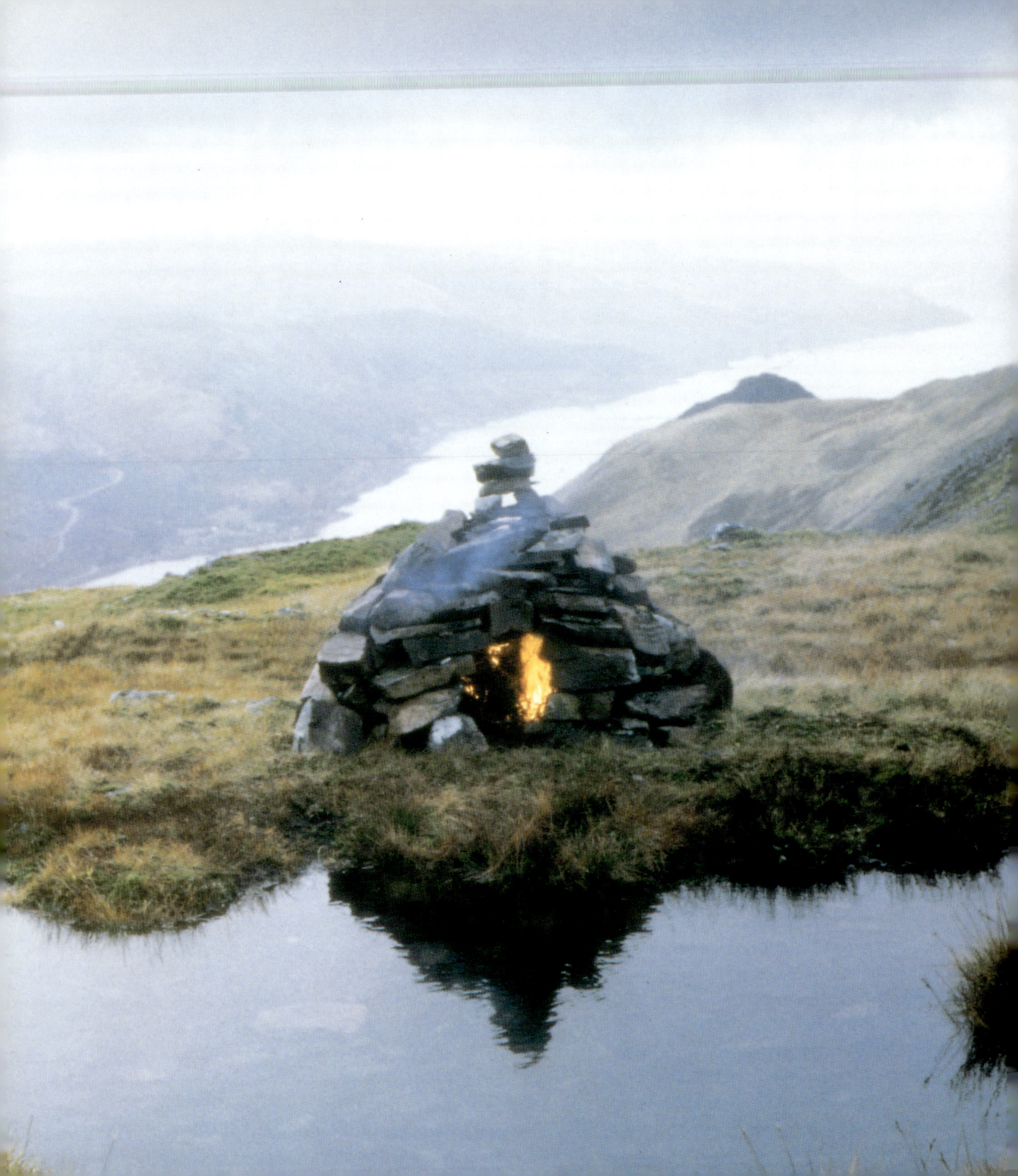

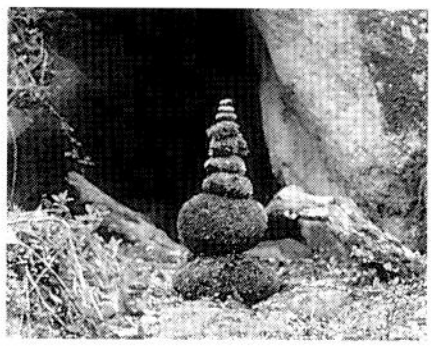

Thoughts on Art, Science and Nature

My work is concerned with wholeness and division. The division of man from man results in war, and when man is divided from nature he degrades and pollutes the planet.

Man is not seperate from nature, man is nature. Our language is born of culture (or is it the other way round!) so the word nature is a term from culture. We see nature through the weil of culture which is our conditioning. This is a very limited view, which mostly sees nature as something "out there", to do with plants, animals, klimate, landscapes etc. Even scientists who know better live their lives through this story. Seeing ourselves as seperate gives us the excuse to exploit, but nature is not seperate, nature is everything that happens in the universe including the writing of this essay. It is these divisions that make for egocentric art and result in science being used to make weapons of mass destrucion.

Art, science and nature are not separate entities. Art and science are the human version of the birds nest, or the markings on the wing of a butterfly and therefore are nature. The botanical gardens in Copenhagen is a land sculpture made by a collaboration of gardeners and botanists. I am told that Einstein was just as delighted with the way his model looked as with the import of its science.

The difference in Art and Science is only one of form.

As an artist, to look deeply at nature, to see the whole, I have found it necessary to look at both outer and inner worlds. I have used the silence of landscapes where there are few roads, telephones and the other trappings of industrial societies to make simple shelters and cairns. I have taken the most basic of materials from these places to make simple objects; but I see no reason not to use materials which have gone through man's process for in reality these too are a part of nature and have their place. Mostly I will try to use what is appropriate and which causes minimal environmental impact.

When I first visited the botanic gardens, I quickly realised that you could describe these gardens as a living sculpture devised by

Chris Drury was born in Colombo, Sri Lanka, in 1948, studied at the Camberwell School of Art, and lives in Sussex in England. On journeys to remote, desolate regions he has built caves and erected cairns on his own initiative. His "dens" consist of stones, turf, reeds or interwoven branches, and are perishable when the forces of nature go to work or because he removes them himself after photographing them; they become "photo works". In recent years he has been invited to create site-specific art, among other places at TICKON on the Danish island of Langeland; at Lewes Castle, Sussex; in the Watergrove Reservoir, Rochdale; at Hartford University, Connecticut; at Arte Sella, Italy; and in the "Shelter Project" on the Beara Peninsula, Ireland (with Alfio Bonanno). In addition he has had one-man shows, for example in the Botanic Gardens, Edinburgh.

In 1994 he was awarded the prize of the Pollock-Kranser Foundation.

(Translated by JM)

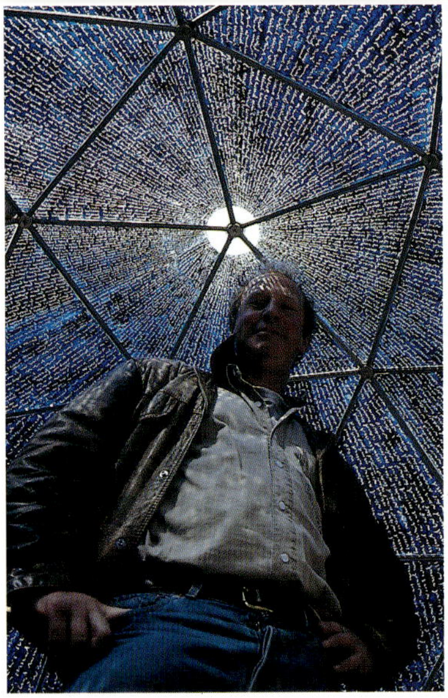

WIND WAVE, 1996, BOTANISK HAVE, KØBENHAVN, DANMARK. FOTO ALFIO BONANNO

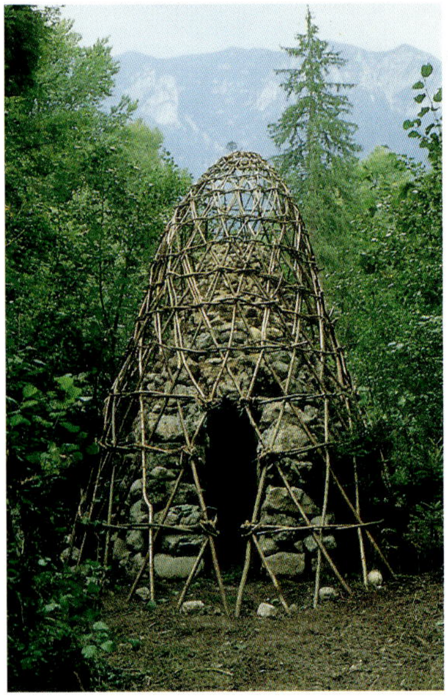

"TREE MOUNTAIN SHELTER", 1994. ARTE SELLA, ITALIEN

botanists and gardeners. The whole has been carefully considered and controlled. I felt that any "nature" sculpture here would be icing on the cake. The gardens deal with a scientific and cultural view of outer nature; what is missing here is "inner nature", that which is considered seperate.

My first instinct was to use contrasting man made materials, but to stay with a familiar form – the dome.

I knew that geodesic domed greenhouses were available commercially: the adopted greenhouse seemed to be apt in the circumstances.

An idea to make a 3 dimensional drawing using light came out of making circular word drawings (where written words form a line or mark). These drawings were inspired by mushroom spore prints. So it was proposed to paint the inside of the glass dome dark blue and to scratch the drawing into the paint in radiating lines from the top to the base. The viewer would then stand within a 3 dimensional domed drawing in light. The words for the drawing are:

WAVE – WIND / WAVE – MIND / MIND – WIND / WIND – MIND / MIND – WAVE / WIND – WAVE

A wave does not in itself exist, it is a movement of water made by wind.

Wind in itself does not excist, it is a movement of air caused by differing temperatures and pressures.

Mind in itself does not excist. It is a movement in thought.

When there is no wind, there are no waves on the lake which becomes a mirror reflecting land and sky.

When thought dies away the mind is a mirror of the universe.

Chris Drury

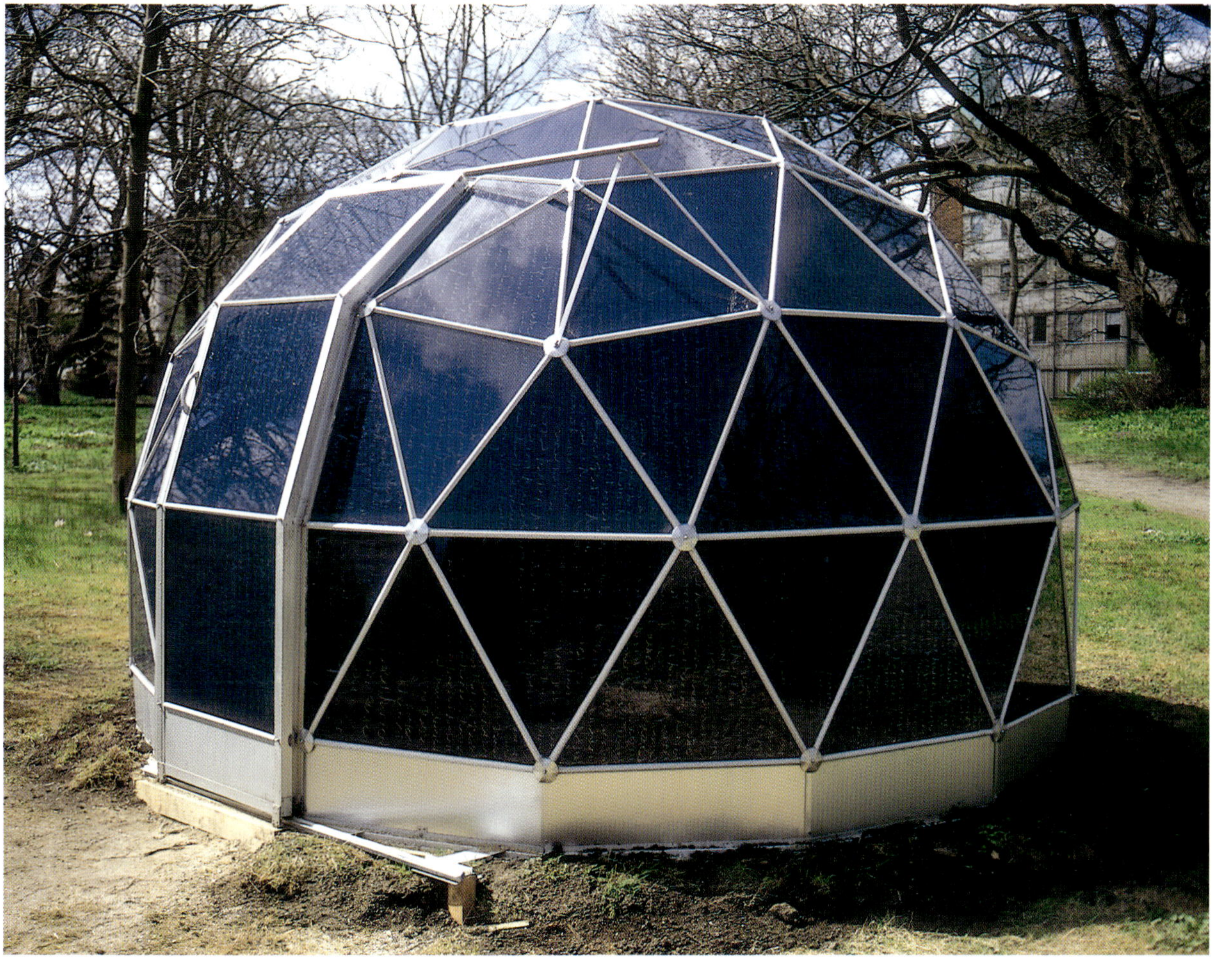

WIND WAVE, 1996, BOTANISK HAVE / THE BOTANICAL GARDENS, KØBENHAVN, DANMARK. FOTO ALFIO BONANNO

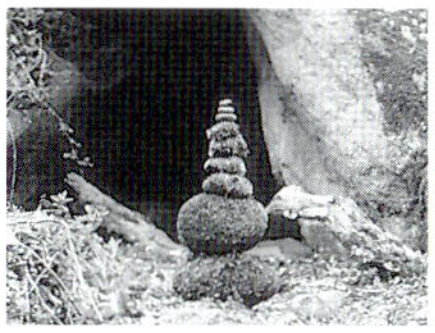

Tanker omkring Kunst, Videnskab og Natur

Mit værk drejer sig om helhed og splittelse. At mennesket splittes fra menneske leder til krig, og mennesket splittes fra naturen nedværdiger og forurener han planeten.

Mennesket er ikke skilt fra naturen, mennesket er natur. Vort sprog udspringer af kultur (eller er det den anden vej rundt?) , derfor er ordet natur en betegnelse som stammer fra kultur. Vi ser naturen gennem det slør af kultur, som er vore forudsætninger. Det giver et meget begrænset syn, som fortrinsvis ser naturen som "noget derude", som

Chris Drury blev født i Colombo, Sri Lanka i 1948, blev uddannet på Camberwell School of Art og bor i Sussex i Storbritanien. På rejser til fjerne og øde egne har han på eget initiativ bygget huler og rejst varder. Hans "skjulesteder" består af sten, tørv, rør eller grenflet og er forgængelige, når naturkræfterne sætter ind eller fordi han selv fjerner dem, efter at have fotograferet; de bliver "photo works". I de seneste år er han blevet inviteret til at udført site specific kunst f.eks. på Langeland (TICKON) i Danmark; ved Lewes Castle, Sussex; i Watergrove Reservoir, Rochdale; ved Hartford Universitet, Connecticut; i Arte Sella, Italien og "Wilderness Sanctuary. Shelter Project", Beara Peninsula, Irland (sammen med Alfio Bonanno). Dertil kommer særudstillinger bl.a. i Edinburgh Botaniske Have.

Modtog i 1994 Pollock-Krasner Foundations pris. *GKS*

handler om planter, dyr, klima, landskab osv. Selv videnskabsmænd, som ved bedre, lever deres liv med den opfattelse. Når vi ser os selv som afsondrede giver det os en undskyldning for at udnytte, men naturen er ikke noget adskilt, natur er alt, som sker i universet inkluderet det at skrive denne tekst. Det er disse splittelser som skaber egocentrisk kunst og resulterer i videnskab, der bruges til at skabe masseødelæggelsesvåben.

Kunst, videnskab og natur er ikke adskilte enheder. Kunst og videnskab er menneskets version af fuglereder eller markeringerne på vingen af en sommerfugl og derfor natur. Den Botaniske Have i København er en land-skulptur skabt ved samarbejde mellem gartnere og botanikere. Det siges, at Einstein var ligeså begejstret for den måde hans model så ud som for dens videnskabelige betydningen.

Forskellen mellem kunst og videnskab er kun formel.

For som kunstner at trænge dybt ind i naturen og se helheden, har jeg fundet det nødvendigt at betragte både den ydre og indre verden. Jeg har brugt stilheden i landskaber, hvor der kun er få veje, telefoner og andre af industrisamfundets velsignelser, for at bygge huler og varder. Jeg har taget de mest basale materialer fra disse steder for at skabe enkle objekter, men jeg ser ingen grund til ikke at bruge materialer, som har været underkastet menneskelig forarbejdning, for i virkeligheden er de også en del af naturen og har deres plads. Jeg forsøger fortrinsvis at bruge det, som er relevant og som forårsager mindst miljøpåvirkning.

Første gang jeg besøgte den Botaniske Have forstod jeg hurtigt, at denne have kunne beskrives som en levende skulptur udtænkt mellem botanikere og gartnere. Alt var omhyggeligt overvejet og kontrolleret. Jeg følte at her ville enhver "natur skulptur" være pynt. Haven illustrerer et videnskabeligt og kulturelt syn på den ydre natur; hvad der mangler er den "indre " natur, den som betragtes som noget separat.

Min første indskydelse var at bruge kontrasterende menneskeskabte materialer, men samtidig at anvende en velkendt form – kuplen.

Jeg vidste at geodætiske, kuppelformede drivhuse var i handelen; det valgte drivhus synes passende til omstændighederne.

Tanken om at lave tredimensionale tegninger ved at bruge lyset udsprang af mine cirkulære ordtegninger (hvor skrevne ord danner en linie eller et tegn). Disse tegninger var inspireret af aftryk efter svampesporer. Jeg forestillede mig derfor, at jeg kunne male kuplens indersiden mørk blå og kradse tegningen ind i malingen som radiære linier fra top til bund.

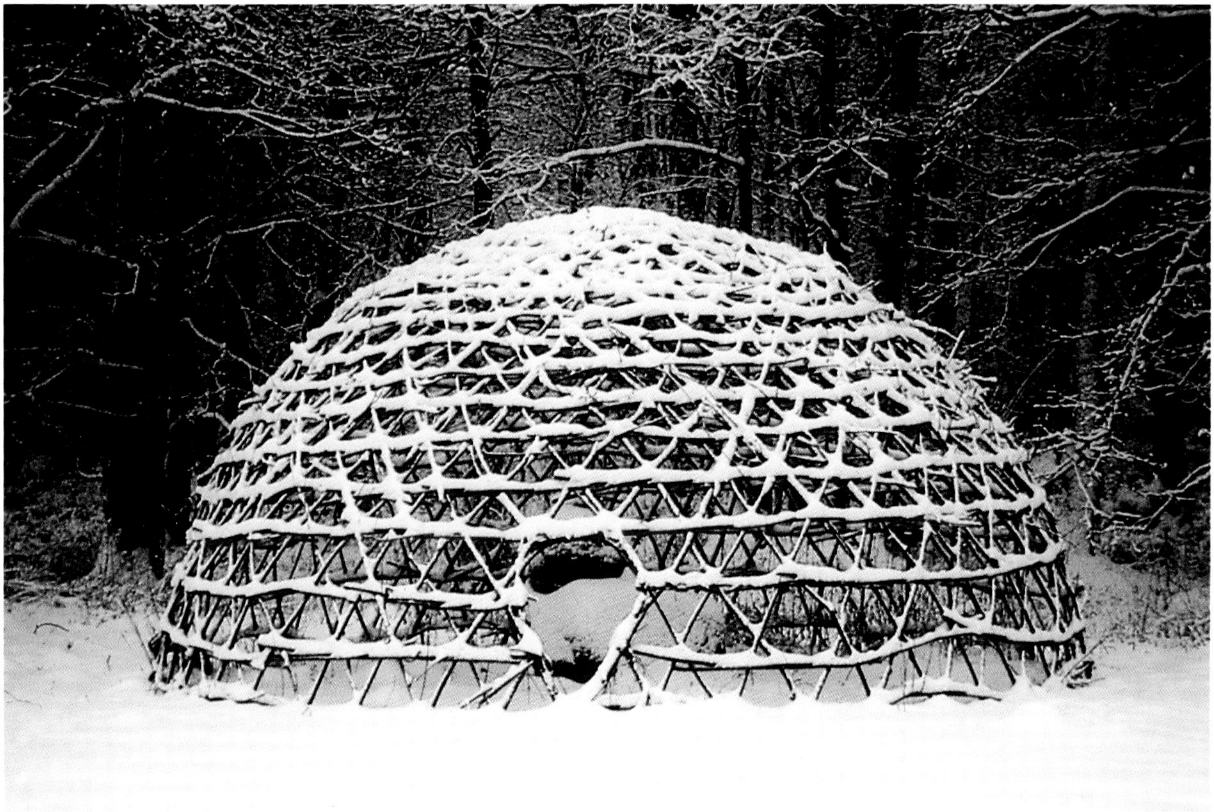

"COVERED CAIRN", 1993. TICKON, LANGELAND, DANMARK

Den besøgende ville således komme til at befinde sig i en tredimensionel, hvælvet lys-tegning. Tegningens ord er:

WAVE – WIND / WAVE – MIND / MIND – WIND / WIND – MIND / MIND – WAVE / WIND – WAVE.

En bølge eksisterer ikke i sig selv, den er bevægelse i vand skabt af vind.

Vind eksisterer ikke i sig selv, den er bevægelse af luften skabt af forskelle i temperatur og tryk.

Sind eksisterer ikke i sig selv, det er en bevægelse af tanker.

Uden vind er der ingen bølger på søen, som bliver et spejl, der reflekterer jord og himmel.

Når tanker dør, bliver sindet et spejl, der reflekterer universet.

(Oversat af GKS)

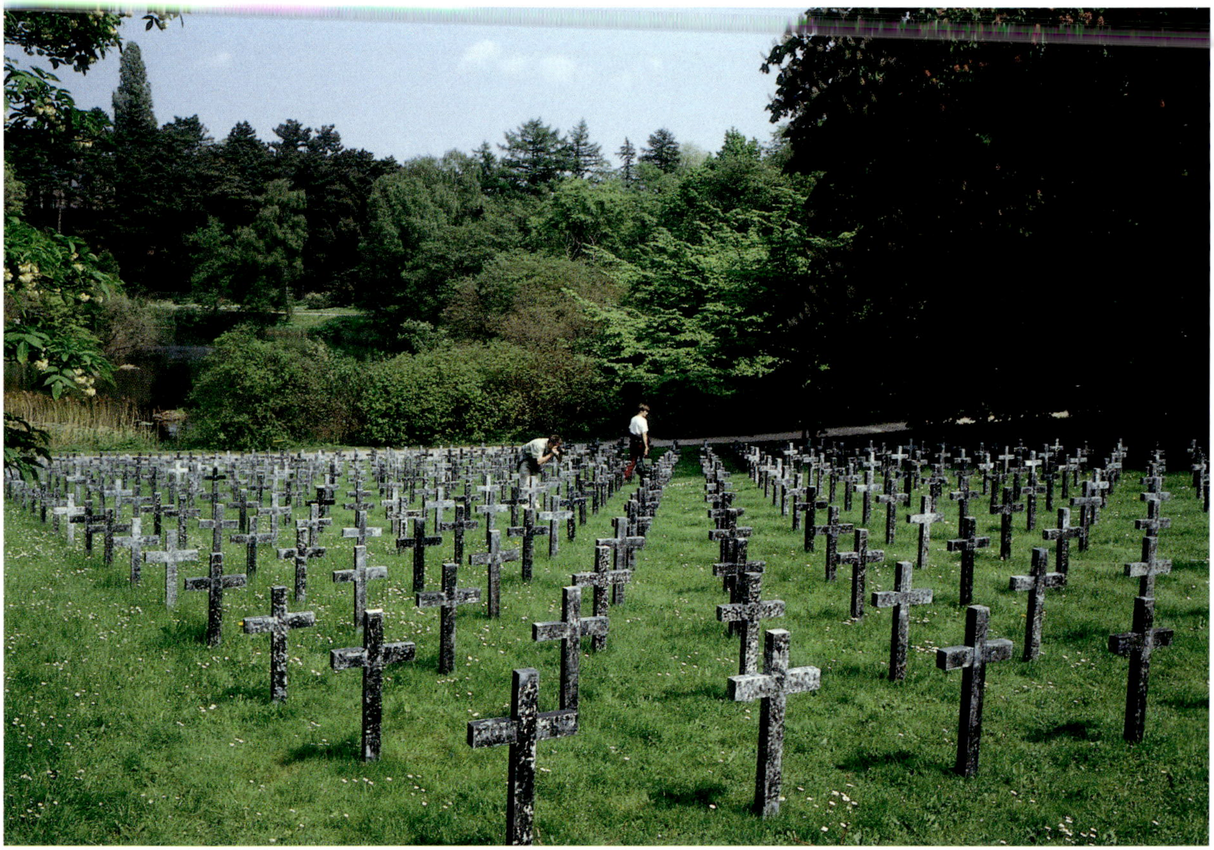

“THE GRAVE OF THE UNKNOWN COMPUTER II”, 1996. BOTANISK HAVE / THE BOTANICAL GARDENS, KØBENHAVN, DANMARK FOTO GKS

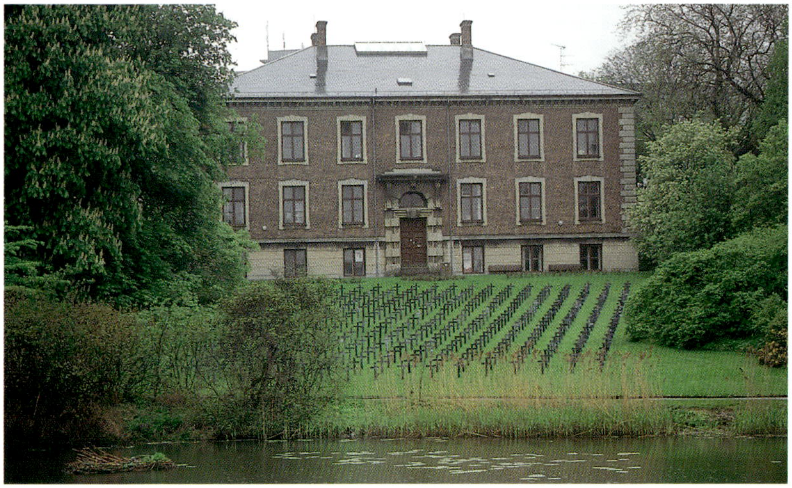

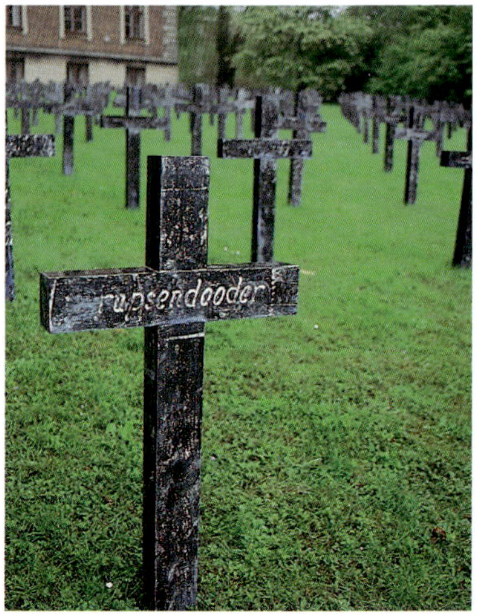

CROSS FROM “THE GRAVE OF THE UNKNOWN COMPUTER II”, WOOD AND BALL POINT INK (KUGLEPENNEBLÆK), BOTANICAL GARDENS, KØBENHAVN. FOTOS ALFIO BONANNO

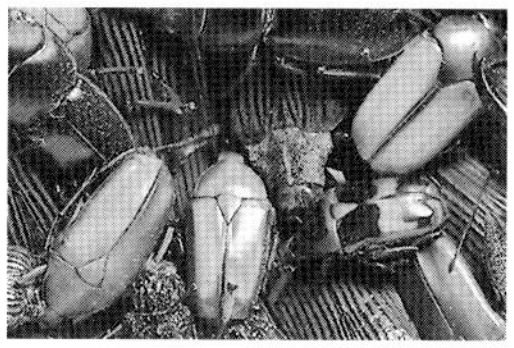

Jan Fabre: "The Grave of the unknown Computer".

Jan Fabre's work is in fact anchored in (family) traditions: Jean-Henri was a famous entomologist in the last century and descendant Jan found his writings an "open" and marvellous and inspiring meta- and micro-world. Images of insects already appear in his very first drawings: they function as primary symbols against a background of infinity. Insects in Fabre's works accentuate the urge and desire to create a new spatial dimension: a search for a metamorphoses of our upsetting notions of space in a scarcely definable plastic experience. The social life of insects can be compared to the "Theatre of Life". Violence, love, death, decomposition, work, order, dicipline, cruelty, fear and beauty can be seen here in pure and elementary form, in primitive power, as independent qualities. In our glimpse of the insect world, Nature becomes Theatre and Theatre becomes Nature ...

"The Grave of the Unknown Computer"is not only an impressive visual presence but also a moving allution to the parallel fate of insect and Man ... The popular names for the insects on the little crosses personalise, as it were, the "ordinary man" who from earliest times was involved as an annonymous, vulnerable and "expendable" shield for the protection of all sorts of differing ideologies and/or philosophies of life ...

(Extracts from text by Luk Lambrecht: "The Grave of the unknown Computer", Galerie Beaumont – Luxembourg, 1994)

The "Flanders"Field of Crosses ... is a metaphor for new life, for hope, for a new future, for the metamorphoses. The blue colour stands for "the blue hour", the sublime moment between night and day. The moment that the night animals go to sleep and the day animals awake.This term is also an "invention" of his great grandfather. The blue colour, ordinary ball point ink, has been put on the crosses by Jan Fabre with his fingers ... *Tijs Visser*

Jan Fabre was born in Antwerp in 1958 and studied at the Academy of Art there. But as an artist he is difficult to categorize. His talents are many and every year since 1987 he has written, composed or produced theatre, opera or ballet. The absurd is an important element in his expressive range, but death and poetry also play a major role.
He also has a consuming interest in beetles – real, physical beetles and symbolic beetles have preoccupied him since his early youth. He collects, draws, paints and creates sculptures of thousands of dead beetles from all over the world.
The cataloguing of the entomologist – and his great grandfather was a pioneer in this field – is the result of collection and killing, so "The Grave of the Unknown Computer" is a precondition of the survival of the species – in science. And just as the researcher's behaviour in nature is controversial, Fabre's Flanders field is a provocation.
Jan Fabre has been invited to give his performances in many countries, most recently at Kanonhallen in Copenhagen, as part of the European Capital of Culture 1996 events. In addition he has had installations and exhibitions of drawings and beetle sculptures at galleries and museums.

(Translated by JM)

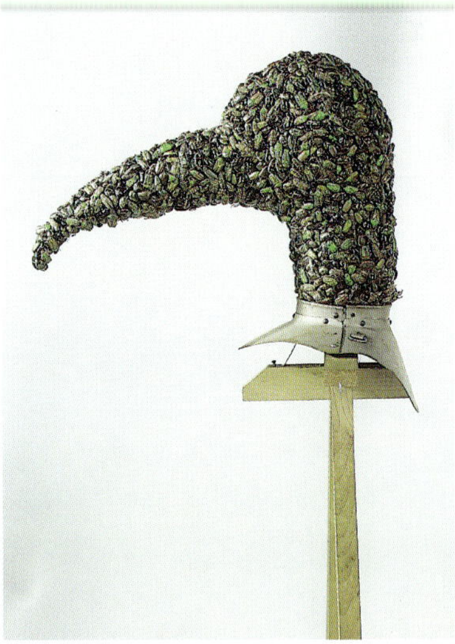

FLEMISH WARRIOR, JEWELBEETLES ON NETTING, 1995

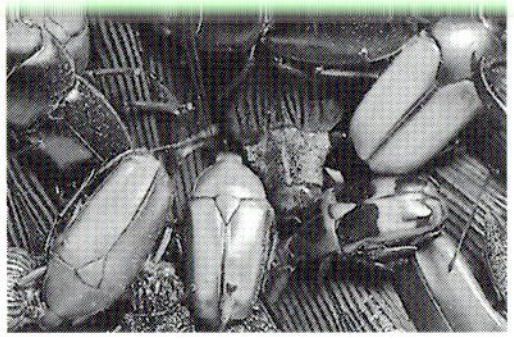

"Begravelsesplads for den ukendte registrant"

Jan Fabres arbejde er forankret i (familie) traditioner: Jean-Henri (Jan Fabres oldefar) var en berømt entomolog i forrige århundrede og hans efterkommer, Jan, har i hans skrifter fundet en "åben" og vidunderlige og inspirerende meta- og microverden. Billeder af insekter dukker allerede op i hans allerførste tegninger: de fungerer som primærsymboler på en baggrund af uendelighed. Insekterne i Fabres værk understreger behovet for og ønsket om at skabe en ny rumlig dimension ... Insekternes sociale liv lader sig sammenligne med "Livets teater". Vold, kærlighed, død, opløsning, arbejde, orden, diciplin, grusomhed, frygt og skønhed ses her som isolerede egenskaber i ren og elementær form. I de glimt vi får af insekternes verden, bliver Naturen Teater og Teateret Natur ...

"Begravelsesplads for den ukendte registrant" er ikke blot en imponerende visuel manifestation, men også en bevægende henvisning til insekteternes og menneskenes parallele skæbne ... Insekternes populære navne skåret i de små kors repræsenterer så at sige den "almindelige" mand, som fra de ældste tider har været brugt som et annonymt, sårbart og "udskifteligt" skjold til beskyttelse af livets mange forskellige ideologier og/eller filosofier ...

(Uddrag af tekst af Luk Lambrecht: "Het graf van de onbekende computer", Galerie Beaumont, Luxembourg.)

Jan Fabres "flanderske" mark af kors er en metafor for nyt liv, for håb, for en ny fremtid, for en metamorfose. Den blå farve repræsenterer "den blå time", det sublime øjeblik mellem nat og dag, det øjeblik da nattens dyr går til ro og dagens dyr vågner op. Denne betegnelse skyldes også hans oldefar. Den blå farve, som er almindeligt kuglepenneblæk, har Jan Fabre malet på korsene med fingrene ... *Tijs Visser*

(Oversat af GKS)

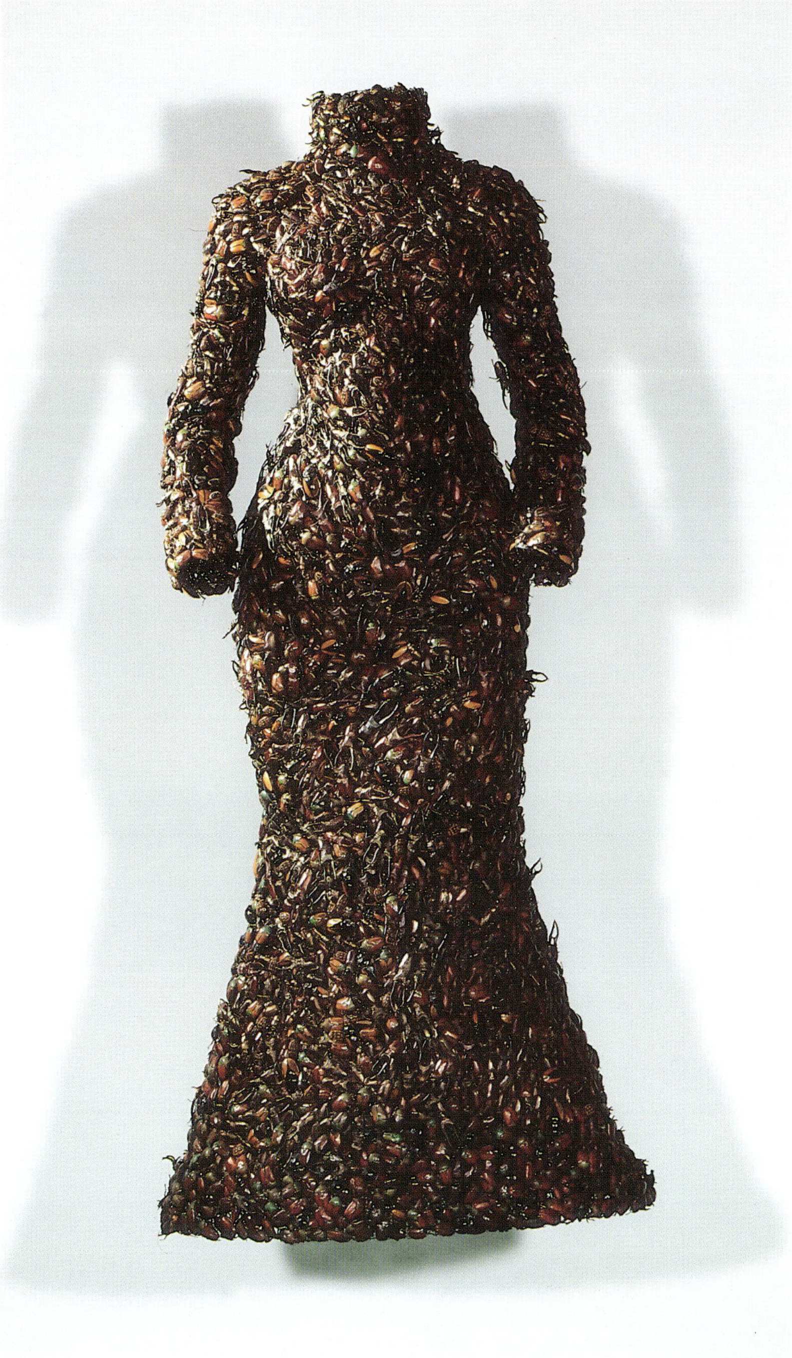

MUR DE LA MONTÉE DES ANGES, JEWELBEETLES ON NETTING, 1994. 160 × 50 × 50 CM. FOTO JAN FABRE

Jan Fabre blev født i Antwerpen i 1958 og studerede ved Kunstakademiet der. Men som kunstner er han vanskelig at rubricere. Hans talenter er mange og siden 1987 har han hvert år skrevet, komponeret eller produceret teater-, opera- eller balletforestillinger. Det absurde er en væsentlig del af hans udtryk, men døden spiller en stor rolle i hans produktioner, ligesom poesien.
Han er også et menneske lidenskabeligt interesseret i biller. Billen som fysisk realitet og som symbol har fra hans tidlige ungdom beskæftiget ham. Han samler, tegner, maler og skaber skulpturer af tusindvis af døde biller fra alverdens lande.
Entomologens katalogisering, og hans oldefar var en foregangsmand på dette område, er resultatet af indsamling og aflivning, derfor er arbejdet med den gådefulde titel: "The Grave of the unknown Computer" (Den ukendte registrants grav), en forudsætning for artens overleven – i videnskaben. Og som forskerens fremfærd i naturen er kontroversiel, er Fabres flanderske mark en provokation.
Jan Fabre er inviteret til at vise sine performances i mange land, sidst i Kanonhallen, København, som led i Kulturby 96 arrangementerne. Dertil kommer installationer og udstillinger af tegninger og billeskulpturer i gallerier og museer.

GKS

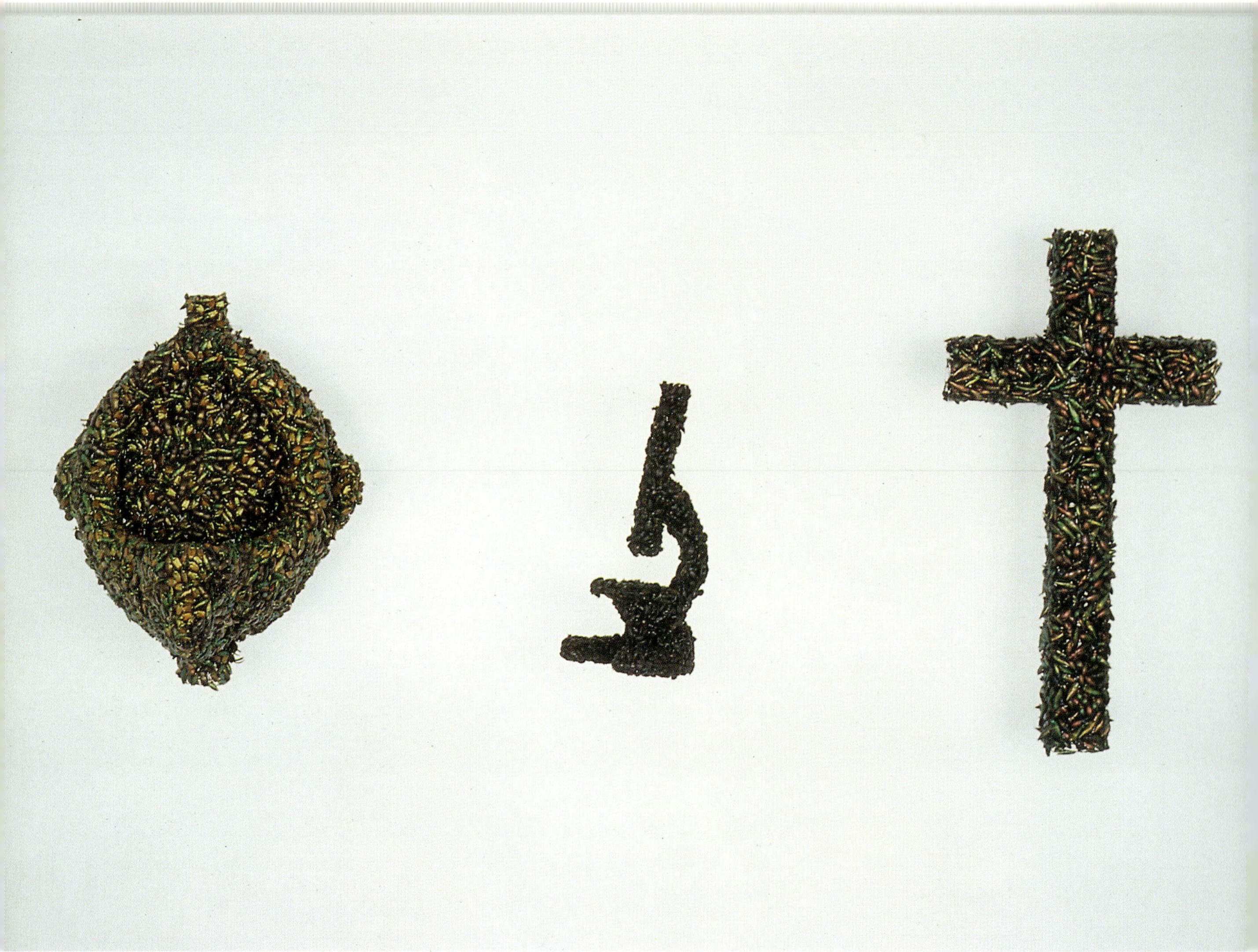

JAN FABRE

WITHOUT TITLE (DETAIL). JEWELBEETLES ON NETTING, 1994

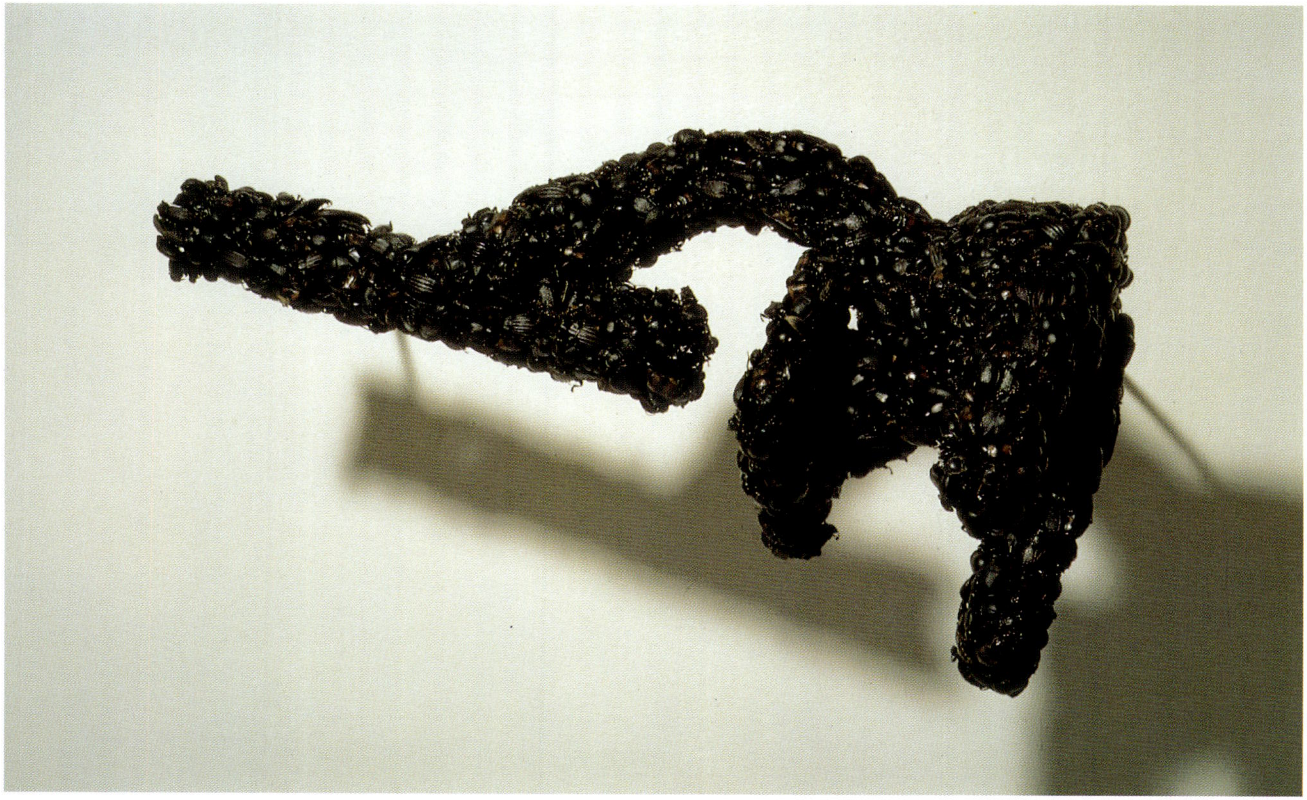

WITHOUT TITLE, JEWELBEETLES ON NETTING, 1994

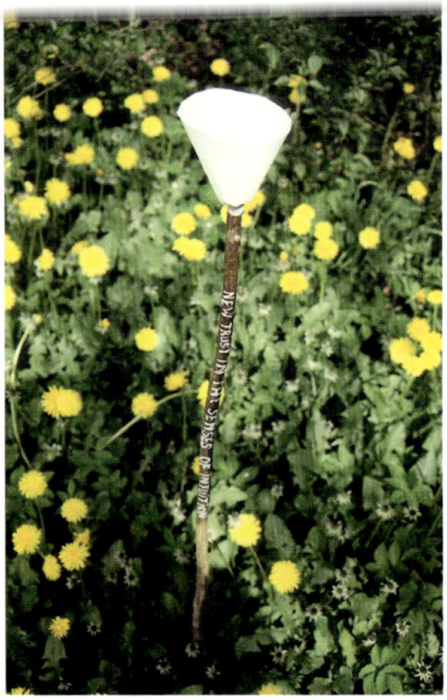

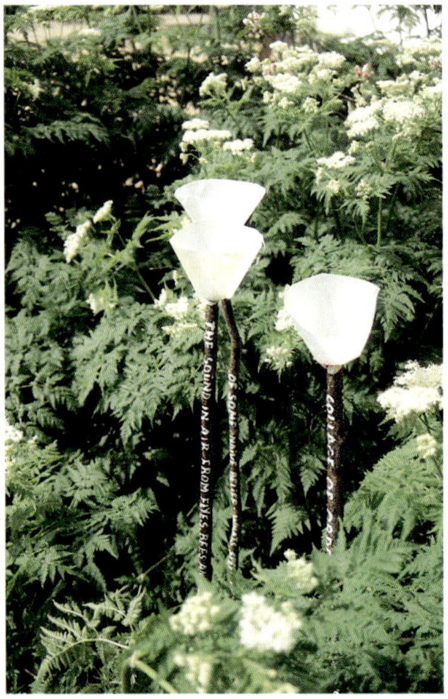

SAMTALE MED ..., 75 HONNINGTRAGTE TIL BLOMSTER – BIER – OG ANDRE FORBIPASSERENDE *(CONVERSATION WITH ..., 75 HONEY-FUNNELS FOR FLOWERS – BEES – AND OTHERS PASSING BY)*, 1996. BOTANISK HAVE, KØBENHAVN

SNOWBALL EFFECT

En mild snebyge fra øst - langsomt huller i skyerne.

OPMÆRKSOMHED

NÆRVÆR

OMSORG

En gang i halvfjerdserne - sendte jeg et EDITION AFTER HAND / HENRIK HAVE projekt, op i sneskyerne med en drage - specielt de sneskyer, der tegner lange striber i landskabet.
Vil sende digte (tekster) op i skyerne med hvide drager , hvis vinteren holder.
I dag blå himmel, ÷ 7/8°celcius - diset landskab.
Jeg er tingfinder - jeg finder ideer som omsættes i visuelle projekter - ofte med naturen som anledning - og sådan har det altid været.

BOTANISK HAVE som anledning ?
Først og fremmest en voldsom stimulerende kraft - planter er grundlaget for næsten alt liv på jorden idet de ved fotosyntese omdanner solenergi til organisk stof og ilt.
Buske - træer og blomster har deres samliv med årstiderne, mennesker, dyr og insekter (blomster, frugt og grønt, og brænde og bjælker og borde og stole osv.)
Jeg vil fortælle planterne historier - digte om tiden her og nu som det hele tiden vælter ind på de store antenner.
Jeg vil plante digte og ringmærke blomsterne og buskene og træerne med små ord - ZEN sentenser.
Det er meningen at mine handlinger kun eksisterer i TICON' Botanisk Have tid.
Jeg håber at bier, myrer, fugle og pattedyr vil deltage.

*

Jeg tilstræber en enkelhed der samtidig åbner for stort samspil og ideudvikling.

TEKSTER AF MOGENS OTTO NIELSEN, EGEN KOMPOSITION, 1996

*

Her følger omtaler af realiserede eller påtænkte ideer og projekter.

Elskov i eng med Gule Iris.

Gul-stol - skulptur til Gederams i Ørum Mose, Vendsyssel.

Skov med snebolde på træerne.

Flamingoerne i Zoologisk Have fodres med lyserødt farvestof for at vedligeholde deres fjerfarve. Hvad om man brugte GRØN, GUL, RØD eller BLÅ farve.

Flyvemaskinernes kondensstriber tegner store krydser på himlen.

"Genpart" stempel uden p, Gen art.

SUN MADE - tekst og tegninger med brændeglas.

Forskellige tilnærmelser til myrer - lokke labyrinter og antenner.

Den af blomstrende kirsebærtræer berusede gule flyver - skulptur i EGENSE.

ZEN-tempel for myrer til gårdhave i Aalborg - lille lyngbakke med hvidt marmor hus - ikke realiseret.

I Aalborg'beton bygger myrerne tunneller.

MYRER SPREDER BLOMSTER

" Opstabling for myrer" - med hvide blikdåser med påtrykte myrer.

" SEED FLUFF " - mælkebøtte frø opsendt i varmen fra et lille bål.

Mogens Otto Nielsen er født 1945. Han er selvlært kunstner, romantiker og utopist med forbindelse til Fluxus. Hans talrige projekter er særdeles utraditionelle. Han har arbejdet i mangfoldige materialer fra plastik, fjer og filt til ild, is og sne, men mest af alt med ord: Mail Art. Hans budskaber er løbesedler med signalet "ATMOSPHERE CONTROLLED", "earth" , "NO COPYRIGHT" osv. eller samlede i små hjemmelavede bøger med fotokopier. Hans kunst er uden kommerciel værdi, men fuld af humor og hans engagement i verdens gang og menneskets ansvar overfor naturen er dybt alvorligt. *GKS*

Mogens Otto Nielsen was born in 1945. He is a self-taught artist, romantic and Utopian associated with the Fluxus movement. His innumerable projects are particularly unconventional. He has worked in a wealth of materials from plastic, feathers and felt to fire, ice and snow, but most of all with words: Mail Art. His messages are handbills with the signals "ATMOSPHERE CONTROLLED", "earth", "NO COPYRIGHT" etc., or are collected in small handmade books of photocopies. His art has no commercial value, but is full of humour, and his commitment to the fate of the world and nature is profoundly serious.

(Translated by JM)

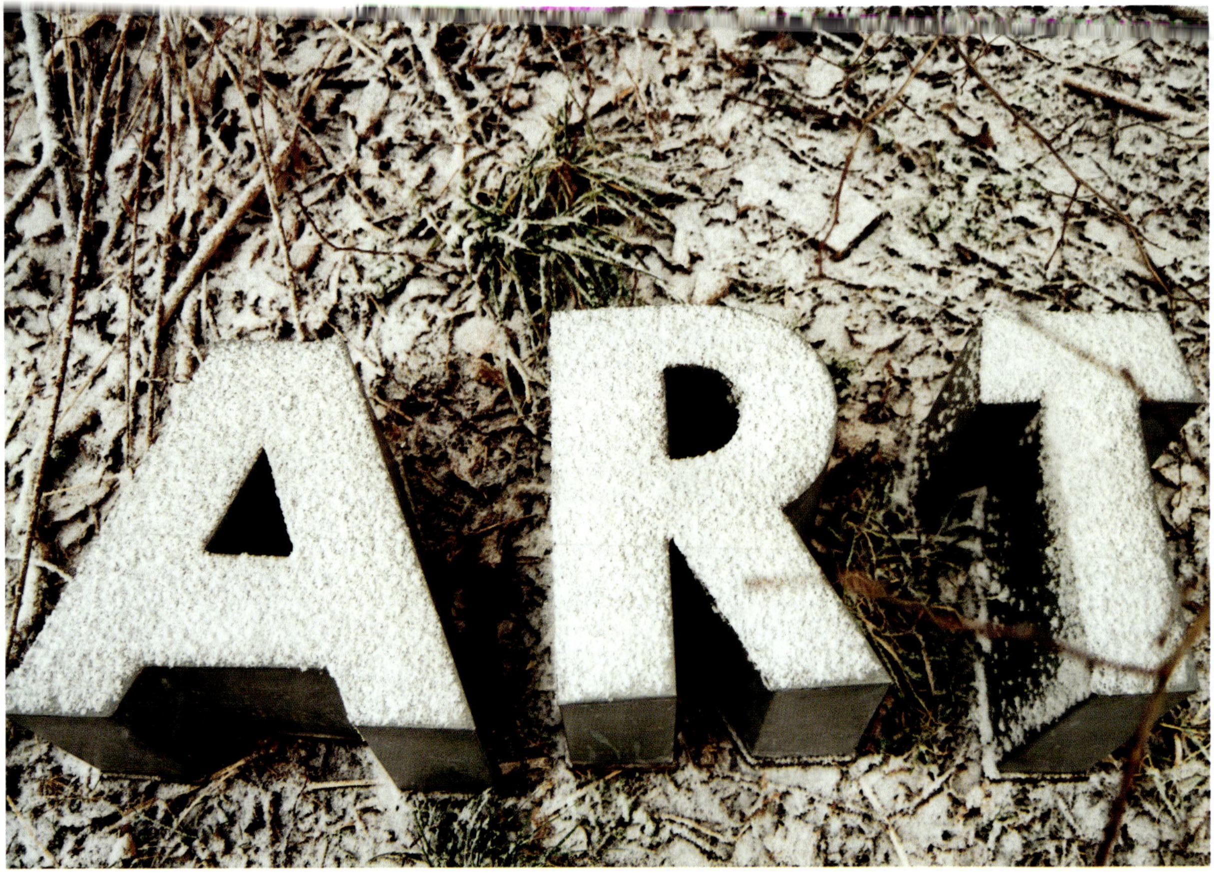

SNOWBALL EFFECT
Mild snowfall from the east – gradual breaks in clouds

ATTENTION
PRESENCE
CARE

Once in the seventies I sent an EDITION AFTER HAND/HENRIK HAVE project with a kite up into the snow clouds – especially the snow clouds that draw long lines in the landscape.
Will send poems (texts) up into the clouds with white kites, if the winter lasts.
Blue sky today, minus 7 / 8°C – misty landscape.
I am a thingfinder – I find ideas that are transformed into visual pro-

jects – often with nature as the stimulus – and that is how it has always been.

THE BOTANICAL GARDENS as stimulus?
First and foremost, powerful stimulating energy – plants form the basis of almost all life on Earth since they convert solar energy by photosynthesis to organic matter and oxygen.
Bushes, trees and flowers share their lives with the seasons, human beings, animals and insects (flowers, fruit and vegetables, firewood and beams and tables and chairs etc.).
I want to tell the stories of the plants - poems about time here and now as they keep pouring into the large antennae.
I want to plant poems, to ring flowers and bushes and trees with small words – ZEN koans.
My actions are only meant to exist in TICKON/Botanical Gardens time.
I hope bees, ants, birds and animals will join in.

I am searching for a simplicity that will also allow large-scale interrelations and the development of ideas.

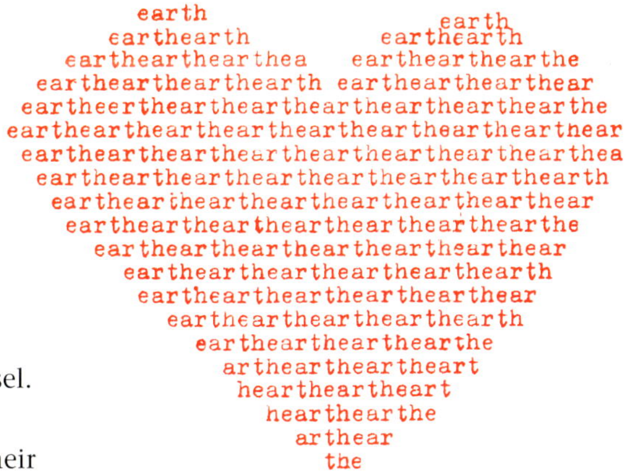

Here are some realized or intended ideas and projects:
Meadow love with Yellow Iris.
Yellow Chair – sculpture for rose bay at Ørum Marsh, Vendsyssel.
Forest with snowballs on the trees.
The flamingos in the Zoo are fed with pink pigment to keep their feathers the right colour. What about using GREEN, YELLOW, RED or BLUE?
Aeroplane vapour trails drawing big crosses on the sky.
SUN MADE - text and drawings with burning-glass.
Various approaches to ants – lure labyrinths and antennae.
The yellow aeroplane intoxicated by cherry trees in bloom – sculpture in EGENSE.
ZEN temple for ants for back garden in Aalborg – small heather hill with white marble building – unrealized.
The ants build tunnels in Aalborg concrete.
ANTS SCATTER FLOWERS.
"Stack for ants" – with white tin cans with printed ants.
"SEED FLUFF" – dandelion seeds sent up by the heat from a small fire.

(Translated by JM)

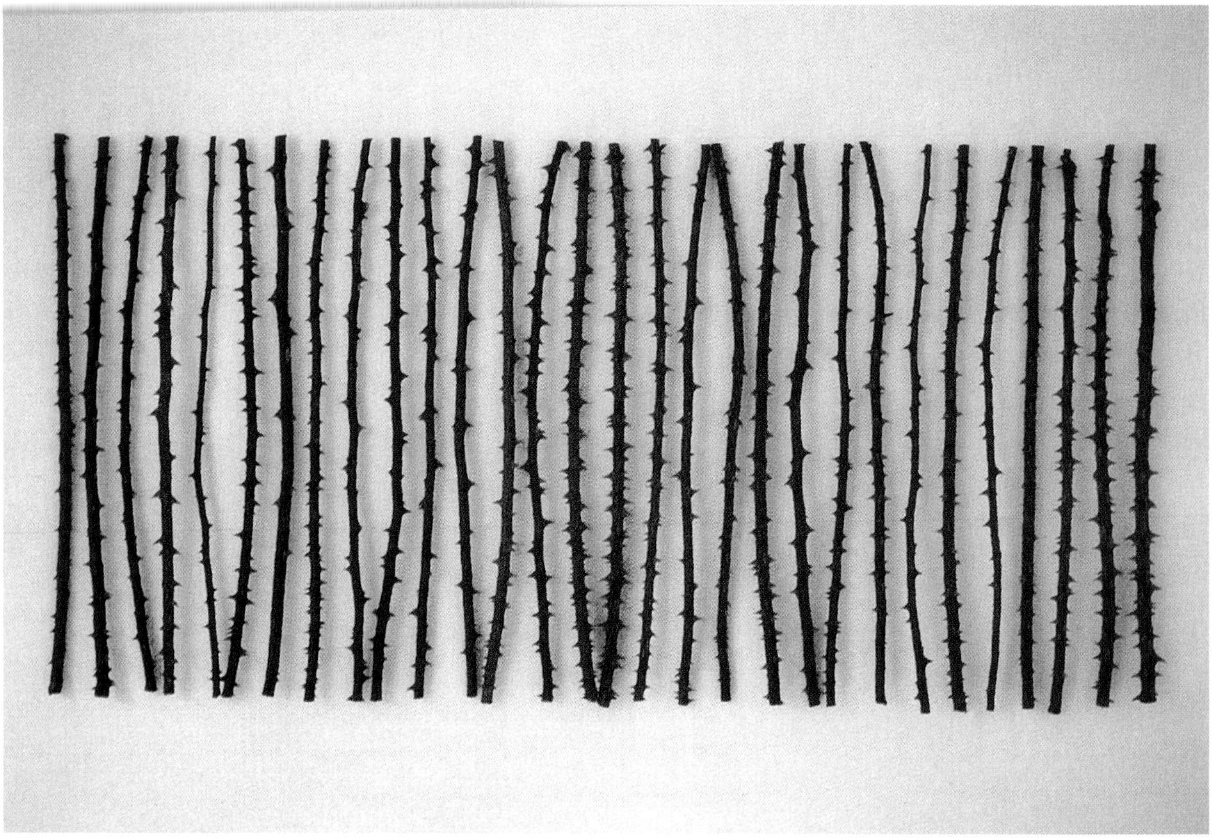

ROSA CANINA, 60 × 118 CM, 1990

Biography, see p. 135.
Biografi se side 137.

"the locked paradise"

in the past they were plants of vision – did help shamans on travels of the soul and with healing, they were holy to many and they were adored.

they were part of our natural relations, now, since we have gone a long way apart from the net of relations, they have become dangerous drugs, hallucinogens, addictives.

the door is locked. is the paradise lost? there is a key and the name of the key is: experience, but how to have experience when the door is locked?

we need to find a way to develop our own shamanism
then we will have again what longtime we missed gravely: true religious experience.

and what about art? art is a part of our process of becoming concious. art is a document of our social being. *herman de vries*

"det låste paradis"

fordum blev rusplanter betragtet som visionsbefordrende; de hjalp shamanen til at foretage sjælerejser og healing, for mange var de hellige og blev tilbedt.

de var en del af vore naturlige forbindelser. nu da vi har bevæget os så langt fra vort naturlige net af forbindelser er de blevet farlige som drugs og hallucinationsfremkaldende stoffer.

døren er låst. er paradiset tabt? der er en nøgle og nøglens navn er erfaring. men hvorledes erhverve erfaring når døren er låst?

vi må finde en måde at udvikle vores shamanisme for at vi igen, efter lange tider med et utilfredsstillet behov, kan finde ind til den ægte religiøse erfaring.

men hvad med kunsten? kunst er en måde at opnå bevidsthed på. kunst er en dokumentation af vores eksistens som sociale individer.

(Oversat af GKS)

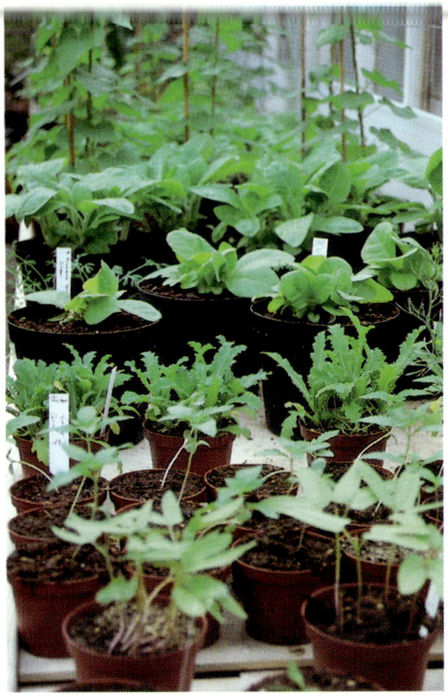

RUSPLANTER, BOTANISK HAVE, KØBENHAVN, DANMARK. FOTO ALFIO BONANNO

“the locked paradise” glasshouse. plants: /
“det låste paradis” drivhus. planter:

cannabis indica “early girl” – hanf, marijuana
fam. cannabinaceae
resin: hashish
active substance: cannabinole, mainly delta-1-(6) tetrahydrocannabinol

cannabis indica x sativa “super skunk”

brugmansia aurea – angels trumpet
fam. solanaceae – nightshades
active substances: 1-hyoscyamine, atropine, scopolamine (concentrations varying)

brugmansia + candida – angels trumpet

datura stramonium var. stramonium – thornapple
fam. solanaceae – nightshades
active substances: 1 – hyoscyamine, atropine, scopolamine (concentration varying)

datura ferox

datura inoxia var. inoxia – devils weed

datura metel

withania somnifera – dreamroot
fam. solanaceae – nightshades
active substances: a.o.: withaferine, withanolide

nicotiana rustica – tobacco
fam. solanaceae – nightshades
active substances: nicotine

nicotiana tabacum – tobacco

brunfelsia grandiflora – brunfelsia
fam. solanaceae – nightshades

coleus amboinicus
fam. labiatae – mint family
active substance: salvinorin

leonotis leonuris – lions tail
fam. labiatae – mint family

sida rhombifolia
fam. malvaceae – mallow family

piper betle – betel pepper
fam. piperaceae – pepper family

acorus calamus – sweet flag
fam. araceae – arum family
active substances: probable alpha – and beta asarone

heimia salicifolia – herb of life, sun opener
fam. lythraceae – loosestrife family

tagetes lucida
fam. compositae sunflower family

ipomoea violacea (i.tricolor) "heavenly blue" – morning glory
fam. convolvulaceae – bindweed family
active substance: lysergic acid amide

ipomoea violacea – purple morning glory

ipomoea purpurea "alba"

ephedra traudiana
fam. gnetaceae – gnetum family
active substance: ephedrine

ephedra nevadensis

erythoroxylon novogranatense – coca
fam. erythroxylacear – coca family
active substance: cocaine

papaver somniferum – poppy
fam. papaveraceae – poppy family
active substances: opiates

argemone mexicana – mexican pricly poppy
fam. papaveraceae – poppy family

eschscholzia californica – californian poppy
fam. papaveraceae – poppy family
active substances: protopine, allocryptino a.o.

peganum harmala – syrian rue, harmel
fam. zygophyllaceae
active substances: harmine, harmaline

The Rebirth of Nature and the Power of Place

RUPERT SHELDRAKE

Rupert Sheldrake, Ph.D. is a biologist and was a Research Fellow of the Royal Society and Director of Studies in Cell Biology at Clare College, Cambridge University. He is the author of "The Rebirth of Nature" and "Seven Experiments that Could Change the World" pp.

A new, scientific animism is coming into being. In my book "The Rebirth of Nature" (Rider, London), I show how the mechanistic theory of nature is being transcended through science itself. We are coming to a new understanding of the life inherent in the Earth, the cosmos and nature in general.

The Gaia hypothesis, the idea of the Earth as a living organism, is the best known aspect of this process. At the same time the old idea of physical determinism has given way to a new sense of indeterminism, chaos and spontaneity. Matter is no longer inert stuff but consist of patterns of activity. Natural systems are selforganizing wholes. The cosmos is more like a developing organism than a machine running down. There is a prodigious creativity inherent in nature, revealed through the evolutionary process. And the so-called laws of nature may be more like habits.

According to the hypothesis of morphic resonance, which I discuss in detail in my books "A New Science of Life" (Flamingo, London) and "The Presence of the Past" (Collins, London), each species of animal and plant draws on a collective memory. This memory is transmitted from similar past systems through space and time by the process of morphic resonance. The best known example of this process concerns the behaviour of rats: if they learn a new trick in one place, say Copenhagen, then rats in London and everywhere else should be able to learn the same thing more easily. There is already evidence, discussed in my books, that this remarkable effect actually occurs. In the human realm this idea resembles C.G.Jung's idea of the collective unconscious.

This hypothesis also applies to systems normally considered to be inanimate, such as molecules and crystals – indeed it applies to any self-organizing system such as a tree, a planetary system like Gaia, and even to solar systems and to galaxies. All such selforganizing systems are organized by morphic fields. These formative fields are shaped by habit: they have inherent memories both through self-resonance with their own past patterns of activity and by morphic resonance with similar previous systems elsewhere.

These principles may be able to shed some light on the characteristic spirit or qualities of places. The Romans spoke of the *genius loci*, and all over the world, all human cultures have recognized the fact that different places have different qualities, and different effects on those who visit them. Nativ Americans were no exception. Moreover, throughout the world various kinds of nature spirits have been recognized – for example in classical Europe, *naiads* or water spirits, *dryads* or wood spirits, *oreads* or mountain spirits and *nereids* or sea spirits. Most of us have been brought up to think of such things as mere superstitions, or at best as poetic figures of speech. But if we think of places such as woods, mountains and waterfalls as associated with morphic fields, then these traditional images can be looked at in a new way.

This is of course very speculative. I was at first reluctant to extend the field concept to places, thinking that this was stretching the idea too far. But then I realized that fields *are* places. You see them in the countryside. The scientific idea of fields was first introduced some 150 years ago by Michael Faraday, and has as its most general definition "a region of influence". Faraday borrowed this term from our general language. Its primary meaning is agricultural, to do with the growing of plants, but it has been extended to include battlefields, football fields, fields of study and fields of influence. Thinking of the fields of places reconnects the field concept with its starting point.

The idea of place-fields also makes sense of the tradition of geomancy of Earth divination, which used to exist in Europe and still survives in the Chinese world as *feng shui*. Practitioners of feng shui choose places for building tombs, temples, houses, offices and so on; they also advise on the planting of trees, the orientation of doors and windows, and the layout of rooms. Perhaps geomantic systems are best understood as ways of understanding the fields of places, so that human activities can be related to them most appropriately. These aims and methods of geomancy have not been superseded by modern science and technology; they has merely been ignored, and the results are only too evident in modern cities and industrial landscapes.

Beliefs are found all around the world that places can have memories. And according to the idea of morphic resonance there is a two-fold aspect to the memory of place: first, the memory inherent in the place itself, through its own morphic field, and secondly through tuning in by morphic resonance to the collective experience of previuos people in the same place. Of course not all such memories are good. For instance, it is widely believed that places in which people have been executed, murdered and tortured are inauspicious, if not actually haunted.

Thus the quality or atmosphere of a place does not simply depend on what is happening there now, but on what has happened there before. These principles are quite general but take on a special significance in relation to places traditionally regarded as sacred. They help to make sense of a fundamental feature of human behaviour – pilgrimage. All over the world people visit places reputed to have particular powers, places where others have ben healed, inspired, or blessed in other ways. In India, for example, pilgrims regularly journey to sacred mountains, such as Mount Kailash in the Himalayas, to sacred caves, to sources of sacred rivers, such as the source of the Ganges at Gangotri, and to countless temples and shrines. Australian Aborigines and Native Americans have their traditional places of power, to which they go on ritual journeys. Muslims visit Mecca by the millions.

In pre-Christian Europe, as in other parts of the world, there were numerous sacred places such as groves, hilltops, caves, rocks and springs which were visited and venerated as places of power. Pilgrimage is one of the traditional ways in which people have recognized the sacredness of the Earth. Indeed in ancient Greece, the worship of Gaia herself, the Earth Mother, was not based on a mere abstract conception, but centred on the ancient shrine and oracle of Delphi, later taken over by the cult of Apollo. As Europe was Christianized, many churches and cathedrals were built on ancient sacred sites; Chartres cathedral, for example, is built over a pre-Christian ritual centre, and in its crypt is the ancient sacred well. Medieval Europe was criss-crossed with pilgrimage routes. In Roman Catholic and Orthodox countries, pilgrimages still persist – for example in Ireland to the sacred mountain of Croagh Patrick; to the holy island in Lough Derg, the last refuge of the druidic gods; and in visits to holy springs and wells, now dedicated to St Brigid, St Mary or other saints.

As Chaucer's "Canterbury Tales" shows, pilgrimage in the middle ages was not unenjoyable. Medieval critics bemoaned the fact that pilgrims had much too much fun, including sexual adventures, humanists like Erasmus denounced superstitious practics and bogus relics; others attacked the exploitation of pilgrimage by the church authorities for monetary gain. But only the Protestant Reformers went so far as to oppose all pilgrimage in principle. They denounced it as pagan, magical and idolatrous. Martin Luther, for example, who was greatly moved by his own pilgrimage to Rome as a young man, became a total opponent. "All pilgrimages should be stopped. There is no good in them ... Rather do these pilgrimages give countless occasions to commit sin and despise God's commandments", he wrote in "To the Christian Nobility". The Reformation led to the desecration of the traditional sacred places in the Protestant lands, together with the forcible suppression of pilgrimage.

This disenchantment of the world left man lone as the focus of religious life. The drama of Fall and Redemption was played out beween man and God with nature as a kind of neutral backdrop, devoid of any spiritual meaning or value in itself. This religious climate provided a hospitable context for a new and ambitious vision, pioneered by Sir Francis Bacon at the beginning of the seventeenth century: man's conquest of nature through science and technology. The subsequent scientific revolution established the mechanistic theory of nature as a vast inanimate machine, governed everywhere by uniform mathematical laws.

As a result of these religious and intellectual changes, for the first time in human history, there was now no motive for this ancient urge to go to places of power. However, the urge could not be repressed for long. By the eighteenth century, the English had invented tourism, a kind of secularized pilgrimage, and justified it in terms of vague educational or aesthetic benefits. Meanwhile, visits to healing wells, springs and baths began to be justified on the grounds of their medical virtues. By the nineteenth century, the scientific analysis of the minerals in the water had taken the place of stories of miraculous healings as a basis for belief in their efficacy.

Tourists still go to the ancient sacred places: caves used in Paleolithic initiation rites; ancient temples, such as Luxor in Egypt, Delphi in Greece, and Stonehenge in England; centres with mysterious reputations such as Glastonbury in England; the great cathedrals of Europe; the temples of India, and so on. Like pilgrims, they have gone there because something about the place draws them – we speak of tourist *attractions* – but unlike pilgrims they are alienated from relating directly to the spirit of the place. They tend to see the place through a haze of facts and figures: "this building was constructed in the year y, built by King k, contains n thousand tons of stone", and so on. Instead of bringing offerings to the place, they take from it. They take photographs.

The modern equivalents of the sacred groves and sanctuaries of the ancient world are nature reserves, wildlife sancturies and National Parks. Indeed the conservation movement, which began in the nineteenth century, often had an implicit religious motivation. John Muir, for instance, who led the move in the United States to preserve great tracts of wilderness as National Parks, was estranged from Christianity by his strict Presbyterian upbringing, but he was not estranged from religious experience itself. He found it in nature. "I will touch naked God", he wrote while climbing a glacier. He described the Sierra mountains as Gods outdoor temples.

Why do so many people in modern industrial societies want to get out of cities at weekends and on holiday? Getting "back to nature" has become an essential feature of our culture. Millions want to go walking in the countryside, in mountains and woods, or by the sea. Many want to go to relatively unspoilt parts of the world for their holidays, especially to places such as Ladakh and Bali where the indigenous culture still preserves a sense of sacred place and time. The impulses that gave rise to pilgrimage are still as strong as ever, if not stronger.

The temples of the ancient world, such as Stonehenge, were intimately connected to the landscape around them, and were places where the influences of the Earth and the heavens came together, and were celebrated.

These archaic traditions link human consciousness to the landscape and the sky and provide the context for landscape art. The need for a form of art that can once again relate us to the land, to plants and to the heavens has rarely been greater.

The alienation of humanity from nature through mechanisic science is giving way to a new sense of interrelatedness, and art is the form in which this spirit can be made conscious.

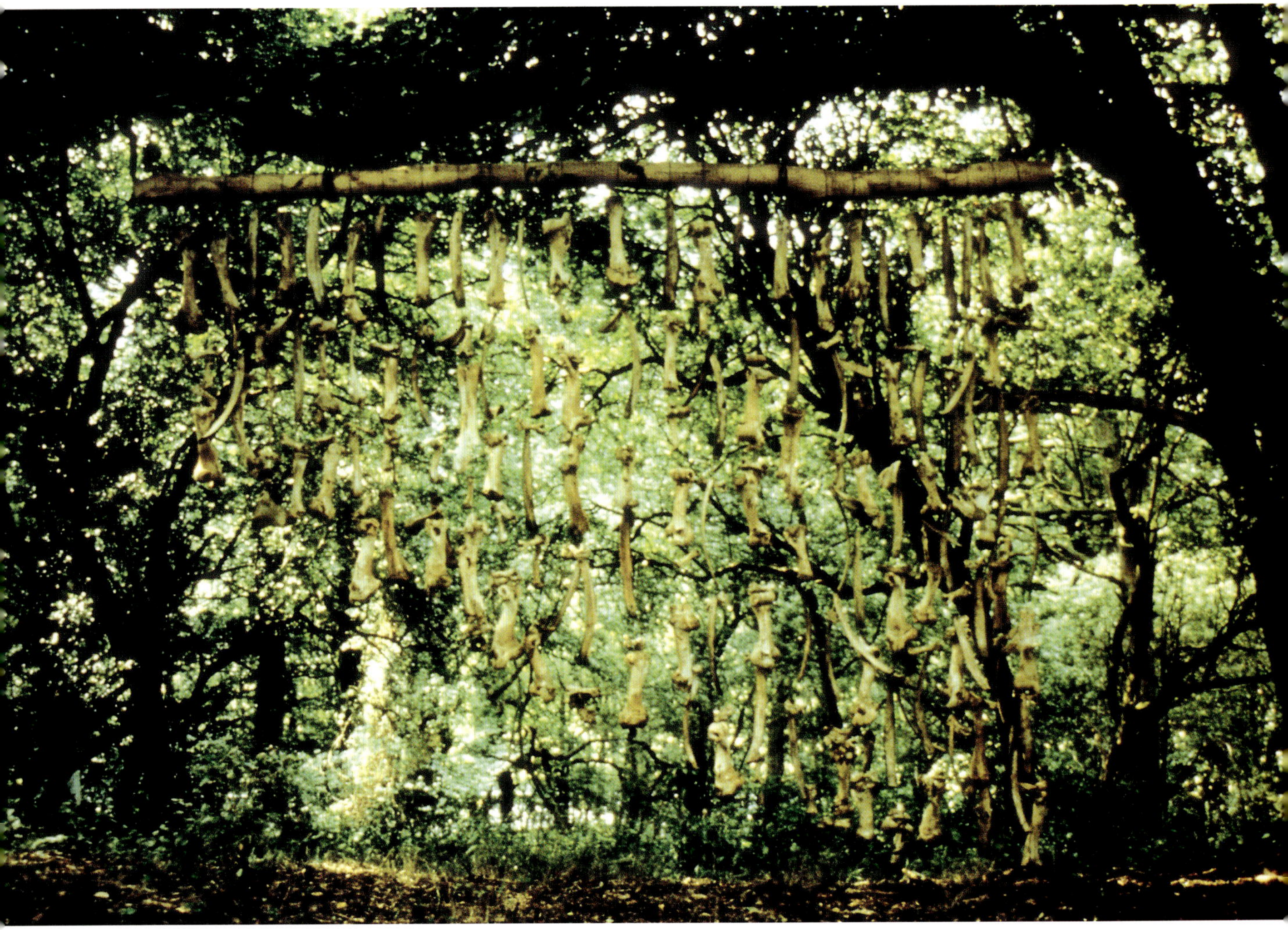

Naturens Genfødsel og Stedets Kraft

En ny videnskabelig animisme er i sin vorden. I min bog "The Rebirth of Nature" (Rider, London), viser jeg hvordan videnskaben selv i dag sprænger grænserne for den mekanistiske naturteori. Vi er ved at nå frem til en ny, bred forståelse af det iboende liv i Jorden, kosmos og naturen.

Det kendteste udtryk for denne proces er Gaia-teorien, tanken om at Jorden er en levende organisme. Samtidig er den gamle teori om fysisk determinisme veget for en ny erkendelse af indeterminisme, kaos og spontanitet. Materien er ikke længere dødt stof, men består af handlingsmønstre. Naturlige systemer er selvregulerende helheder. Kosmos er snarere en organisme i udvikling end en maskine, der langsomt er ved at gå i stå. I naturen er der en fantastisk iboende kreativitet, som kommer til udtryk i den evolutionære proces. De såkaldte naturlove skal måske snarere ses som vaner.

Ifølge hypotesen om den morfiske (morfologiske) resonans, som jeg omtaler indgående i mine bøger "A New Science of Life" (Flamingo, London) og "The Presence of the Past" (Collins, London), trækker den enkelte plante- eller dyreart på en kollektiv hukommelse. Denne hukommelse formidles fra lignende fortidige systemer gennem rum og tid af den morfiske resonans. Det kendteste eksempel på dette findes i rotters adfærd: Hvis de lærer et nyt trick på et givent sted, f. eks. i København, burde rotterne i London og alle andre steder være i stand til at tilegne sig samme trick med større lethed. Som nævnt i mine bøger, er der eksempler på at denne enestående virkning faktisk forekommer. Overført til menneskenes verden svarer denne ide til C. G. Jungs teori om det kollektive ubevidste.

Denne hypotese gælder systemer, som normalt anses for at være livløse, f. eks. molekyler og krystaller; faktisk gælder den også selvregulerende systemer såsom et træ og et planetsystem som Gaia, endda solsystemer og galakser. Alle sådanne selvregulerende systemer organiseres af morfiske felter. Alle disse skabende felter formes af vane: De har iboende erindringer, dels gennem et ekko af deres egne forgangne aktivitetsmønstre, dels gennem morfisk resonans med lignende forgangne systemer andre steder.

Disse principper kunne måske kaste lys over steders karakteristiske ånd eller kvalitet. Romerne talte om *genius loci*, og overalt i verden har

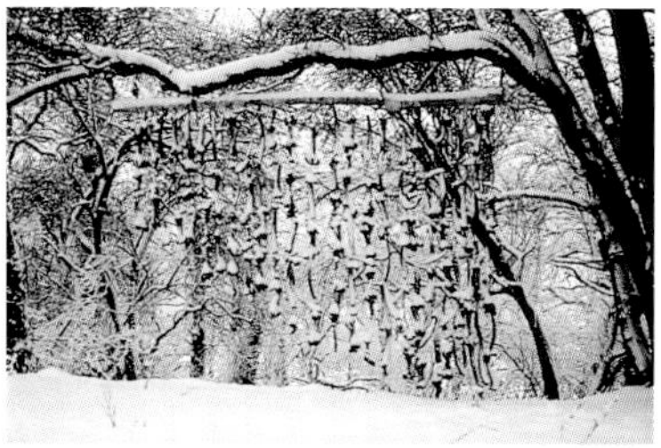

BROR WESTMAN: KNOGLETÆPPE, 1993. GALGEBAKKEN, TICKON, LANGELAND, DANMARK FOTO ALFIO BONANNO

Rupert Sheldrake, ph.d. er biolog og har været stipendiat ved The Royal Society og leder af cellebiologisk forskning, Clare College, Cambridge University.

de forskellige kulturer erkendt at forskellige steder har forskellig kvalitet og forskellig virkning på de mennesker, der opsøger dem. Amerikas urbefolkning var i denne henseende ingen undtagelse. Forskellige naturånder har desuden været kendt over hele verden – f.eks. havde man i det antikke Europa najader, eller vandånder, dryader, som var træånder, oreader, som var bjergånder og nereider, som var havånder. De fleste af os er opdraget i den anskuelse at sådanne forestillinger blot er overtro eller i bedste fald poetiske talemåder, men hvis vi forestiller os at steder som f. eks. skove, bjerge og vandfald er forbundne med morfiske felter, kan disse traditionelle forestillinger anskues fra en ny vinkel.

Dette er selvfølgelig ret spekulativt. Jeg tøvede i første omgang med at udvide feltbegrebet til også at omfatte steder, idet jeg fandt, at dette ville strække ideen for langt. Men så indså jeg, at felterne *er* steder. Man kan se dem i landskabet. For ca. 150 år siden lancerede Michael Faraday den videnskabelige ide om *field* (det magnetiske eller elektriske felt). *Field* kan bredt defineres som "et indflydelsesområde". Faraday tog begrebet fra hverdagssproget. Dets primære betydning ("mark") havde med agerbrug og planteavl at gøre, men var blevet udvidet til også at omfatte slagmarker (battlefields), fodboldbaner (football fields), studieområder (fields of study) og interessesfærer (fields of influence). Tænker man på felter som steder, har man således atter knyttet forbindelsen til begrebets udgangspunkt.

Ideen om "sted/felter" giver mening indenfor den *geomantiske* (dvs. jordspådoms-) tradition, som engang fandtes i Europa, og som overlever i det kinesiske verdensbillede som *feng shui*. Udøvere af *feng shui* udvælger steder egnede til gravmonumenter, templer, huse, kontorer o.s.v. De rådgiver også angående plantning af træer, anbringelsen af døre og vinduer og rummenes udformning. Geomantiske systemer kan måske bedst beskrives som midler til forståelse af stedernes kvaliteter, således at menneskelige aktiviteter kan forholde sig mest hensigtsmæssigt til dem. Disse geomantiske mål og midler er ikke blevet erstattet af den moderne videnskab og teknologi; de er blot blevet overset, og resultatet fremgår kun alt for tydeligt af de moderne by- og industrilandskaber.

Kloden rundt lever troen på, at steder kan have minder. Ifølge teorien om den morfiske resonans har stedets hukommelse et dobbelt perspektiv. Dels er der stedets egen iboende hukommelse i kraft af dets morfiske felt; dels er der muligheden for gennem morfisk resonans at komme på bølgelængde med den kollektive oplevelse af mennesker, som har færdedes dér. Selvfølgelig er ikke alle sådanne minder gode. Det er f.eks. en udbredt tro, at steder, hvor man har henrettet, myrdet eller torteret folk, er uheldsvangre, hvis ikke de ligefrem er hjemsøgt af spøgelser.

Således afhænger et steds kvalitet eller stemning ikke kun af, hvad der foregår dér nu, men også af hvad der før er sket.

Dette er helt almindelige principper, men de antager en særlig betydning ved steder, der ifølge traditionen betragtes som hellige. De er med til at forklare en fundamental form for menneskelig adfærd, nemlig pilgrimsfærden. Overalt i verden besøger folk steder, der har ry for at besidde en særlig kraft, steder hvor andre har fundet helbredelse, inspiration eller anden velsignelse. I Indien rejser pilgrimme regelmæssigt til hellige bjerge, som f.eks. Mount Kailash i Himalaya, til hellige grotter, til hellige floders kilder, som udspringet af Ganges ved Gangotri, og til utallige templer og helligdomme. Den australske urbefolkning og de amerikanere indianere har deres egne traditionelle kraftfulde steder, hvor de aflægger rituelle besøg. Muslimerne besøger Mekka i milliontal.

I Europa var der før kristendommen, som i andre dele af verden, utallige hellige steder som f.eks. lunde, bakketoppe, huler, klipper og kilder, der blev besøgt og tilbedt som kraftfulde steder. I antikkens Grækenland var tilbedelsen af selveste Gaia, Moder Jord, ikke blot baseret på et abstrakt begreb, men rettet mod helligdommen og oraklet i Delfi, som senere blev centrum for Apollokulten. Efterhånden som Europa blev kristent, blev flere og flere kirker opført på gamle, hellige steder. Katedralen i Chartres er f.eks. bygget ovenpå et førkristent kultsted, og i dens krypt er der en historisk hellig kilde. Pilgrimsruter bevægede sig på kryds og tværs af middelalderens Europa. I de romersk-katolske og ortodokse lande foretager man stadig pilgrimsrejser, f.eks. valfarter man i Irland til det hellige bjerg Croagh Patrick, til den hellige ø i Lough Derg, de druidiske guders sidste tilholdssted; og man drager til de hellige kilder og brønde, der nu er viet til Jomfru Maria og andre helgener.

Som det fremgår af Chaucer's "Canterbury Tales" var pilgrimsfærden i middelalderen ikke uden fornøjelser. Kritikere fra den tid klagede over, at pilgrimsrejserne var for muntre, ikke mindst erotisk. Humanister som Erasmus fordømte overtroiske handlinger og falske relikvier;

andre anklagede kirkens [illegible] for at udnytte pilgrimsfærden kommercielt. Men kun de protestantiske reformatorer gik så langt som til at tage principiel afstand fra al pilgrimsfærd. De tog afstand fra det som hedenskab, afgudsdyrkelse og magi. Martin Luther, som havde været meget bevæget af sin ungdoms pilgrimsfærd til Rom, blev senere en inkarneret modstander. Han skrev i »An den christlichen Adel deutscher Nation«, at al pilgrimsfærd bør standses. Der er intet godt i det. Pilgrimsfærden giver snarere utallige lejligheder, hvor man kan synde og lade hånt om de ti bud. Reformationen og fordømmelsen af pilgrimsfærden var skyld i, at mange hellige lokaliteter blev ødelagt i de protestantiske lande.

Denne afmystificering af verden efterlod mennesket alene som centrum for det religiøse liv. Dramaet om syndefald og frelse blev nu udspillet mellem mennesket og Gud med naturen som en neutral baggrund uden åndelig betydning eller værdi i sig selv. Dette religiøse klima gav grobund for en ny og ambitiøs vision fremført af Sir Francis Bacon i begyndelsen af det syttende århundrede: Menneskets erobring af naturen ved hjælp af videnskab og teknologi. Den efterfølgende videnskabelige revolution grundlagde den mekanistiske teori, der anskuede naturen som en kæmpemæssig ubesjælet maskine, totalt styret af ensartede matematiske love.

Som resultat af disse religiøse og intellektuelle forandringer, var mennesket for første gang i historien ikke længere ansporet af denne ældgamle trang til at opsøge kraftfulde steder. Trangen kunne dog ikke undertrykkes ret længe. Allerede i det attende århundrede opfandt englænderne turismen, en slags verdslig pilgrimsfærd, som de retfærdiggjorde ved vage henvisninger til dens dannende og æstetiske værdier. Samtidig begyndte man at retfærdiggøre besøg til hellige brønde, kilder og bade ved at påpege deres helbredende egenskaber. Troen på mirakuløse helbredelser, som var den oprindelige baggrund for troen på netop disse steder, blev i det nittende århundrede erstattet af videnskabelige analyser af mineralindholdet i vandet.

Turister besøger stadig gamle hellige steder: huler, der blev brugt ved palæolitiske indvielsesritualer; gamle templer, såsom Luxor i Ægypten, Delfi i Grækenland og Stonehenge i England; punkter med et mystisk ry, som Glastonbury i England, de store katedraler i Europa, Indiens templer o.s.v. Ligesom pilgrimme tager de dertil, fordi der er "noget" ved stederne, der drager dem – vi taler om turistattraktioner – men i modsætning til pilgrimmene savner de det direkte forhold til stedets ånd. De ser stedet nærmest gennem en tåge af kendsgerninger og tal: "Denne bygning blev opført år x, bygget af kong y, består af z tusinde tons sten", o.s.v. Istedet for at bringe offergaver til stedet, tager de noget fra det – nemlig fotografier.

De moderne sidestykker til den gamle verdens hellige grotter og fredhellige steder er naturreservater, fredede vildtområder og nationalparker. Faktisk havde fredningsbevægelsen, som startede i det nittende århundrede, ofte en uudtalt religiøs baggrund. John Muir f.eks., som i USA førte an i bevægelsen til bevaring af de store vildnisser som nationalparker, havde vendt sig fra kristendommen som følge af en streng presbyteriansk opdragelse, men han var ikke fremmed overfor selve den religiøse oplevelse. Han fandt den i naturen. "Jeg skal røre den nøgne Gud", skrev han, mens han besteg en gletscher. Han beskrev Sierra-bjergene som Guds templer.

Hvorfor søger så mange folk i de moderne industrisamfund ud af byerne i weekend eller ferie? At vende "tilbage til naturen" er blevet en vigtig del af vor kultur. Mennesker i millionvis ønsker at gå tur ude på landet, i bjergene og skovene eller ved havet. Mange ønsker at tilbringe deres ferie i forholdsvis uberørte dele af verden, især steder som Ladakh og Bali, hvor den oprindelige kultur stadig har bevaret en fornemmelse for det hellige sted og den hellige tid. De impulser, der animerede pilgrimsfærden, er stærkere end nogensinde.

Oldtidens templer, f.eks. Stonehenge, var intimt forbundne med den omkringliggende natur. Det var steder, hvor Jordens og Himmelens kræfter kunne mødes og blev fejret.

Disse arkaiske traditioner knytter menneskets bevidsthed til landskabet og himmelrummet og inspirerer til kunst i naturen. Behovet for en kunstform, der atter kan knytte bånd til jorden, planterne og himmelen, har aldrig været større.

Menneskets fremmedgørelse i forhold til naturen, skabt af den mekanistiske videnskab, må vige til fordel for en ny følelse af beslægtethed, og kunsten er formen, som kan bevidstgøre denne ånd.

(Oversat af MM)

Navneregister / Index